职业教育新形态教材

化学实验技术

罗舒君　主编

李彩霞　主审

化学工业出版社

·北京·

内容简介

本书主要介绍环境监测和分析岗位所需的基础知识和技能，实验项目以化学分析实验和仪器分析实验为核心，包含化学分析基础操作和仪器分析基础操作两个模块 12 个项目。每个项目通过项目介绍、学习目标等解决“为什么做”的问题，通过引入企业评价标准、技能大赛标准等方式，设置任务评价表，解决“如何做好”的问题。为便于学习，本教材配套建设了微课、习题库、标准库等资源，读者可以通过扫码或登录网络课程平台获取。

本教材为职业教育环境监测技术、分析检验技术等相关专业分析化学、仪器分析课程的实验、实训教材，也可作为从事环境监测、分析检验等工作的专业技术人员的参考书。

图书在版编目（CIP）数据

化学实验技术 / 罗舒君主编. -- 北京 ：化学工业出版社，2024. 12. --（职业教育新形态教材）.
ISBN 978-7-122-46641-9

Ⅰ. O6-3

中国国家版本馆 CIP 数据核字第 2024UH7767 号

责任编辑：王文峡　　文字编辑：师明远
责任校对：赵懿桐　　装帧设计：关　飞

出版发行：化学工业出版社
（北京市东城区青年湖南街 13 号　邮政编码 100011）
印　　装：中煤（北京）印务有限公司
787mm×1092mm　1/16　印张 18½　字数 464 千字
2025 年 2 月北京第 1 版第 1 次印刷

购书咨询：010-64518888　　售后服务：010-64518899
网　　址：http://www.cip.com.cn
凡购买本书，如有缺损质量问题，本社销售中心负责调换。

定　　价：59.00 元

编审人员名单

前言

本教材可作为职业教育环境监测技术、分析检验等相关专业分析化学和仪器分析课程的实验、实训教材，也可作为从事环境监测、分析检验等工作的专业技术人员的参考用书。

本教材以岗位工作任务为载体，以工作过程为导向，结合化学实验技术、环境监测与检测技能大赛赛项内容、水环境监测与治理 1+X 等级证书内容开发的项目化、工作手册式教材。根据学生学习情况，将分析化学和仪器分析等课程的实验、实训进行重构。

本书主要内容包括环境监测和分析岗位所需的基础知识和技能，实验项目以化学分析实验和仪器分析实验为核心，包含化学分析基础操作和仪器分析基础操作两个模块 12 个项目。

每个项目通过项目介绍、学习目标等解决“为什么做”的问题，通过引入企业评价标准、技能大赛标准等方式，设置任务评价表，解决“如何做好”的问题。为便于学习，本教材配套建设了微课、习题库、标准库等资源，读者可以通过扫码或登录网络课程平台获取。

全书由罗舒君主编、统稿，李彩霞主审。所使用任务单和数据记录表引用或参考了华测检测业务单、底单等工作表单。江苏华测品标检测认证技术有限公司李文杰总工程师，江苏环境科学研究院吴萍博士，南京林业大学周培国教授，南京晓庄学院丁爱芳教授，江苏开放大学秦品珠教授，江苏工程高等职业技术学校宗俊秀、袁菲菲、党宇宁老师，南京高等职业技术学校郑莎莎、李彩霞、刘珺、万琴、岳文奇、李明艳老师在本教材编写和课程资源建设过程中给予了大量帮助和指导。另外，南京高等职业技术学校历届师生在教材试用过程中也提出了宝贵的建议。

限于笔者水平，书中难免存在疏漏之处，敬请读者批评指正。

编者

2024 年 2 月于南京

目录

模块一　化学分析基础操作 / 001

模块二　仪器分析基础操作 / 119

二维码一览表

模块一 化学分析基础操作

【主要教学内容】

本模块包括实验实训须知、称量、溶液配制、滴定分析、过滤、萃取和浓缩、容量器皿校准七个项目。按照实际工作流程，每个项目均包括实验准备、操作、数据记录与处理、“三废”收集与处理等任务，涵盖了环境监测实验室化学分析所应具备的基本知识和技能。

【教学目标】

知识目标：掌握环境化学实验室基本化学分析技能和相关专业知识，理解化学分析原理，掌握化学实验室规章制度。

能力目标：具备安全与应急能力、化学分析能力、数据处理能力、问题分析能力。

素质目标：在实验过程中形成严守规程、防范在先的安全意识，勤俭节约、实事求是的实验习惯，吃苦耐劳、勤奋踏实的劳动精神，逐步形成严谨细致、客观真实的职业素养，培养生态环境意识。

项目一

实验实训须知

【项目介绍】

环境实验室涉及的试剂和设备众多，其中不乏有毒有害试剂、贵重精密仪器和特种设备，因此在进入实验室之前，需要了解实验室的结构、功能和可能存在的安全隐患及应对措施。同时，实验室的试剂、设备的使用，特别是管制试剂和特种设备都有严格的取用/使用程序，因此需要对实验室的管理制度、设备设施和材料的取用/使用规程有一定的了解。

此外，器皿的辨识与洗涤、数据处理与误差分析、实验室“三废”的收集等知识和技能也是进入实验前必须掌握的。

【学习目标】

1. 按照实验室准入清单开展自查和互查。
2. 理解实验室安全与应急要求的目的和措施。
3. 了解实验室“三废”的来源和处理原则。
4. 了解实验室试剂有关基本知识和取用要求及流程。
5. 辨别化学分析常用器皿，了解常用器皿的功能。
6. 正确、规范进行常用器皿的洗涤和干燥。
7. 正确理解误差和偏差的含义，区分其适用场合。
8. 正确进行数据误差的计算和分析。

任务一　了解环境监测实验室

【任务要求】

通过观察实验室平面图、阅读实验室规章和安全守则，了解环境监测实验室的主要结构和功能分区以及可能存在的安全隐患。为了共同创造一个安全的实验环境，设置了实验室准入制度，须知悉并对照清单进行自查和互查。

【学习目标】

1. 了解实验室的结构和功能。
2. 了解实验室各功能区域可能存在的安全隐患。
3. 对照实验室准入清单进行自查和互查。
4. 了解实验室规章和安全守则。

【任务准备】

1. 仔细查看图 1-1 中环境监测实验室的平面图，回答以下问题。

（1）试剂区和危险废物（以下简称危废）暂存区为非常危险的区域，存在的主要安全隐患有________、________和________性，存在火灾、试剂洒漏等风险，属于安全管控区域，尤其是试剂存放区域受到公安监控，不允许学生私自进入，危废暂存区应在教师或实验员监护下接近。

（2）中央试验区存在试剂洒漏和接触、有害气体吸入、________、________、割伤等风险，属于较为危险的区域。

（3）通风橱经常需要进行挥发性、有毒有害试剂的实验操作，所以有________和________风险，烘箱由于在高温下操作，且为电气设备，具有________、________和________风险，二者均为较危险设备。

2. 请在进入实验室前阅读安全规章与守则。

实验室规章

实验室安全守则

【任务实施】

实验室实行准入制度，请自行对照实验室准入清单（表 1-1），进行核对，排除不合格项方能进入。

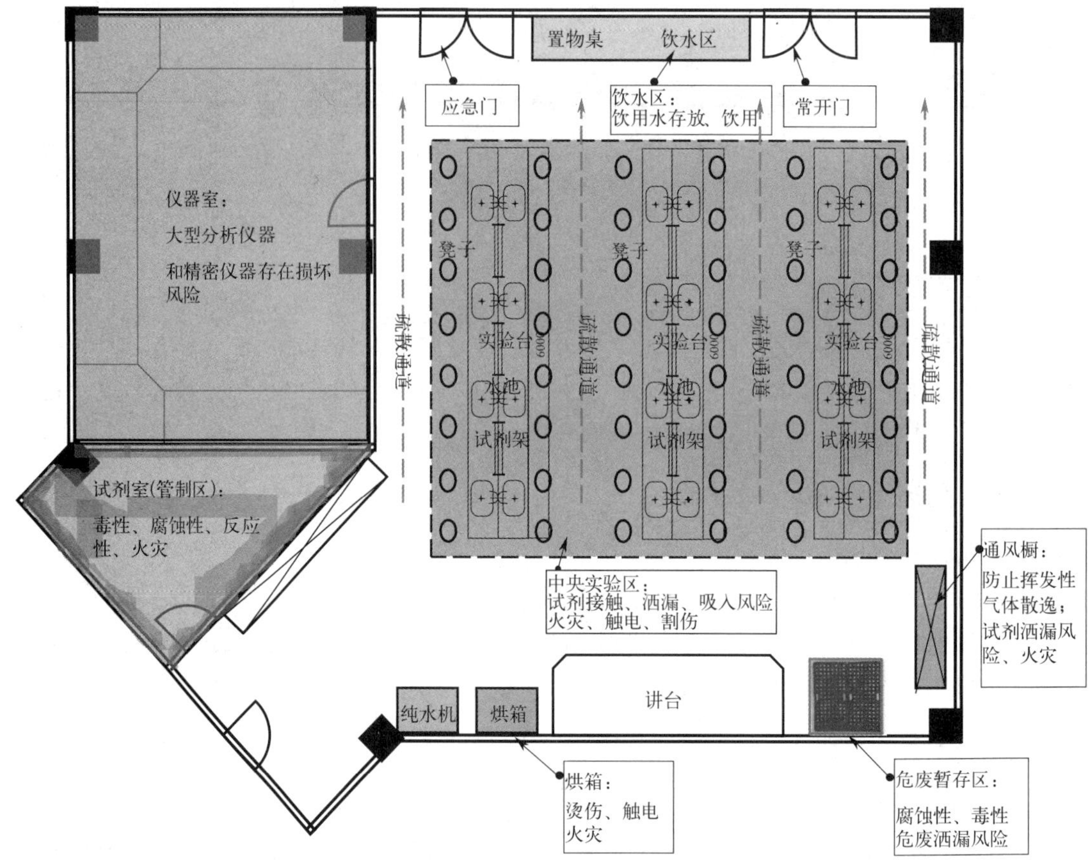

图 1-1　环境实验室结构、功能及存在的安全隐患

表 1-1　实验室准入清单

着装	不允许穿短裤进入实验室	□合格	□不合格
	不允许穿凉鞋或拖鞋进入实验室	□合格	□不合格
	不带耳环、戒指等配饰	□合格	□不合格
	女生应扎头发、夹刘海	□合格	□不合格
	不留过长的指甲	□合格	□不合格
	穿长袖实验服	□合格	□不合格
携带物品	不携带打火机、火柴等火源进入实验室	□合格	□不合格
	不携带食物进入实验室	□合格	□不合格
	不携带危险物品进入实验室	□合格	□不合格
	饮用水和包放在指定区域	□合格	□不合格
	不允许将实验室器皿和试剂私自带离实验室	□合格	□不合格

【任务评价】

请仔细阅读实验室守则与安全规章，完成以下安全测试习题。

（1）判断题

① 实验前如发现仪器有破损应及时丢至指定的破损玻璃器皿收集区，避免伤人。（　　）

② 实验过程中应时刻遵循“安全第一”原则，严守实验室安全守则。（　　）

③ 实验室安全既包括自身的安全，也包括设备和环境的安全，应小心谨慎使用仪器和设备，节约试剂和水电，爱护实验室财产。 （　　）

④“三包”区域指的是工位桌面、地面和水池。因此抽屉可以不管，甚至可以放杂物。 （　　）

（2）填空题

① 实验完毕之后，应将所有物品__________，包括设备、器皿、凳子等，做到和实验之前没有区别。

② 涉及能产生有毒刺激性气体的实验，应在__________进行。

③ 使用酒精灯时，灯内酒精不可超过其容量的__________。酒精灯要随用随点，不用时马上盖好灯罩。不可用__________去点燃别的酒精灯，以免酒精流出而失火。

④ 有毒药品不得误入口或接触伤口。氰化物不能碰到__________（否则会放出剧毒的无色无味的氢氰酸气体）。

⑤ 使用完毕的盛放药品的容器应该先__________，再进行处置，切不可随意丢弃。

笔记

任务二　认知实验室安全与应急

【任务要求】

通过应急演练与疏散，了解实验室应急设备的功能和使用方法，熟悉逃生路线，了解实验室危险化学品泄漏事故发生时的应急处置方法。

【学习目标】

1. 了解实验室应急设备的功能和使用方法。
2. 掌握危化品泄漏等事故的应急处置方法，能进行有序、高效的疏散。

【任务支持】

一、化学实验室消防和安全防护用具的使用说明

化学实验室使用的试剂，许多是可燃、易爆、有毒或有腐蚀性的危险品，实验仪器又大都是容易破碎的玻璃仪器，而实验过程中又可能需要用明火加热，稍不注意就可能发生意外事故。因此，教师和学生要熟悉所用仪器和试剂的性质，严格遵守安全守则和实验操作规则，保障实验操作中师生的安全，防范安全事故发生。

同时，掌握基本的防火灭火方法，掌握应对危险发生时采取的防护措施和方法，增强人员对火险发生时的自我保护能力，提高防火安全意识，可以最大限度地降低危险带来的损失，从而提高人员紧急避险、自救自护和应变的能力。

（一）消防器材的使用

1. 灭火器

灭火器主要分为干粉灭火器、推车灭火器、二氧化碳灭火器和泡沫灭火器等。化学实验室常用的为干粉灭火器，适宜扑救石油产品、油漆、有机溶剂、液体、气体、电气火灾，但是不能扑救因轻金属燃烧引起的火灾。

（1）使用方法

① 使用手提式干粉灭火器（图 1-2）时，应手提灭火器的提把，迅速赶到着火处。

② 先把灭火器上下颠倒几次，使筒内干粉松动。

③ 在距离起火点 5 米左右处，拔下保险销；距起火点 2～3 米处，一只手握住喷嘴，另一只手用力压下压把；不准横卧或颠倒使用灭火器。

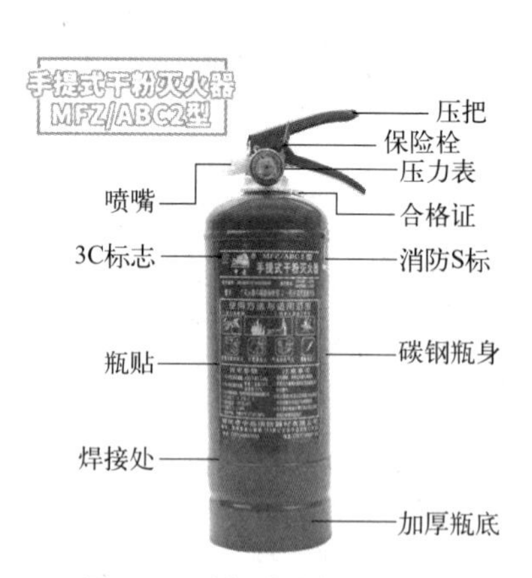

图 1-2　手提式干粉灭火器

④ 扑救液体火灾时，对准火焰根部喷射，并由近而远，左右扫射，快速推进，直至把火焰全部扑灭。

⑤ 扑救固体火灾时，应使灭火器嘴对准燃烧最猛烈处，左右扫射，并尽量使干粉灭火剂均匀地喷洒在燃烧物的表面，直至把火全部扑灭。

（2）使用注意事项

① 灭火器使用时，一般在距离燃烧物 5 米左右的地方，不过对于射程近的灭火器，可以在 2 米左右，最好是看现场的情况而定。

② 喷射时，应采取由近而远、由外而里的方法。

③ 灭火时，人要站在上风处。

④ 注意不要将灭火器的盖与底对着人体，防止弹出伤人。

⑤ 不要与水同时喷射在一起，以免影响灭火效果。

⑥ 扑灭电气火灾时，应先切断电源，防止触电。

⑦ 持喷筒的手应握住胶质喷管处，防止冻伤。

⑧ 每年检查一次药剂质量，若少于规定的质量或看压力表如气压下降，应及时充装。

图 1-3　灭火毯

2. 灭火毯

灭火毯（图 1-3）或称消防被、灭火被、防火毯、消防毯、阻燃毯、逃生毯，是由玻璃纤维等材料经过特殊处理编织而成的织物，能起到隔离热源及火焰的作用，可用于扑灭油锅火或者披覆在身上逃生。其使用方法如下：

① 将灭火毯固定或放置于比较显眼且能快速拿取的墙壁上或抽屉内。

② 当发生火灾时，快速取出灭火毯，双手握住两角拉开。

③ 将灭火毯轻轻抖开，作为盾牌状拿在手中。

④ 将灭火毯轻轻地覆盖在火焰上，同时切断火源或气源。

⑤ 灭火毯持续覆盖在着火物体上，并采取积极灭火措施直至火完全熄灭。

⑥ 待着火物体熄灭，并于灭火毯冷却后，将毯子裹成一团，作为不可燃垃圾处理。

⑦ 如果人身上着火，将毯子抖开，完全包裹于着火人身上扑灭火源，并迅速拨打急救电话 120。

【注意事项】请将灭火毯牢固置于方便易取之处，并熟悉使用方法。

⑧ 每十二个月检查一次灭火毯。

⑨ 如发现灭火毯有损坏或污染请立即更换。

（二）个人防护措施

1. 防毒面罩

（1）组成　3M 6200 全面型防毒面罩（图 1-4）的组成：6200 全面罩×1 个、6006 滤毒盒×2 个（1 包）、5N11（CN）滤棉×2 片、501 滤棉盖×2 个。

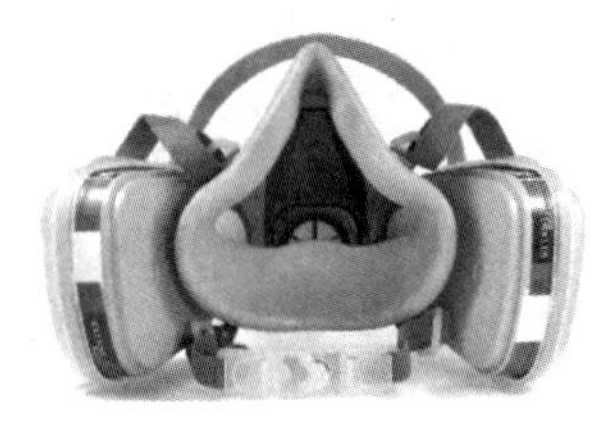

图 1-4　全面型防毒面罩

① 6200 全面罩：适用于交通运输制造业、装备制造业、制药、化工、石油石化、矿业、电子、电力、建筑制造业等行业的呼吸防护。

② 6006 滤毒盒：主要作用是过滤有毒气体，防护对象为有机蒸气、氯气、氯化氢、二

硫化碳、硫化氢、氰化氢。

③ 5N11（CN）滤棉：用于某些非油性颗粒物的呼吸防护，如矿物加工生产的粉尘、煤尘、铁矿石粉尘、棉尘、面粉粉尘或其他物质的粉尘，焊接、切削以及其他金属加热过程的操作产生的金属烟尘。

④ 501 滤棉盖：用于固定 5N11（CN）滤棉在 6006 滤毒盒。

（2）防毒面罩的装配

① 5N11（CN）滤棉的装配（安装滤棉必须按照下面步骤，如图 1-5 所示）。

第一步将滤棉有字的一面朝向滤毒盒放入滤棉盖内。

第二步将滤棉盖用力按在滤毒盒上，确定滤棉盖锁紧滤毒盒，滤棉必须完全覆盖滤毒盒表面。

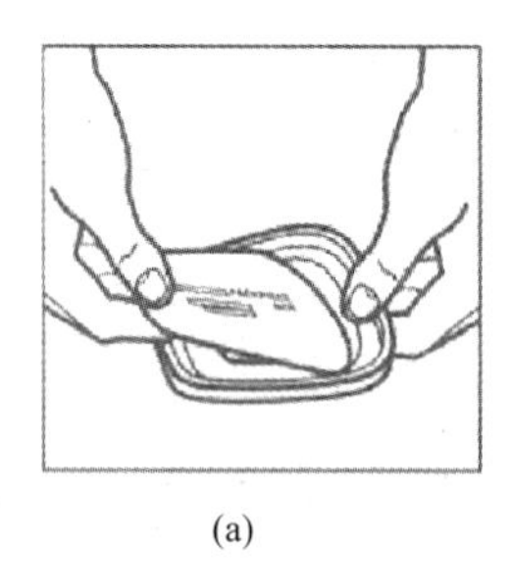
(a)

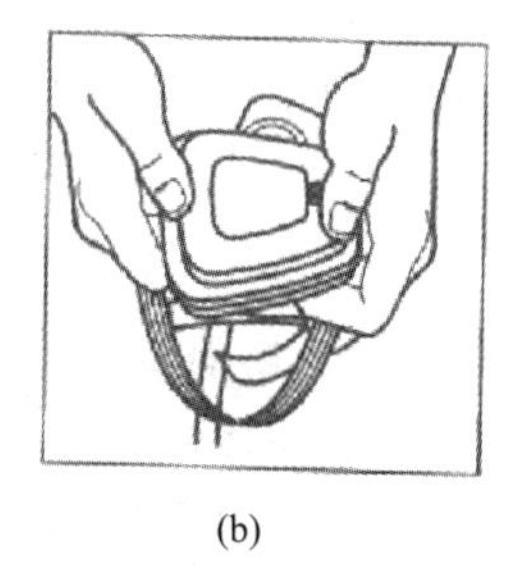
(b)

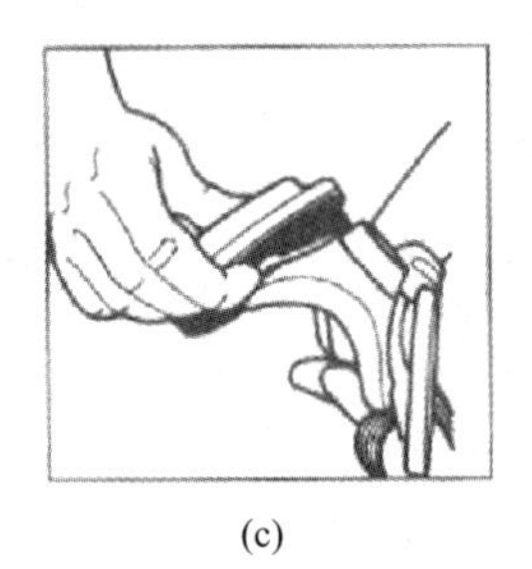
(c)

图 1-5　防毒面罩的装配

② 6006 滤毒盒的装配（见图 1-6）。

(a)先将滤毒盒标记部分对准面罩本体的标记部分，然后扣上

(b)顺时针方向扭转滤毒盒至卡定位

图 1-6　滤毒盒的装配

（3）防毒面具的佩戴方法（见图 1-7）。

第一步 将面罩罩住口鼻，拉起上方头带，将头戴置于头部位置

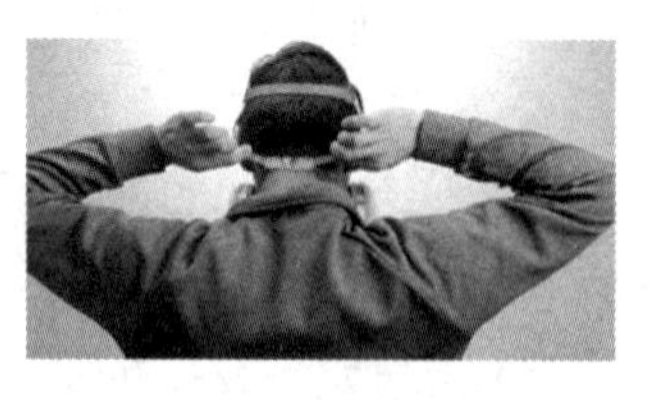
第二步 双手将颈后卡扣扣住

第三步 调整头带松紧，使口罩与面部密合良好，先调整头带，然后调整颈后头带

图 1-7　防毒面具的佩戴

（4）气密性检查（见图 1-8）。每次佩戴面具时，选择其中一种方法检测气密性。

（5）注意事项

① 滤毒盒使用寿命：化学滤毒盒的有效使用寿命需根据佩戴人的活动（呼吸率），污染

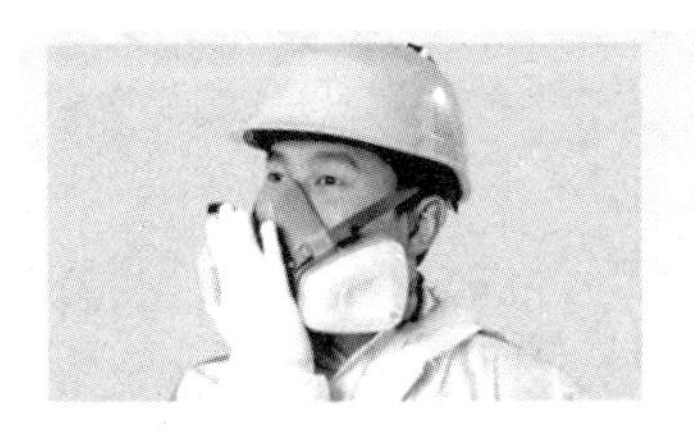

正压密合性检测(呼气)

将手掌盖住呼气阀轻轻呼气，面具会轻微鼓起，如果空气从面部及面具间漏出，调整面具位置，再调节头带松紧度，使其达到气密良好

负压密合性检测(吸气)

将手掌盖住滤毒盒表面轻轻吸气，面具应有轻微的塌陷，并向脸部靠拢，如您感觉气体从面部和面具间漏进，请重新调整面具位置和头带的松紧度，以达到密合良好

图 1-8　气密性检查

物的类型、挥发和浓度情况及湿度和温度等环境状况决定。应经常检查面罩是否良好，当使用者闻到或者感到有污染物存在或有刺激性感觉时，应立即更换滤毒盒。

通常滤毒盒可以使用 3 个月。**【注意】** *每天按 8 小时佩戴时间计算。*

② 滤棉的更换：当滤棉破损、脏污，或感觉呼吸阻力明显增加时，应更换新滤棉。

③ 使用前的检查

a. 检查所有塑料及橡胶部分是否出现裂纹或老化现象，确保面罩正常安全使用。

b. 检查呼气阀，看是否有变形、老化或破裂迹象。

c. 卸下呼气阀检查是否有变脏、变形、老化或破裂迹象，重新安放呼气阀盖。

d. 确保头带完好，弹性完好。

④ 防毒面罩的清洁与存放

a. 去下滤毒盒、滤棉等过滤材料，如有必要可取下吸气阀、呼气阀、头带等配件。

b. 将面罩浸在温度不超过 49℃的温水中，用软毛刷清洗直至干净。

c. 用干净的温水淋洗，在洁净环境中风干。

d. 面罩使用后，请用湿布把面罩内部擦净，然后用袋子密封好。

e. 不使用的时候，将面罩本体或滤毒盒、滤棉放入储存袋中，存放于远离污染工作环境的储物柜中。

2. 防护眼镜

防护眼镜（见图 1-9）可防化学物、防尘、防沙、防风、防雾等。如化工厂、实验室、制药等，能有效地预防粉尘、灰沙、化学物、固/液体等物因飞溅引起的眼部击伤。

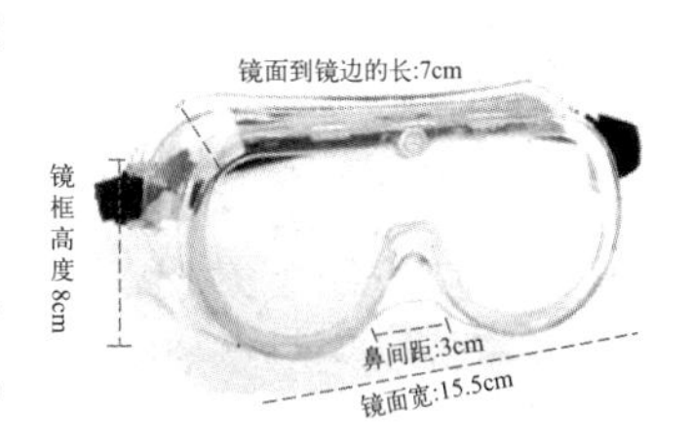

图 1-9　防护眼镜

二、化学实验室应急疏散演习

1. 应急疏散演练目的

检验老师和学生应对火灾等突发事故的能力，应对实验室突发事故，及时、有序、高效地做出相应处理，提高学院人员疏散、自救能力和管理者火场组织、协调、指挥能力，保障师生生命及实验室财产安全，保证实验室工作的顺利进行，进一步增强消防安全意识，使“预防为主，防消结合”的方针得到更好的贯彻落实。

2. 应急疏散演练要求

接到紧急疏散指令后，在最短的时间内，安全、有序、镇定、快速地到达疏散集合地。

在整个疏散过程中做到配合默契、疏散路线清楚、组织有条不紊、人人各尽其责，确保演练达到预期的效果。

3. 应急疏散演练步骤

（1）模拟突发事件，启动应急演练。

（2）发出疏散警报，通知疏散人员迅速佩戴防护用品。

（3）按照疏散演练路线图，组织人员从前后门有序进行疏散，分别从不同的路线疏散至指定集合点，要求迅速、有序。

（4）到达指定集合点，组长迅速清点人数，汇总后上报应到人数和实到人数。

4. 应急疏散演练注意事项

（1）保持镇静，听从指挥，服从安排。

（2）保持安静，应急避震，行动敏捷、规范，快速有序，防碰撞伤害事故发生。

（3）按规定通道、线路有序疏散撤离，不得串线。禁止推拉、冲撞和拥挤，防止碰撞伤、踩踏伤及摔伤事故发生。遇到楼梯上有学生正在通过时，不惊慌不拥挤，按“先到先通过；先二楼层，后三楼层”的顺序撤离教学楼。

（4）各楼层配备护导员，护导员要切实肩负起护导职责，坚守护导岗位，密切注意观察，灵活处置现场，确保整个疏散有序。

【任务实施】

按照危化品泄漏事故疏散演习要求进行疏散演习，并填写疏散演习记录（表 1-2）。

表 1-2　危化品泄漏事故应急演练疏散记录

演练时间		演练地点	实验室→集中地
演练项目	危险化学品泄漏事故应急疏散演练		
组织部门	环境实验室	参与班级	
演练类别	实际演练□　提问讨论式演练□　全部预案□　部分预案□		

演练记录：

一、物资准备

试剂瓶（装水）、报警器、冲淋装置、灭火器、灭火毯等

二、现场培训

1. 危化品泄漏事故原因初判及应对

（1）试剂瓶/废液桶破损　教师协助进行喷淋，第一时间确认试剂种类，并根据试剂性质确定后续处理方式（实验室涉及腐蚀性和毒性，大量冲水稀释基本可避免严重伤害，如较严重应在应急处置之后送医）。

（2）挥发性试剂的泄漏　立即__________，有序疏散。

2. 预防泄漏措施

（1）加强安全意识　养成良好的实验习惯，及时关闭瓶塞，看到他人未及时关闭需要提醒。

（2）弄清常见试剂的形式　酸、碱性、腐蚀性、毒性、挥发性。

3. 预防二次伤害措施

（1）某些物质泄漏可能会导致燃烧　如有机试剂倾倒，此时安排其他人有序疏散，应准备好________________避免起火，在此期间禁止明火。

（2）有毒化学品　若大量接触有毒化学品且未能通过稀释有效缓解应立即送医。

三、演练过程

（1）学生准备　全体学生进入演习状态，在实验室等待（一名学生向老师汇报发现废液桶破损渗漏，表演被腐蚀性液体沾染）。

（2）拉响警报　实验室播放疏散警报音乐提醒学生注意。同时实验室管理老师即刻使用喷淋装置对学生被沾染处进行稀释处理。

续表

(3)紧急疏散　听到紧急疏散报警后，全体学生________________，教师检查教室内是否有学生遗漏，并随后撤离。 (4)________　实验员在学生全部撤离教室后，再次检查确认破损液体性质，清理现场。 (5)楼层指引　操场广播指导学生有序疏散；各队队长和教师加强学生紧急疏散下楼时的安全疏导，避免踩踏事故发生。发生踩踏时，楼层老师要组织学生大喊“向后退”，同时迅速组织学生向后退，并立即联系医护组进行救护。 (6)________　学生跑到指定集合地点后，由队长整队，迅速清点人数，随后立即向教师报告本班学生应到人数和实到人数。 (7)消防教育　由实验室管理老师向大家介绍常见危化品的性质，提高自我防护意识。 (8)活动总结。

【任务评价】

演练效果评价	人员到位情况	迅速准确□　基本按时到位□ 个别人员未到位□　重点岗位人员不到位□
	履职情况	职责明确，操作熟练□　职责明确，操作不熟练□ 职责不明确，操作不熟练□
	物资到位情况	物资充分，个人防护到位□ 现场准备不充分，个别人员防护不到位□ 现场物资缺乏，个人防护不到位□
	整体组织	准确、高效□　协调基本顺利，能满足要求□ 效率低，有待改进□
	应急分工	合理、高效□　基本合理□　效率低□
	演练效果	达到预期效果□　基本达成目标□　未达成目标□
	配合协调	报告及时□　报告不及时□
	处理结果	处理到位□　处理基本到位□　处理不到位□
	急救意识	急救意识强□　急救意识薄弱□
存在问题及改进措施		

笔记

任务三　环境实验室常用器皿辨识

【任务要求】

本任务借助常用器皿的辨识，将环境实验室常用器皿及配件的规格、用途、洗涤要求等内容融入其中。通过本任务的学习能够进一步了解实验室设备、器材，为后续实验实训的开展打好基础。

【学习目标】

1. 辨别环境实验室常用器皿及其配件。
2. 了解环境实验室常用器皿的规格及功能。
3. 了解环境实验室常用器皿的洗涤要求和特殊要求。
4. 能细致认真地绘制环境实验室常用器皿及其配件的图片。

【任务支持】

环境实验室常用器皿及其配件如表 1-3 所示。

表 1-3　环境实验室常用玻璃器皿一览表

仪器名称	规格	用途	洗涤/干燥要求	备注	图示
试管、离心试管	有硬质、软质试管之分,其规格以管口外径×长度(mm)表示。离心试管以体积(mL)表示	试管作小型演示实验时用,便于操作和观察。离心试管可用于沉淀分离	常规洗涤、可烘干	硬质试管可直接用火加热,但不可骤冷,离心试管只能水浴加热	
滴瓶	一般为玻璃制,规格以体积(mL)表示	用于盛放液体样品,配套滴管使用方便取用少量样品	常规洗涤、可烘干	不可直接用火加热,不能盛放碱,以免腐蚀瓶塞	(含胶头滴管)
广口瓶	一般为玻璃制,规格以体积(mL)表示	广口瓶可盛放固体,不带磨口的广口瓶可以用作集气瓶	常规洗涤、可烘干	不可直接用火加热	

续表

仪器名称	规格	用途	洗涤/干燥要求	备注	图示
胶头滴管、毛细滴管	玻璃质，胶头部分为橡胶	胶头滴管常在定性分析或者加入少量指示剂时使用，毛细滴管常在称量分析中使用	胶头和玻璃管分开洗涤、干燥，胶头部分不可加热	—	
烧杯	玻璃质，有硬质、软质、有刻度和无刻度之分，规格按容量（mL）大小表示	可作反应容器用，可加热	常规洗涤、可烘干	烧杯上刻度不能作为准确计量的标准	
圆底烧瓶、平底烧瓶	玻璃质，有平底、圆底、长颈、短颈之分，有标准磨口烧瓶，规格以体积（mL）表示	作为反应容器，尤其在反应物较多、需长时间加热时使用	常规洗涤、可烘干	放置在石棉网上加热	
碘量瓶、锥形瓶	玻璃质，有标准磨口碘量瓶	反应容器，常用于滴定操作，振荡方便。碘量瓶常用在碘量法滴定中，可加热	常规洗涤、可烘干	放置在石棉网上加热	碘量瓶 锥形瓶
量筒、量杯	玻璃质，规格以容量表示	用于定量液体体积	不可用刷子刷洗，不可加热干燥	不可加热，也不能用作反应容器，不可量取热溶液	量杯
分液漏斗、漏斗	玻璃质，分液漏斗的规格以容量表示，漏斗的规格以口径大小表示	分液漏斗用于互不相溶的两种液体的分离，漏斗用于过滤等操作	常规洗涤、可烘干	不能用火加热	
砂芯漏斗	玻璃质，中间有砂芯	过滤杂质	常规洗涤、可烘干	若砂芯较脏可用铬酸洗液或稀盐酸洗液浸泡	

续表

仪器名称	规格	用途	洗涤/干燥要求	备注	图示
坩埚、表面皿	可用瓷、石英、铁等制造，规格以容量表示。表面皿为玻璃质，规格以口径大小表示	坩埚可灼烧，称量分析时用。表面皿可盖在烧杯上，防止液体迸溅	常规洗涤、可烘干	表面皿不可用火加热	坩埚
坩埚钳	铁制品	与坩埚配合使用	—	—	
容量瓶	玻璃质，规格以容积大小表示，有固定的容积	用于准确度量液体，配制准确浓度的溶液	不可刷洗、无需干燥	瓶塞不可互换	1000mL 20℃
滴定管	玻璃质，分酸式和碱式两种，一般有 25mL 和 50mL 两种规格	用于酸、碱滴定，也可用于准确量取液体	不能刷洗，碱式滴定管胶皮部分不可用酸性洗液洗涤，不能加热干燥，只能倒置晾干	不能加热或量取热溶液，酸式滴定管活塞不能互换	滴定管夹 碱式滴定管 酸式滴定管 铁架台
干燥器	玻璃质，规格以外径大小表示	内放硅胶干燥剂，可保持样品干燥	—	灼热的样品待稍冷后放入	
称量瓶	玻璃质，有“扁型”和“高型”之分	可准确称量固体样品	磨口处不可刷洗，不可加热	瓶塞不可互换	
吸滤瓶、布氏漏斗	布氏漏斗为瓷质，规格以口径大小表示；吸滤瓶为玻璃质，规格以容量大小表示	二者配套使用，用于沉淀的减压过滤	常规洗涤、可烘干	不能用火加热，滤纸应紧贴漏斗内径	吸滤瓶 布氏漏斗
蒸发皿	用瓷、石英或铂制作，规格以口径大小表示	蒸发浓缩液体时用	常规洗涤、可烘干	不宜骤冷	

续表

仪器名称	规格	用途	洗涤/干燥要求	备注	图示
石棉网	铁丝编成，中间有石棉	可使物体均匀受热	不可洗涤	忌与水接触	
研钵	可用瓷、玻璃、玛瑙或铁制成	用于研磨固体物质	常规洗涤、可烘干	—	
三脚架	铁质	可放置较大或较重的加热容器	—	—	
铁架台	铁质	用于固定或放置反应容器	—	—	
点滴板	瓷质	定性分析时用	—	—	
移液管、吸量管	玻璃质，规格以容量大小表示	准确移取液体时用，可量取一定体积的溶液	不可刷洗、不可加热干燥	不能当玻璃棒使用	移液管 吸量管
试剂瓶	玻璃质	盛装溶液	常规洗涤、可烘干	—	

续表

仪器名称	规格	用途	洗涤/干燥要求	备注	图示
比色管	玻璃质	用于分光光度法	不可刷洗、不可烘干，只能控干	只能洗液浸泡洗涤	
比色皿	玻璃或石英质	用于分光光度法	不可刷洗、不可烘干，只能控干	只能洗液浸泡洗涤、光玻璃面不可用手直接接触	
洗瓶	塑料质	装蒸馏水，用于清洗或加蒸馏水	常规洗涤、不可烘干	不可用铬酸洗液浸泡	
洗耳球	橡胶质	与吸量管/移液管配合使用	不可清洗、烘干	不可进水	
玻璃棒	玻璃质	搅拌、引流	常规洗涤、可烘干	—	

【任务实施】

一、写出指定器皿的名称和信息

请绘制桌面指定器皿的简图，并将其名称、规格和主要功能填写在表1-4中。

表1-4　实验室常见器皿

仪器名称	规格与功能	简图	仪器名称	规格与功能	简图

二、按照列表中的名称和规格，选择正确的器皿

请按表 1-5 选择正确的器皿。

表 1-5　器皿清单表

序号	名称	规格	评价
1	烧杯	100mL	□正确　□不正确
2	容量瓶	100mL	□正确　□不正确
3	吸量管	10mL	□正确　□不正确
4	蒸发皿	瓷质、125mm	□正确　□不正确
5	称量瓶	高型 40mm×25mm	□正确　□不正确
6	酸式滴定管	25mL	□正确　□不正确
7	碘量瓶	250mL	□正确　□不正确
8	试剂瓶	100mL	□正确　□不正确
9	锥形瓶	250mL	□正确　□不正确
10	布氏漏斗	150mm	□正确　□不正确
			□正确　□不正确
			□正确　□不正确

笔记

任务四　实验室器皿洗涤与干燥

【任务要求】

本任务主要针对分析化学实验室中最基础的知识和技能进行学习，是每一次分析实验进行前后必须进行的准备工作和收尾工作，本任务需要完成实验室用水的准备、玻璃仪器的洗涤和干燥等内容。

【学习目标】

1. 了解实验室用水的要求和类型。
2. 根据待去除污渍的性质选择适当的洗液。
3. 掌握环境实验室常用器皿的洗涤与干燥。

【任务支持】

一、分析实验室用水

在分析实验中，玻璃仪器的洗涤、溶液的配制等必须要用到水，水可以分为自来水和纯水。玻璃仪器洗涤时先用自来水冲洗，再用纯水淋洗，而溶液的配制、稀释等则必须使用纯水。根据分析任务和要求的不同，对水质的要求也不一样，一般情况下，可用一次蒸馏水和去离子水；在微量分析等要求较高的实验中则需要用到水质要求更高的纯水。

1. 纯水的等级

纯水有不同的规格，我国已建立了实验用水的国家标准《分析实验室用水规格和试验方法》(GB/T 6682—2008)，如表 1-6 所示。

表 1-6　实验室水质等级

技术指标	一	二	三
pH 值(25℃)	—	—	5.2～7.5
电导率(R)/(μS/cm)	≤0.1	≤1.0	≤5.0

2. 纯水的检验

(1) 电导率　电导率是指水的导电能力，数值越小，表明水的纯度越高。

(2) pH 值　一般纯水 pH 值为 6.0 左右，可以使用精密 pH 计测定

(3) 硅酸盐　取 30mL 水于小烧杯中，加入 4mol/L 的 HNO_3 5mL、5%钼酸铵 5mL，室温放置 5min，加入 10% Na_2SO_3 5mL，若有蓝色出现，则表示水中硅酸盐超标，水质不合格。

(4) 氯离子　取 20mL 水于试管中，用 4mol/L HNO_3 酸化，加入 0.1mol/L 硝酸银溶液 1～2 滴，摇匀，若有白色乳状物则表示水质不合格。

(5) 阳离子　取水 25mL，加入铬黑 T 指示剂 1 滴、氨缓冲溶液 5mL，若为蓝色，则表

示阳离子含量很小，水质合格；若出现紫红色，则说明水质不合格。

二、洗涤液的配制及使用

洗涤玻璃仪器时应该选择合适的洗涤剂。一般情况下可以使用市售的洗涤剂，也可以使用实验室自配的洗涤剂。无论选用何种洗涤剂都应该严格按照洗涤剂的操作规范谨慎操作，切不可盲目将几种洗涤剂混合使用。表1-7列出了几种常见洗涤剂的应用场合和配制方法，以供参考。

表1-7　洗液适用的场合及配制方法

洗液名称	配制方法	适用的仪器	注意事项
合成洗涤剂	选用合适的市售洗涤剂、去污粉或洗衣粉溶于温水中，配成浓溶液	洗涤内部有难以溶解污物的玻璃仪器	①配合适当毛刷使用 ②该洗液清洗干净后应使用6mol/L硝酸溶液浸泡片刻
铬酸洗液	将20g研细的重铬酸钾溶于40mL水中，在搅拌下缓缓加入360mL浓硫酸，放冷，装入棕色试剂瓶中盖紧瓶塞备用	铬酸洗液能氧化大多数溶解性污染物	①配制时注意安全 ②当洗液呈绿色时即失效应重配 ③应先用自来水冲洗，方可用洗液浸泡，尽可能延长洗液的使用期限 ④洗涤时应尽量浸泡一会以充分氧化 ⑤洗涤完毕后洗液应倒回原瓶 ⑥废液集中回收处理
碱性高锰酸钾洗液	①**方法一**：4g $KMnO_4$ 溶于少量水，加10%的NaOH溶液至100mL ②**方法二**：4g $KMnO_4$ 溶于80mL水，加50%的NaOH溶液至100mL(有利于 $KMnO_4$ 溶解)	此洗液作用缓慢温和，用于洗涤被油或有机物沾污的器皿	①洗液不宜在所洗的玻璃器皿中长期存留 ②存放于棕色试剂瓶中 ③玻璃上沾有褐色氧化锰可用盐酸羟胺或草酸洗液去除
草酸洗液	5～10g草酸溶于100mL水中，加入少量浓盐酸	①用于洗涤使用高锰酸钾洗液后产生的二氧化锰 ②含铁污物	①必要时加热使用 ②需要浸泡
纯酸洗液	①(1+1)HCl ②(1+1) H_2SO_4 ③(1+1) HNO_3 ④ H_2SO_4 + HNO_3 等体积混合液	①浸泡或浸煮器皿，洗去碱性物质及大多数无机物残渣 ②新的玻璃仪器一般用稀盐酸洗液浸泡24h	使用需加热时，温度不宜太高，以免浓酸挥发或分解
纯碱洗液	多采用10%以上的浓NaOH、KOH或 Na_2CO_3 水溶液	用于浸泡或浸煮玻璃器皿	①煮沸可加强洗涤效果 ②在容器中停留不得超过20min，以免腐蚀玻璃 ③不可盛放于玻璃试剂瓶中
碱性乙醇洗液	25g KOH溶于少量水中，再用纯乙醇稀释至1L	此洗液适用于洗涤玻璃器皿上的油污	不能加热
有机溶剂	汽油、甲苯、二甲苯、丙酮、酒精、氯仿等有机溶剂	主要用于去除有机物； 玻璃内壁沾有较多油脂性污物的小件和形状复杂的玻璃仪器	①使用时要注意其毒性及可燃性，注意通风 ②废液回收
I-KI洗液	1g碘和2g碘化钾溶于水中，用水稀释至100mL	洗涤沾有氧化银的玻璃仪器	洗液应存放于棕色试剂瓶中，避光保存

合成洗涤剂、铬酸洗液和纯酸洗液较为常用，选择洗涤剂应根据污物的性质进行选择。若玻璃仪器内为未知污物，使用一种洗涤剂无效时，应彻底清洗之后再尝试使用另外一种洗涤剂。

思考1：铬酸洗液何以能去污？怎样使用？如何判断失效？

三、常用玻璃器皿的洗涤

在分析实验中，洗涤玻璃仪器是一项直接影响实验结果准确性与精密度的基础工作，尤其是在精密仪器分析过程中，洗涤不符合标准将直接导致实验结果的误差，使测定失去意义。因此，每个人都应该重视玻璃仪器的清洗工作，切不可偷懒、马虎，而应实验前后认真按要求洗涤玻璃仪器。表1-8列出了常见污染物的洗涤方法，以供参考。

表1-8 常见污染物及洗涤方法

污物	洗涤方法
可溶于水的污物、灰尘	自来水清洗
不溶于水的污物	合成洗涤剂清洗
油污、有机物	铬酸洗液、碱性高锰酸钾洗液、有机溶剂清洗
氧化性污物(如 MnO_2、铁锈等)	浓盐酸、草酸洗液清洗
瓷研钵中的污迹	在研钵内加少量食盐研磨后倒掉，再用水洗
坩埚内壁黏附的硫黄	煮沸的石灰水清洗
被有机物染色的比色皿	用体积比为1∶2的盐酸＋酒精处理
碘的污物	用KI溶液浸泡，温热的稀NaOH或 Na_2SO_3 溶液浸泡

1. 常规洗涤法

一般的玻璃仪器，先用自来水冲洗去除灰尘后，用毛刷蘸取热肥皂液、洗涤剂或去污粉等，仔细刷净内外表面，尤其应该注意容器磨砂部分。然后用适宜的洗液洗涤，必要时可用温热的洗液短时间浸泡，之后再用自来水冲洗三遍，蒸馏水冲洗三遍，若倒置内壁不挂水珠，则可以使用，若内壁挂水珠则应重新洗涤。

思考2：如何判断玻璃器皿是否洁净？

2. 不便刷洗的玻璃仪器的洗涤方法

度量仪器，尤其是准确定量的精密度量仪器（如容量瓶、滴定管等）和形状特殊的仪器不能用毛刷刷洗，应该用自来水冲洗、沥干，再根据污物的性质选择合适的洗液进行浸泡、洗涤，之后再用自来水和蒸馏水各冲洗三遍。

思考 3: 能否用去污粉刷洗吸量管？为什么？

3. 水蒸气洗涤法

成套的组合玻璃仪器，除按上述要求进行各部件的分别洗涤之外，还需要安装起来用水蒸气蒸馏法洗涤一定的时间。如凯氏定氮仪，每次使用前应将整个装置连同接收瓶用热蒸汽处理 5min，以便去除装置中的空气和前次实验所遗留的污物。

4. 特殊清洁要求的器皿洗涤

在某些实验中对玻璃仪器洗涤有特殊的清洁要求。现举例说明。

（1）比色皿盛有机物后，要用有机溶剂洗涤，必要时可用硝酸浸洗。用酸浸后，先用水冲洗，再以去离子水或蒸馏水洗净晾干，不宜在较高温度的烘箱中烘干。不能用重铬酸钾洗液洗涤，防止附着重铬酸盐。如急用，可先控干大部分水分，再用无水乙醇或丙酮洗涤除尽残余水分，晾干即可使用。

（2）测定痕量金属元素后的仪器，应先用稀硝酸浸泡 24h，再用水冲洗干净。如测定痕量铬的玻璃器皿，不用铬酸洗液，用（1＋1）硝酸或等容积的浓硝酸-硫酸混合液来清洗。

（3）用于测磷酸盐的玻璃仪器，不得使用含磷的洗涤剂。对测氨和总氮的玻璃仪器，应以无氨水洗涤。用于测定 Cr^{6+}、Cr^{3+} 的玻璃器皿，不得使用铬酸洗液。测定水中痕量有机物，如有机氯杀虫剂等时，其玻璃仪器需用铬酸洗液浸泡 15min 以上，再用自来水和蒸馏水洗净。用于有机物分析的采样瓶，应先用铬酸洗涤，再用自来水和蒸馏水依次洗涤，最后以重蒸的丙酮、乙烷或氯仿洗涤数次，瓶盖也用同样方法处理。

5. 超声波清洗

超声波信号作用于液体时，则会对液体产生一定的正压，使液体体积被压缩，使液体中形成的微小气泡被压碎。研究表明，液体中每个微小气泡的破裂瞬间会产生极大的冲击波，相当于瞬间产生几百度的高温和高达上千个大气压的压力，这种现象被称为“空化作用”，超声波清洗正是用液体中气泡破裂所产生的冲击波来达到清洗和冲刷工作内外表面的作用。

超声波清洗正是由于具有去污效果好、使用溶剂少、可在短时间内去污、可以清洗任意形状的仪器等优点，所以被分析实验室广泛使用。

一般超声波清洗可以作为常规洗涤的一个步骤，即在洗液洗涤完毕，自来水冲洗三遍之后放入超声波清洗仪中洗涤 5min，取出再用蒸馏水冲洗三遍。如果遇到一般洗液无法达到洗涤目的的情况，可以用加热、超声的方法进行洗涤，通常有较好的效果，尤其是对于黏附在内壁的难溶物质。

6. 注意事项

（1）仪器用后应立即清洗，以免以后不好清洗，造成测定误差。

（2）用刷子刷洗玻璃仪器时，不能用力过猛，防止使擦洗的容器内壁粗糙，影响测定结果或更难清洗。

（3）新启用的硬质玻璃瓶和聚乙烯塑料瓶，先用（1＋1）硝酸或者稀盐酸浸泡 24h，再选用不同的洗涤方法清洗。

四、常用玻璃器皿的干燥

玻璃仪器的干燥对于实验误差的减小具有重要作用，尤其是在配制标准使用溶液或者准确浓度溶液的过程中。因为未达到干燥要求的玻璃容器盛装准确浓度溶液时会稀释其浓度，造成实验误差。

另外，何种情况下一定要干燥，何种情况下不需要干燥，何种情况下可以用润洗的方法代替干燥，要能够准确进行判断。判断的依据就是该操作过程是以浓度还是以总量为分析依据。

首先，对于称量用的称量瓶在盛装试剂前必须按照洗涤和干燥方法彻底洗净、干燥，否则会使药剂受潮或者变质。

其次，对于使用总量作为分析依据的，如滴定过程中和使用容量瓶定容，前者是以判断被滴定剂的总量为（当滴定剂和被滴定剂总量达到一定关系时显色）依据，而后者是以加入容量瓶的药剂的总量为依据。类似的还有比色管的使用等。但是，请注意以上说明不意味着在滴定、定容的其他过程中也可以使用不干燥或未经润洗的玻璃仪器，仅仅指在滴定过程中使用的锥形瓶、容量瓶可以不干燥，滴定和定容的其他过程中必须严格干燥或者润洗玻璃仪器。

最后，对于在使用过程中玻璃仪器中残余的水会对实验过程有影响时，如盛装溶液的试剂瓶、烧杯或者是移液管、吸量管、滴定管等需要急用来不及烘干或者不适宜使用烘箱干燥的仪器，可以用待装溶液进行润洗以尽量减小误差。

以下介绍几种常用的干燥方法，应根据玻璃仪器的性质选用合适的干燥方法。

（1）晾干　将洗净的仪器倒立放置在适当的仪器架上，让其在空气中自然干燥，倒置可以防止灰尘落入，但要注意放稳仪器。

（2）烘干　将洗净的仪器放入电热恒温干燥箱内干燥。注意玻璃仪器干燥时，应先将水尽量倒干，放置时应注意平放或使仪器口朝上，带塞的瓶子应打开瓶塞，如果能将仪器放平在托盘里则更好。

（3）烤干　试管是可以直接用火烤干的，但管口必须朝下倾斜，以免水珠倒流引起炸裂。火焰应先从试管底部开始，缓慢向下移至管口，如此反复烘烤，直至看不见水珠后，再将管口朝上，把水汽烘烤干。烧杯或蒸发皿（先将外壁水珠擦去）可置于石棉网上用小火烤干。

（4）吹干　用电吹风或玻璃仪器气流干燥器将玻璃仪器吹干。用吹风机吹干时，一般先用热风吹内壁，待干后再吹冷风使其冷却。如果先用易挥发的溶剂如乙醇、丙酮等淋洗仪器，将淋洗液倒净，再用吹风机按冷风-热风-冷风的顺序吹，会干得更快。另一种方法是将洗净的仪器直接放在气流干燥器里进行干燥。

【注意】一般带有刻度的计量仪器，如量筒、移液管、容量瓶、比色管等不得用明火、烘箱、电炉加热的方法干燥，以免影响玻璃仪器的精密度或者使其破裂。玻璃磨口仪器和带旋塞的仪器洗净、干燥后放置时应该在磨口和旋塞处垫上小纸片，以防止长期放置后粘住不易打开。

思考4：是否所有的玻璃器皿都能用烘箱干燥？如果不是，哪些不能用烘箱干燥？为什么？

【任务实施】

实验室常用玻璃器皿的洗涤与干燥实验报告

一、实验目的

1. 熟悉实验室内的水、电、气的排布和开关。
2. 了解、熟悉常用分析仪器的主要用途及使用方法。
3. 掌握常用玻璃仪器的洗涤、干燥方法。
4. 了解实验室“三废”的处理方法，树立环境意识。

二、仪器与试剂

仪器：________________________________。

试剂：从以下洗涤液中择一使用

1. 重铬酸钾洗液：（20g 重铬酸钾＋40mL 水＋360mL 浓硫酸）演示实验

配制过程：用天平称取 20g 干燥（105℃，2h）后的重铬酸钾，用 40mL 水溶解（可加热辅助溶解），待冷却后缓慢倒入 360mL 浓硫酸，边倒边用玻璃棒搅拌（此操作需要在通风橱中进行）。

【注意】和浓硫酸有关步骤需戴橡胶手套完成，严禁不加保护措施直接操作！

2. 市售洗液

三、实验步骤

1. 洗涤：

2. 干燥（烘箱干燥）：

【任务评价】

表 1-9 为器皿辨识与洗涤操作评价表。

表 1-9　器皿辨识与洗涤操作评价表

评分项目和要求		自评	互评	教师评
洗涤步骤（15 分）	选择合适的毛刷清洗内壁（3 分）			
	自来水冲洗 3 遍（5 分）			
	蒸馏水冲洗 3 遍（5 分）			
	整齐放置洗涤干净的器皿（2 分）			
洗涤方法（25 分）	正确使用毛刷清洗内壁（3 分）			
	用自来水冲洗时未溅出大量水（3 分）			
	正确使用洗瓶，洗瓶口不能接触被洗器皿（5 分）			
	正确进行蒸馏水冲洗（4 分）			
	洗涤顺序正确，洗完后内壁未挂水珠（10 分）			
文明操作（10 分）	实验器皿正确归位（1 分）			
	实验结束后水池干净，桌面无残留水渍（3 分）			
	桌面干净，板凳归位（2 分）			
	实验过程中无大声喧哗（5 分）			

笔记

任务五　实验数据处理与误差分析

【任务介绍】

定量分析的任务是测定试样中组分的含量，要求测定结果有一定的准确度，否则会造成实验结论的偏差，甚至是得出错误的实验结论。

在实际的分析工作中，受到主、客观条件的限制，测定结果不可能和真实值完全一致，总是会伴随着一定的误差。同时定量分析是经过一系列步骤完成的，每一个环节的细小误差都会将误差带入系统，影响分析结果的准确性。即使是同一个技术熟练的操作人员在同样的条件下做同样的实验也不可能得到完全一致的分析结果。所以误差是客观存在的，分析人员需要做的是尽量减小误差，使得测定结果趋近于真实值。因此，首先需要分析实验过程中产生误差的原因及误差出现的规律，然后有针对性地采取相应措施来减小误差。

【学习目标】

1. 了解实验室误差的来源与类型。
2. 掌握数据修约方法，能正确进行数据的记录。
3. 正确运用误差、偏差等进行数据分析。

【任务支持】

一、误差的分类及产生原因

误差按照其性质可以分为两类：系统误差和偶然误差。

1. 系统误差

系统误差是由某种固定的因素造成的，具有单向性，即正负、大小均有一定的规律性。当重复进行测定时系统误差会重复出现。若能找出原因，并设法加以校正，系统误差就可以消除，因此也称为可测误差。

（1）系统误差产生的原因

① **方法误差**　由于分析方法本身不够完善所造成的误差。例如在滴定分析中由于反应不完全、副反应的发生、干扰离子的影响等。

② **仪器误差**　由于仪器本身不够准确所引起的误差。如天平的灵敏度偏低、容量仪器刻度不准确等。

③ **试剂误差**　由于试剂不纯引起的误差。如蒸馏水不纯、所用试剂含有微量杂质等。

④ **操作误差**　在正常的操作情况下，由于分析工作者习惯上的或主观因素所造成的误差。如读取刻度时的仰视或俯视、对溶液颜色的变化不够敏感等。

（2）减小系统误差的方法

① **改进分析方法**　选用先进的国家规定的标准方法进行分析测定，以减小方法误差。

② **对照实验** 用已知准确含量的标准试样按同样的分析方法进行多次测定，将测定值与标准值进行对照，求出校正系数，进而校正分析结果，以消除操作和仪器误差以及分析方法的误差。在实际工作中，许多生产企业将产品试样送交不同级别的单位进行分析对照，以其说明其产品的可靠性。

当需要进行对照分析而对试样组成又不完全清楚的时候，可以采用“对照回收法”进行对照分析。具体做法是：向试样内加入已知量的被测组分的纯物质，然后进行对照实验，根据加入已知量的被测组分定量回收情况，判断方法是否有系统误差，回收率按式(1-1)计算。

$$\text{回收率}=\frac{\text{加入纯物质后的测量值}-\text{加入前的测量值}}{\text{已知加入量}}\times 100\% \tag{1-1}$$

回收率在 95%～105%之间一般可认为不存在系统误差，方法可靠。回收率越接近 100%，系统误差越小，该法常在微量组分分析中使用，回收率也可用于判断试样处理过程中待测组分是否有损失或沾污。

③ **空白实验** 是指在不加试样的情况下，按照试样的分析步骤和条件进行分析测定，所得结果称为**空白值**，然后从分析结果中扣除空白值，以抵消由试剂、蒸馏水不纯、仪器或环境引入的杂质等造成的系统误差。

④ **校正仪器** 在分析测定前，应对所用的仪器如滴定管、移液管、容量瓶等加以校正，尽可能减小仪器不精确引起的系统误差。

2. 随机误差（偶然误差）

在分析测定过程中，有一些随机的不确定的因素所造成的误差叫**随机误差**，也称为偶然误差。

随机误差是由于分析过程中的微小变化引起的，例如环境的温度、气压、仪器性能的微小变化等。这种误差不可预测，从单次测定结果来看没有规律可言，但在重复实验中，随机误差出现的概率符合正态分布规律，即正、负误差的绝对值相等，出现的概率相等。

减小随机误差的方法一般是在消除了系统误差前提下，适当增加平行测定的次数（不超过 10 次），随机误差的算术平均值将趋近于零，分析结果的平均值则接近于真实值。在一般分析中，对同一试样，通常是平行测定 3～4 次。

除了系统误差和随机误差之外，由于分析工作者的粗心大意或者误操作造成的结果偏差称为过失误差。这些误差是可以在分析过程中通过仔细认真、严格按照操作规程工作来避免的。

二、误差的表示方法

1. 准确度和误差

准确度是指分析测定结果与真实值相接近的程度，准确度的高低用误差来表示。**误差**是指分析测定结果和真实值的差距。误差有正负，正表示分析结果偏高，负表示分析结果偏低。误差又分为绝对误差和相对误差，相对误差应用较为广泛。

（1）**绝对误差** 绝对误差按式(1-2) 计算。

$$E_{\mathrm{m}}=x_i-T \tag{1-2}$$

式中，x_i 为个别测定值；T 为真实值。

（2）**相对误差** 相对误差按式(1-3) 计算。

$$E_n=(E_m/T)\times 100\%\tag{1-3}$$

2. 精密度和偏差

精密度是指在相同条件下，对同一试样多次平行测定结果相接近的程度。精密度用偏差来表示。偏差也分为绝对偏差和相对偏差。

（1）**绝对偏差** 绝对偏差按式(1-4）计算。

$$d_i=x_i-\bar{x}\tag{1-4}$$

式中，$\bar{x}$ 为多次测定的算术平均值。

（2）**相对偏差** 相对偏差按式(1-5）计算。

$$d_r=(d_i/\bar{x})\times 100\%\tag{1-5}$$

一般来说，人们不会对每次测定的结果都计算相对误差，所以偏差常用平均偏差及相对平均偏差表示。

平均偏差：指各绝对偏差绝对值的算术平均值，按式(1-6）计算。

$$\bar{d}=(|d_1|+|d_2|+\cdots+|d_n|)/n\tag{1-6}$$

相对平均偏差按式(1-7）计算：

$$\bar{d}_r=(\bar{d}/\bar{x})\times 100\%\tag{1-7}$$

平均偏差和相对平均偏差可反映一组分析结果的离散程度，也说明精密度的高低，但当一组分析数据离散程度较大时，仅从平均偏差和相对平均偏差也看不出精密度的大小，此时常采用标准偏差来衡量精密度。标准偏差又称均方根偏差，标准偏差用 S 表示，按式(1-8）计算。

$$S=\sqrt{\left[\sum_{i=1}^{n}(x_i-\bar{x})^2\right]/(n-1)}\tag{1-8}$$

（3）准确度和精密度的关系 从上述讨论可知，对于分析结果的评价要从准确度和精密度两个方面来进行，**准确度**表示的是测定值与真实值之间接近的程度，主要受系统误差的影响，用误差来度量；**精密度**则表示的是平行测定结果之间的接近程度，它主要表明测定结果的重现性高低，反映了测定结果的可靠程度，主要受偶然误差的影响。精密度高是准确度高的必要前提条件，没有精密度准确度无从谈起，但精密度高并不能说明准确度一定高，它只表示分析测定的重现性好。只有精密度和准确度都高的分析结果才是真实可靠的结果。

三、有效数字及其运算规则

在分析实验过程中仅仅降低误差是不够的，还要学会科学、规范地记录数据以及正确地进行计算。

1. 有效数字

正确地进行数据记录首先要学会确定记录数字的位数，即取几位有效数字。**有效数字**的意义是在分析工作中实际测量到的数字。

（1）有效数字的记录原则 有效数字保留的位数，应根据分析方法和仪器的准确度来确定，总的原则是应使得数值中倒数第二位是准确读数，最后一位是估读读数（可疑读数）。例如，当滴定管的读数记录为 18.37mL 时，则代表能从滴定管刻度上读到的刻度为 18.3mL，最后一位 0.07mL 是估读值。而电子分析天平由于其显示的读数已经包含了可疑值，所以读数时直接写显示器上显示的数值即可。另外，根据有效数字的位数能够正确选择合适的仪器。如要求量取 20mL 水，则选取对应量程的量筒即可；但若要量取 20.00mL 水，则应选择量程为 20.0mL 的移液管或者相应的滴定管和吸量管。

（2）有效数字位数的确定　总的来说，从数值的第一个非零数字开始，有几位就是几位有效数字。但需要注意以下几点：

① 对数值的有效数字。如 pH=7.08 只有两位有效数字。因为整数值只代表值的次方，小数点后才是有效数字。

② 科学记数法。使用规范形式科学技术法的数值，如 6.57×10^{10}，其有效位数为 10 的 10 次方之前的三位。

③ 计算中如遇到倍数、分数时，因为它们并非测量所得，可视为无限多位有效数字，需要用几位则取几位有效数字。

2. 有效数字的运算规则

当有效数字的位数确定后，对多余的数字按照**“四舍六入五成双”**的原则进行数据修约。即当尾数小于 4 时，舍去；当尾数大于 6 时进一位；当尾数为 5 时，应根据 5 之前的数字决定进位还是舍去，若 5 之前为偶数，则舍去，若 5 之前为奇数，则进位，若 5 后面还有不为零的数时，则一律进位。

当几个数据相加减时，它们的和或者差的小数部分的位数应与小数点后位数最少（即绝对误差最大）的那个数据相同，对其他的数据取舍也都以此为依据。

当几个数据相乘或者相除时，其积或商的有效数字位数以有效位数最少（即相对误差最大）的那个数为依据。

在有效数字的运算中，为了减小误差的传递积累，对参与运算的数据可暂时多保留一位数字，在最后的结果中将其修约。

在常量分析中，所报告的分析结果通常保留四位有效数字，而表示准确度和精密度时，一般取 1～2 位有效数字。

【任务实施】

一、对以下实验数据进行分析

某分析人员在进行水质 COD_{Cr} 测定时进行了三次平行测定，得到的数据分别为 36.90mg/L、39.83mg/L、41.03mg/L，试计算该组数据的算术平均值和相对标准偏差，若按照 RSD≤5%作为标准，分析这组测定结果的精密度。

请按指引完成计算，要求：

1. 选择正确的公式进行计算；
2. 计算过程正确、修约规范；
3. 单位书写完整、正确。

【解析】由题目可知，平行次数为 3 次，应先求算术平均值，再计算相对标准偏差。

解：已知该组数据结果分别为 $x_1=36.90$mg/L、$x_2=39.83$mg/L、$x_3=41.03$mg/L，可以求得该组数据的算术平均值 $\bar{x}=$__________ mg/L

再根据公式计算相对标准偏差：____________________

计算过程：

答：该组数据的平均值为__________，相对标准偏差为__________，该组数据的精密度合格/不合格。

二、完成下列关于误差及数据分析的自测题

（1）对于同一个水样进行平行测定的目的是__________。

A. 减小随机误差　B. 减小仪器误差　C. 增加随机误差　D. 增加仪器误差

（2）对于均匀样品，凡能做平行双样的分析项目，分析每批水样时均须做__________的平行双样。

A. 5%　B. 10%　C. 15%　D. 20%

（3）某分析人员进行水质浊度的平行样测定，得到的数据分别为 $x_1=30.67$ 度、$x_2=33.21$ 度、$x_3=29.90$ 度，该组数据的算术平均值为__________。

A. 31.20 度　B. 31.2 度　C. 31.26 度　D. 31.3 度

（4）相对标准偏差用于描述一组数据的__________。

A. 代表性　B. 精密度　C. 准确度　D. 完整性

（5）相对标准偏差一般取__________位有效数字。

A. 1　B. 1～2　C. 2～3　D. 3

（6）某分析人员进行水质浊度的平行样测定，得到的数据分别为 $x_1=30.67$ 度、$x_2=33.21$ 度、$x_3=29.90$ 度，该组数据的相对标准偏差为__________。

A. 5.0%　B. 5.5%　C. 6.0%　D. 6.5%

笔记

任务六 实验室“三废”收集与处理

【任务要求】

实验过程中产生的废水、废气和固体废物简称“三废”，通过本任务，学习实验室“三废”常见的种类、来源和收集、处理/处置方法，并按要求收集和处理本任务实验过程中产生的“三废”。

【学习目标】

1. 了解环境实验室常见的“三废”及其对环境的影响和危害。
2. 掌握实验室常见“三废”的收集、处理方法。

【任务支持】

实验室“三废”的来源及收集处理方法

在分析实验室中会产生各种各样有毒的废气、废液和废渣。“三废”不仅会污染环境，造成公害，而且“三废”中的贵重和有用成分没有回收也是经济上的损失。此外，树立良好的环保意识，处理好“三废”对于环境监测与治理专业的人而言更是责无旁贷。

1. 有毒废气

如果实验过程中仅产生有毒气体，需要在通风橱中进行。通过通风设备中的吸附/吸收装置能够吸附/吸收有毒气体，净化后的气体排放至大气。

2. 废液

实验室废液按照无机废液、有机废液和重金属废液进行分类收集。

（1）废酸和废碱溶液可以直接分类收集，或经过中和处理，使其 pH 值达 6～8 后暂存。

（2）含 Cd^{2+} 废液：加入硝石灰等碱性试剂，使所含的金属离子形成氢氧化物沉淀后除去。

（3）含六价铬的废液：在铬酸废液中，加入 $FeSO_4$、Na_2SO_3，使其变为三价铬，再加入 NaOH（或 Na_2CO_3）等碱性试剂，调节 pH 值在 6～8 时，使三价铬形成氢氧化铬沉淀后除去。

（4）含氰化物的废液：一种方法为氯碱法，即将废液调节成碱性后，通入氯气或加入次氯酸钠，使氰化物分解成二氧化碳和氮气而除去；另一种方法为铁蓝法，在含有氰化物的废液中加入硫酸亚铁，使其变成氰化亚铁沉淀除去。

（5）含汞及其化合物的废液：含汞量较少的废液采用化学沉淀法，加入 Na_2S，使其生成难溶的 HgS 沉淀除去。

（6）含铅盐及重金属的废液：在其中加入 Na_2S 或 NaOH，使铅盐及重金属离子生成难溶性硫化物或氢氧化物沉淀除去。

（7）含砷及其化合物的废液：在废液中加入硫酸亚铁，然后用氢氧化物调节 pH 值至 9，这时砷化物和氢氧化铁与难溶性的亚砷酸钠或砷酸钠产生共沉淀，经过过滤除去。还可用硫化物沉淀法，在废液中加入 H_2S 或 Na_2S，使其生成砷化物沉淀而除去。

（8）洗涤器皿前三遍所产生的废液也需要按照其性质分类收集，属于废液范畴。

（9）洗涤废液：洗涤废液是指洗涤器皿三遍之后产生的废水，虽然污染程度低，但也不能直接排放，应暂存在调节池中，等实验结束之后，进行中和处理调节至中性才可排放。

3. 废渣

实验室产生的废渣主要包括沾染试剂的滤纸等耗材、用完的试剂瓶、过期的废试剂等，也应分类收集。过期的废试剂应在瓶身清晰标记其名称，用完的试剂瓶应用少量水清洗后收集，清洗水按实验废液分类收集、储存。

4. 收集处理方法

学校定期通知经环境保护行政主管部门认可、持有危险废液经营许可证的单位到校收集废液和有毒、有害废弃物。管理员需按照规定填写好由该单位提供的“废弃物记录、转移联单”。

【任务实施】

完成洗涤操作废液、固废的分类收集与处理，并填写废液、固废投放表（见表 1-10）。

登记表编号

表 1-10　实验室危险废物投放登记表

实验室：　　　　责任人：　　　　容器编号：　　　　入库日期：

<table>
<tr><td>有机废液</td><td>□含卤素有机废液
□其他有机废液</td><td colspan="2">体积/L</td><td colspan="2"></td></tr>
<tr><td rowspan="3">无机废液</td><td rowspan="3">□含汞废液
□含重金属废液(不含汞)
□废酸
□废碱
□其他无机废液</td><td colspan="2">入库时 pH 值
(液态废物收集容器)</td><td colspan="2"></td></tr>
<tr><td colspan="2">入库核验签字</td><td colspan="2"></td></tr>
<tr><td colspan="4">危害特性</td></tr>
<tr><td>固态废物</td><td>□废固态化学试剂
□废弃包装物、容器
□其他固态废物</td><td>□毒性</td><td>□易燃性</td><td>□腐蚀性</td><td>□反应性</td></tr>
<tr><td>序号</td><td>投放日期</td><td colspan="2">主要有害成分</td><td colspan="2">投放人</td></tr>
<tr><td></td><td></td><td colspan="2"></td><td colspan="2"></td></tr>
<tr><td></td><td></td><td colspan="2"></td><td colspan="2"></td></tr>
<tr><td></td><td></td><td colspan="2"></td><td colspan="2"></td></tr>
<tr><td></td><td></td><td colspan="2"></td><td colspan="2"></td></tr>
</table>

注：1. 登记表编号应与容器编号对应，如有多张登记表，应以容器标号为主字段编号。

2. “pH 值”指液态废物收集容器中废液入库贮存时的最终 pH 值，入库时需有关责任人核验签字确认。

3. “类别”只能选择一种，主要有害成分应按生态环境部《中国现有化学物质名录》中的化学物质中文名称或中文别名填写，可以是简称，禁止使用俗称、符号、化学式代替。

4. 暂存危险废物最大暂存量不宜超过存储设施装满的 3/4，暂存时间最长不应超过 30 天，必须进行贮存。

该表至少保存五年。

【项目评价汇总】

请完成项目评价（见表 1-11）。

表 1-11　项目评价汇总表

实验室准入	安全测试	疏散演习	器皿辨识	器皿洗涤与干燥	误差分析	“三废”收集与投放
10%	10%	20%	20%	20%	10%	10%
总分：						

笔记

项目二 称量

【项目介绍】

称量是定量分析的基本操作之一，称量准确度直接影响测定结果，因此掌握正确的称量操作方法是进行环境监测实验必须掌握的基本功之一。

【学习目标】

1. 掌握电子分析天平的构造。
2. 正确进行电子分析天平的校准。
3. 正确、规范使用增量法进行称量。
4. 正确、规范使用减量法进行称量。
5. 正确进行称量数据的误差分析和偏差分析。
6. 对电子分析天平进行基本维护和保养。

任务一 认识电子分析天平

【任务要求】

分析天平的种类很多，在环境监测领域主要涉及机械天平和电子天平，其他的还有手动式、自动式，因为在环境监测领域较少应用，所以不予介绍。

本任务着重进行电子分析天平的基本原理、使用和维护方法的介绍。请完成电子分析天平基本操作说明的学习，并使用万分之一电子分析天平进行称量瓶的称量。

【学习目标】

1. 掌握分析天平的常见类型。
2. 了解分析天平的称量原理。
3. 掌握电子分析天平的构造和各部分功能。
4. 掌握电子分析天平的基本操作。

【任务支持】

电子分析天平基本操作说明

电子分析天平指以电磁力或电磁力矩平衡原理进行称量的天平。其操作简单，显示快速、清晰，数据可靠，是环境监测实验室中最为常用的称量装置。

1. 电子分析天平的原理

电子分析天平采用电磁力平衡原理制成，具有稳定、准确、读数方便快速等优点，被各种实验室广泛使用。

2. 电子分析天平的结构

电子分析天平结构较为简单，其主要结构有操作键、显示屏、秤盘、防风罩、水平调节脚、水平泡等，如图 2-1 所示。

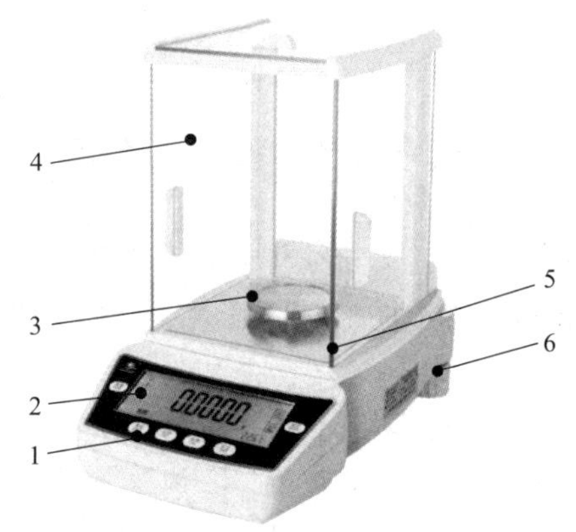

图 2-1　电子分析天平结构

1—操作键；2—显示屏；3—秤盘；4—防风罩；5—水平泡；6—水平调节脚

操作键用来给天平输入指令；**显示屏**能够显示读数和进行操作指示；**秤盘**则用于放置砝码和待称物质；**防风罩**用于防止称量受到空气、水分等外界环境因素的扰动；**水平调节脚**一般为两个，分布在天平左后方和右后方，用来调节天平水平；**水平泡**则用于判断天平是否水平。

3. 电子分析天平的精密度

电子分析天平的精密度不同，其适用场合就不同。环境监测实验室常用“万分之一”天平，即最多能够精确到小数点后 4 位，这种天平一般称量范围不超过 200g，用于微量或少量试剂的称量。有时也会用到称量范围更大的百分之一或十分之一天平进行常量试剂称量或用于精密度要求不太高的场合。

4. 电子分析天平的使用方法

（1）**整体检查**　检查天平外观是否完好，秤盘是否干净，并确定天平内是否放置了干燥器，或者干燥器是否有效。一般使用硅胶干燥器，若蓝色硅胶变为紫色或者淡紫色则表示干燥剂失效，需要重新置于烘箱中于 110℃烘 2h。

（2）**检查水平**　检查分析天平水准器中的水平泡是否处于水平圈之内，若不在，则应使用天平底部的水平调节脚调节，使水平泡位于水平圈之内。

（3）**接通电源预热**　接通电源预热 30min 以上。

（4）**称量**　开机，调零，待屏幕上显示 0.0000g 之后，放入待称量物，关闭防风罩玻璃门，等待显示屏上的数字稳定并显示单位 g 之后，可以读数并记录读数。如果要继续称量，则应该先取出第一次称量物，调零之后重复上述步骤；若不需要称量了，则应将称量物取出，调零即可。

（5）**清洁** 用毛刷将秤盘及其附近药品粒扫除，并将天平周围的称量纸等所用物品收拾整齐，并将天平附近的台面和地面收拾干净。

【任务实施】

使用万分之一天平进行称量瓶的称量，并将数据记录在实验报告中，完成实验报告。

天平结构认知与基本操作实验报告

一、实验目的

1. 掌握分析天平的常见类型。
2. 了解分析天平的称量原理。
3. 掌握电子分析天平的构造和各部分功能。
4. 掌握电子分析天平的基本操作。

二、仪器与试剂

仪器：____。

试剂：____。

三、实验步骤

1. 整体检查

依次检查以下部件是否完好，如有异常（含污损）请如实填写表 2-1。

表 2-1 天平检查表

序号	部件	是否异常	异常描述
1	操作键	□有 □无	
2	显示屏	□有 □无	
3	秤盘	□有 □无	
4	防风罩	□有 □无	
5	水平泡	□有 □无	
6	水平调节脚	□有 □无	

2. 检查水平

请绘制水平泡初始位置，并写出调节方法。

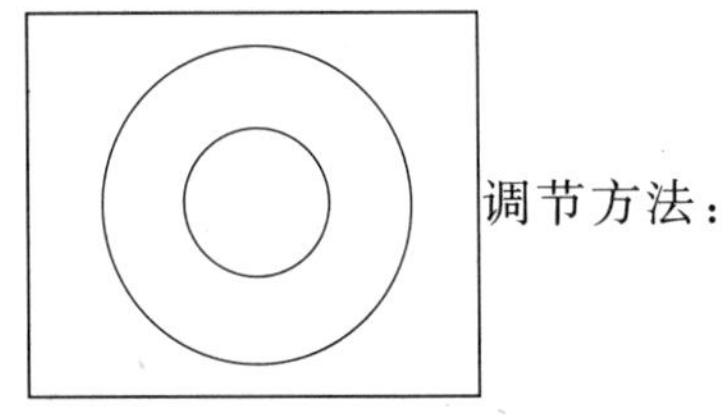

调节方法：

3. 接通电源预热

预热时间：____________。

4. 称量

请在自己工位的天平上称量 5 次，再使用相邻组天平称量 5 次，将数据记录在表 2-2 中。

表 2-2　称量记录表

本工位天平					相邻工位天平				
1	2	3	4	5	1	2	3	4	5
平均质量：________					平均质量：________				
相对标准偏差：________					相对标准偏差：________				

5. 清洁：

____。

【任务小结】

1. 思考：为什么同样一个称量瓶，在不同的天平上进行称量，质量不一样？

2. 自己工位上的天平和相邻工位上的天平相比，哪一个称量结果更精确？为什么？

笔记

任务二　校准电子分析天平

【任务要求】

分析天平的正确校准，是确保其称量准确度的必要步骤。请完成电子分析天平的校准，并填写天平检查表。

【学习目标】

1. 掌握分析天平的校准操作。
2. 了解分析天平的称量原理。
3. 掌握电子分析天平的构造和各部分功能。
4. 掌握电子分析天平的基本操作。

【任务支持】

电子分析天平的校准

在电子分析天平初次使用、存放时间较长、位置移动和外界环境变化时应该进行校准，校准之前应该按照电子分析天平操作规定进行检查、预热和调节水平，之后利用天平自带的固定质量砝码进行校准，注意校准时应避免手直接接触校准砝码，砝码也不能直接放置在桌面上，应该放在砝码盒或者放置于干净滤纸上，用镊子进行砝码的移动。这里应该注意，不同厂家、不同型号的天平校准砝码可能是不一样的，所以进行校准时应该参考该型号电子分析天平的使用说明书进行操作。

以 JA3003J 型电子分析天平为例，在检查、预热、调水平之后开启天平，长按校准键，屏幕上显示 cal，用镊子将校准砝码放置于称量盘中间，然后关闭玻璃门，1～2 秒之后听到提示音，显示 0.0000g，即为校准完毕，此时可以用镊子取出砝码。

思考 1：是否每次称量前都需要进行电子分析天平的校准？如果不是，应该在何时进行？

【任务实施】

完成电子分析天平的校准，校准完成后使用标准砝码检验天平，填写电子天平核查表 2-3。

表 2-3　电子天平核查表（过程中）

仪器型号：__________　仪器编号：__________　量程：__________

核查结果：__________

序号	分析天平 感量在 0.0001g 以上			
	1g 砝码	5g 砝码	10g 砝码	100g 砝码
1				
2				
3				
4				
5				
6				
7				
8				
9				
10				

【结果判定】砝码为 0～50g 时，误差小于±1mg 为合格；砝码为 50～200g 时，误差小于±2mg 为合格。

砝码技术参数如表 2-4 所示。

表 2-4　砝码技术参数

砝码规格	1g	5g	10g	100g
质量允差/mg	±0.10	±0.15	±0.20	±0.5

核查人员：__________　核查日期：__________

笔记

任务三　称量

【任务要求】

根据待称量物质的性质和称量精度的要求可以选择直接称量法、增量法、减量法。请分别使用增量法和减量法进行称量，并对二者进行比较，确定各自的使用场合、原理和特点。

【学习目标】

1. 正确、规范使用电子分析天平进行增量法、减量法称量。
2. 根据称量要求，正确选择增量法或减量法进行称量。
3. 能及时、规范记录称量数据，不编造、不篡改数据。
4. 在称量过程中爱惜天平。

子任务一　增量法称量

【任务要求】

使用增量法称量 0.6050g NaCl，要求误差在 1%范围内。

【任务支持】

直接称量法和增量法称量

根据待称量物质的性质和称量精度的要求可以选择直接称量法、增量法、减量法（差减法）。

1. 直接称量法

此法适用于干燥洁净的器皿、棒状或块状金属、不易潮解或升华的固体样品。如称烧杯及其他玻璃器皿的质量，此法主要用于称量未知质量物质的质量。

2. 规定质量称重法（增量法或加量法）

此法用于称量固定质量的样品，且该样品在空气中没有吸湿性。按照以下步骤进行称量：

（1）先称量装试剂的器皿（表面皿、小烧杯或称量纸质量），将数据记录在实验报告上，然后算出加入药品之后的目标读数。

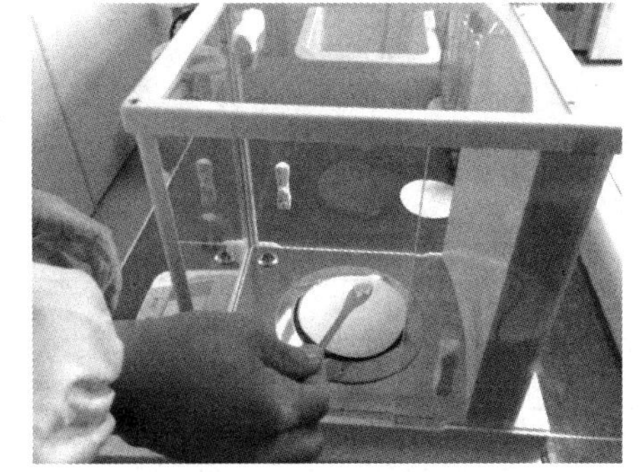

图 2-2　增量法称量

（2）加药品时药匙离目标容器口 1～2cm，要慢慢抖动药匙，无洒漏地将药品加入目标仪器中（如图 2-2 所示）。

【注意】不能超过规定的 0.05g，否则重称；不允许用药匙将多余的试样舀去。

（3）到达目标读数附近（误差允许范围内）之后，待读数稳定后，记录读数，并用此读数减去器皿读数得到药品质量。

【任务实施】

增量法称量实验报告

一、实验目的

1. 熟练掌握电子分析天平的基本操作和校准。

2. 掌握分析天平的直接称量法和增量法称量操作技术。

3. 及时、规范填写称量数据，不编造、不篡改数据。

4. 掌握正确的称量数据的计算方法。

二、仪器与试剂

仪器：____

____。

试剂：____。

三、实验步骤

1. 调整天平

根据气泡的位置是否位于圈内判断天平是否水平，并进行调整。

调水平的方法是：____

____。

2. 接通电源后预热

预热时间为：____。

3. 校准

步骤：

____

____。

4. 称量小烧杯（直接称量法）

步骤：

____。

5. 增量法称量 0.6050g NaCl

步骤：

____

____

____。

6. 清洁

检查天平内部是否有残余药品，若有，应用小毛刷轻轻拭去；检查天平内部干燥器是否处于正确的位置；关闭电子天平所有玻璃门；关闭电源；将电子分析天平归位。

清洁实验区域，将桌椅归位。

四、数据记录

将直接称量法和增量法数据记录在表 2-5 中。

表 2-5　直接称量法和增量法称量数据记录表

直接称量法		增量法			
样品号	质量/g	样品号	容器质量/g	加药后质量/g	药剂质量/g

子任务二　减量法称量

【任务要求】

使用减量法称量 0.6050g NaCl，要求误差小于 1%。

【任务支持】

差减称量法（减量法）

此法主要适用于基准试剂和标准试剂，以及容易氧化、易与二氧化碳反应或者是易潮解的物质。称量时需要使用干燥器和称量瓶。称量步骤为：

（1）按照药品干燥要求将药品放入称量瓶中在烘箱中干燥。

（2）将称量瓶从烘箱中取出（**注意防止烫伤**），转移入干燥器中，待其自然冷却。

（3）用纸条和小纸片取用称量瓶，严禁直接用手接触称量瓶，称量瓶也不能直接放在桌面上，应该放置在干净的滤纸上。先将装了药品的称量瓶放入天平中，称量称量瓶和药品的总质量 m_1，将 m_1 减去目标药品的质量 m_2 即为目标读数 m。

（4）取出称量瓶用称量瓶盖敲击称量瓶，将药品敲出称量瓶，无撒漏地落入烧杯中，敲好后用瓶盖回敲（回敲时不可用盖子直接敲击磨口玻璃处，防止磨口玻璃磨损），使药品全部回到称量瓶内，盖上盖子称量，直至读数接近目标读数 m，允许误差为目标药品质量 m_2 的 1%。

（5）称取完毕，记录读数，将称量瓶盖好放回干燥器，关闭天平玻璃门，收拾台面。

（6）注意事项

① 称量瓶（扁型、高型），塞子不能互换。

② 干燥器：盖子只能划开，不能掀开，盖子取下后应拿在手中或者将涂有凡士林的一面朝上置于桌上，关闭干燥器时不能直接盖上，而应平推盖上；若放入热的物品，应先在空气中稍冷后放入。

③ 超出范围重新取出称量瓶倾样，但倾样次数不能超过 3 次。

思考 2：为什么倾样次数不能超过 3 次？

思考3：在什么情况下用差减法称量？

【任务实施】

电子分析天平减量法称量

1. 填写天平使用记录表。
2. 使用减量法称量，并完成以下实验报告。

减量法称量实验报告

一、实验目的

1. 掌握分析天平的减量法称量操作。
2. 会计算读数范围，辅助称量。
3. 会进行减量法称量的数据处理。

二、仪器与试剂

仪器：____。

试剂：____。

三、实验步骤

1. 检查天平、调水平
2. 接通电源后预热
3. 减量法称取 0.6050g NaCl

步骤：

读数范围计算区域：

4. 清洁

检查天平内部是否有残余药品，若有，应用小毛刷轻轻拭去；检查天平内部干燥器是否处于正确的位置；关闭电子天平所有玻璃门；关闭电源；将电子天平归位。

清洁实验区域，将桌椅归位。

四、数据记录与处理

将称量数据记录在表 2-6 中。

表 2-6　减量法称量记录表

样品号	称量前质量/g	称量后质量/g	试样质量/g	误差

【任务评价】

填写称量操作评价表（见表 2-7）。

表 2-7　称量操作评价表

评分项目和要求		自评	互评	教师评
称量前准备(10 分)	天平开启前应______			
	检查调整天平水平应使______，并且应在规定时间以内完成______			
	托盘需要______			
	检查干燥剂是否为______色，如不是应更换干燥器并将失效的干燥剂______			
分析天平称量操作(70 分，扣完为止，不倒扣分，不允许重称)	干燥器盖子应如何放置______			
	称样时手不能______被称物容器或被称物容器直接放在______			
	称量瓶应放置在______			
	倾完样后应______，回敲时应该避免______			
	称一份试样敲样不超过______			
	超出规定量±5%扣 5 分；超出规定量±10%扣 10 分			
	试样不能撒落			
	称量分析过程中开关天平门、放置称量物要______			
	天平门应及时关闭，以防止______			
	固定称量时，被称物容器中的试剂不可______			
	必须用减量法，否则本项分数全部扣完			
称量后处理(10 分)	称量结束后必须______天平门			
	清洁			
	检查			
	实验数据必须即刻记录于指定位置			
	未按要求如实记录数据或将数据记录于实验报告指定位置以外的地方，本次实验分全扣			
文明操作(10 分)	实验器皿正确归位(1 分)			
	实验结束后水池干净，桌面无残留水渍(2 分)			
	桌面干净，板凳归位(2 分)			
	实验过程中无大声喧哗(5 分)			

【任务总结】

请以思维导图形式总结增量法和减量法在适用范围和操作等方面的区别。

任务四　数据处理与分析

【任务要求】

对样本进行大量平行分析时，可以通过数学统计的方法筛选出可疑值，进行剔除，以保证检测的准确性，本任务以全班称量数据为样本，进行可疑值的取舍。

【学习目标】

1. 了解可疑值判断的 Q 值检验法和 t 值检验法的适用范围。
2. 使用 Q 值检验法和 t 值检验法进行可疑值判断。
3. 严谨、细致地进行数据分析。

【任务支持】

分析数据的处理

在实际的分析中，在消除了系统误差之后，多次平行测定的结果也会出现不一致的情况，这主要是由于随机误差引起的，为了正确评价分析结果的可靠程度，对实验数据不能仅仅作简单的处理，而需要用统计的方法分析结果的可信度。

1. 可疑值的取舍

可疑值是指在对同一样品进行的多次平行测定中，个别的偏离同组数据较大或者较小的数据，也叫离群值或溢出值。可疑值是需要舍去的，但要遵循一定的方法。通常检验可疑值的常用方法有 Q 值检验法、四格法、格鲁布斯法等，这里介绍 Q 值检验法。

对于 3～10 次平行测定中出现的可疑值，用 Q 值检验法比较可靠。检验步骤如下：

（1）将测量数据按由小到大的顺序排列成 x_1、x_2、$x_3 \cdots x_{n-1}$、x_n，其中最小值和最大值 x_1 和 x_n 即为可疑值，求出最大值和最小值之差，即为极差。

（2）计算出可疑值与其相邻近的一个数据之差。

（3）计算舍弃商 Q，用可疑值与相邻值之差除以极差即为 Q 值，按式(2-1）计算。

$$Q=\frac{x_2-x_1}{x_n-x_1} \text{或} Q=\frac{x_n-x_{n-1}}{x_n-x_1} \tag{2-1}$$

（4）查 Q 值表（表 2-8），比较计算的 Q 值与表中的 Q 值大小，决定可疑值的取舍。如果计算的 Q 值大于或等于查表所得则舍去。

表 2-8　Q 值表（置信概率 90%和 95%）

测定次数 n	3	4	5	6	7	8	9	10
$Q_{0.90}$	0.94	0.76	0.64	0.56	0.51	0.47	0.44	0.41
$Q_{0.95}$	0.97	0.85	0.73	0.64	0.59	0.54	0.51	0.48

2. 分析结果的置信概率和置信区间

在分析工作中，为了说明分析结果的可靠程度，引出了置信区间和置信概率问题。**置信区间**是指真实值所在的范围，一般由测定值来估计，这是因为真实值往往是不可测的；而**置信概率**是指分析结果落在置信区间内的概率大小。

在消除了系统误差之后的随机误差呈正态分布，只有在无限次的测定中才能求得总体平均值 μ 和总体标准偏差 σ，此时的 μ 是无限趋近于真实值 T 的，可以用 μ 代替 T。而在实际分析中，通常用有限次（$n<20$）测定的算术平均值 $\bar{x}$ 代替 T，用标准偏差 S 代替 σ，按式(2-2)推断平均值的置信区间，即平均值的置信区间为：

$$\bar{x} \pm \frac{tS}{\sqrt{n}} \tag{2-2}$$

式中，t 为选定的某一置信度下的概率系数。

该式的意义为真实值出现的范围。在置信区间内，人们认为真实值出现的概率用置信概率 P 表示，也称为置信度。一般 P 取 90%或 95%。

由上式可以看出，测量的次数越多，则 S 越小，置信区间就越小，此时平均值 $\bar{x}$ 越接近于真实值 T，平均值的可靠性越大。但是过多的测量次数也是没有必要的，因为当 $n>20$ 时 t 值与 n 趋向于无限时的 t 值就非常接近了，再增加测量次数也不能提高分析结果的准确度；然而较少次的测量使置信区间过宽而影响分析结果的可靠程度。t 值可查表 2-9 得到，其中自由度 $f=n-1$。

表 2-9 t 检验值临界值表（双侧检验）

自由度	置信水平				自由度	置信水平			
	90%	95%	99%	99.9%		90%	95%	99%	99.9%
1	6.31	**12.7**	63.7	637	21	1.72	**2.08**	2.83	3.82
2	2.92	**4.30**	9.92	31.6	22	1.72	**2.07**	2.82	3.79
3	2.35	**3.18**	5.84	12.9	23	1.71	**2.07**	2.81	3.77
4	2.13	**2.78**	4.60	8.61	24	1.71	**2.06**	2.80	3.75
5	2.01	**2.57**	4.03	6.86	25	1.71	**2.06**	2.79	3.73
6	1.94	**2.45**	3.71	5.96	26	1.71	**2.06**	2.78	3.71
7	1.89	**2.36**	3.50	5.41	27	1.70	**2.05**	2.77	3.69
8	1.86	**2.31**	3.36	5.04	28	1.70	**2.05**	2.76	3.67
9	1.83	**2.26**	3.25	4.78	29	1.70	**2.05**	2.76	3.66
10	1.81	**2.23**	3.17	4.59	30	1.70	**2.04**	2.75	3.65
11	1.80	**2.20**	3.11	4.44	35	1.69	**2.03**	2.72	3.59
12	1.78	**2.18**	3.05	4.32	40	1.68	**2.02**	2.70	3.55
13	1.77	**2.16**	3.01	4.22	45	1.68	**2.01**	2.69	3.52
14	1.76	**2.14**	2.98	4.14	50	1.68	**2.01**	2.68	3.50
15	1.75	**2.13**	2.95	4.07	55	1.67	**2.00**	2.67	3.48
16	1.75	**2.12**	2.92	4.02	60	1 67	**2.00**	2.66	3.46
17	1.74	**2.11**	2.90	3.97	80	1.67	**1.99**	2.64	3.42
18	1.73	**2.10**	2.88	3.92	100	1.66	**1.98**	2.63	3.39
19	1.73	**2.09**	2.86	3.88	120	1.66	**1.98**	2.62	3.37
20	1.72	**2.09**	2.85	3.85	∞	1.64	**1.96**	2.58	3.29

【任务实施】

以全班称量数据为样本，进行可疑值的取舍与置信区间的计算。

称量数据分析实验报告

1. 可疑值取舍

（1）数据排序（n 为 3～10，使用 Q 值检验法）

将实验数据按大小顺序填写在表 2-10 中。

表 2-10　数据排序表

x_1=__________，x_n=__________，极差=____________。

（2）Q 值计算

计算得 Q_1=______________，x_1 该舍弃/保留

Q_n=______________，x_n 该舍弃/保留。

2. 置信区间（t 值检验法）

数据记录（$n<20$），将实验数据填入表 2-11，进行计算。

n=__________，f=__________，$t_{0.05}(f)=t_{0.05}$(____)=____________

表 2-11　t 值检验法计算表

组号	x_i	$\bar{x}$	$x_i-\bar{x}$	$(x_i-\bar{x})^2$			
1							
2							
3							
4							
5							
6							
7							
8							
9							
10							
Σ							

标准偏差 S_P	平均值(95%置信区间)
$S_P=\sqrt{\dfrac{\Sigma(x_i-\bar{x})^2}{n-1}}$ =	

笔记

任务五　电子分析天平维护

【任务要求】

电子分析天平的使用寿命、精密度和准确度与恰当的维护有着重要的联系。本任务重点关注常见场景中电子分析天平的维护。完成电子分析天平的日常维护与保养，并填写维护保养记录表。

【学习目标】

1. 判断电子分析天平的常见故障。
2. 使用正确的方式进行电子分析天平的维护。

【任务支持】

电子分析天平的维护

1. 电子分析天平使用注意事项

（1）天平称量时严禁超出称量范围。

（2）电子分析天平严禁靠近磁场。

（3）使用电子分析天平进行称量时，严禁将液体倾洒在天平上。

（4）称量易挥发和具有腐蚀性的物品时，要盛放在密闭的容器中，避免气体挥发损伤天平内部精密结构，影响天平的准确度和精密度。

2. 电子分析天平的维护与保养

（1）将天平置于稳定的工作台上避免振动、气流及阳光照射。

（2）定期检查天平中干燥剂的状态，及时更换，保证天平处于干燥、清洁的环境中。

（3）经常对电子分析天平进行自校或定期外校，保证其处于最佳状态。

（4）若长期不用电子分析天平应暂时收藏为好。

（5）若发现天平秤盘上有残留试剂，应及时使用蘸有酒精的棉签仔细清洁，避免试剂腐蚀秤盘表面。

（6）定期检查秤盘下方是否清洁，在关机状态下小心取下秤盘和秤盘下方的防风圈，使用蘸有酒精的棉签仔细清洁，千万不能使得试剂落入中心孔洞内，否则会损伤天平内部结构。

3. FA220 型电子分析天平常见故障及可能原因

以 FA220 型电子分析天平为例，其可能的故障及其原因如表 2-12 所示。

表 2-12 FA220 型电子分析天平常见故障及可能原因

故障现象	可能原因
显示屏不亮	·天平未开机 ·电源连接中断(电源线未插入/错误插入) ·电源中断
显示值不稳定	·气流/空气流动 ·桌面/地面震动 ·秤盘与其它物体接触 ·电磁场/静电充电(如果条件允许的话,更换场地或者关闭干扰设备)
称量值明显错误	·称量前没有清零 ·校准不正确 ·天平未放置在平稳的表面上 ·温度巨大波动 ·未预热 ·电磁场/静电充电(如果条件允许的话,更换场地或者关闭干扰设备)

【任务实施】

借助电子分析天平检查表对工位上的天平进行检查，并及时判断问题，清除异常，填写表 2-13。

表 2-13 电子天平维护、保养记录表

仪器型号：__________ 仪器编号：__________ 量程：__________

类别	项目	检查	措施/备注
外观	天平秤盘及防风罩内部试剂洒漏	□是 □否	
	天平操作键盘处有试剂洒漏	□是 □否	
	天平干燥剂有效	□是 □否	
	天平防风罩移门处有试剂洒漏	□是 □否	
	水平调节脚是否卡死或滑丝	□是 □否	
内部	天平秤盘下方有试剂洒漏	□是 □否	
外部	外部湿度、温度适宜	□是 □否	湿度： 温度：
通电检查	显示屏正常显示	□是 □否	
	显示值稳定	□是 □否	
校验	内检:标准砝码校验,误差符合规范①	□是 □否	
	外检:定期进行计量	□是 □否	

① 详见电子分析天平校准部分。

详细维护、保养记录：

维护人：__________________ 维护日期：__________________

【项目评价汇总】

填写项目评价汇总表（见表 2-14）。

表 2-14 项目评价汇总表

天平结构与基本操作	天平校准	增量法称量	减量法称量	数据处理与分析	天平维护
20%	20%	20%	20%	10%	10%
总分：					

【项目反思】

就本项目完成过程中的困难部分或对数据影响较大的步骤进行总结和反思。

笔记

项目三 溶液配制

【项目介绍】

溶液配制是定量分析的重要基础操作，溶液浓度是否准确直接影响测定结果。无论是化学分析还是借助仪器甚至大型精密分析仪器进行分析，溶液配制都是必需的步骤。因此正确的溶液配制方法是进行环境监测实验必须掌握的基本功之一。根据溶液配制时试剂的形态和配制要求，可以把溶液配制分为**定容**和**稀释**，前者是将固态试剂溶解配制成指定浓度溶液的过程，后者是将液态试剂由高浓度配制成低浓度的过程。

【学习目标】

1. 理解溶液浓度的表示方法。
2. 根据要求规范、准确地配制指定浓度的溶液。
3. 根据稀释要求计算浓溶液取用量。
4. 根据要求规范、准确地进行溶液的稀释。
5. 正确收集和处理实验过程中产生的“三废”。

任务一 实验准备

【任务要求】

在进行溶液配制之前，需要进行试剂等材料的准备，还需要了解溶液配制方法以及配制过程中可能存在的安全隐患，进行相应溶液配制和应急知识的储备。

【学习目标】

1. 掌握化学试剂的等级及适用场景。
2. 掌握溶液浓度的表示方法，并能够进行换算。
3. 理解溶液配制的方法原理。
4. 了解溶液配制过程中可能存在的安全隐患。
5. 掌握应急处置方法。

【任务支持】

一、化学试剂纯度

一般的分析工作中，通常使用分析纯（A. R.）试剂。分析工作者必须对化学试剂的标准有明确认识，既不超规格使用造成浪费，也不随意降低标准，影响分析结果的准确性。

化学试剂中，指示剂的纯度往往不明确，级别不明的，只可作为“化学纯”使用。生物化学中使用的特殊试剂纯度含义与一般的化学试剂不同。此外还有一些特殊用途的试剂，如“色谱纯”试剂是光谱分析使用的，不能随意用于一般分析；“MOS”试剂是“金属-氧化物-半导体”试剂的简称，是电子工业专用的化学试剂，化学试剂等级标志对照见表 3-1。

表 3-1　化学试剂等级标志对照

质量次序	1	2	3	4
级别	一级品	二级品	三级品	
中文标志	优级纯	分析纯	化学纯	生化试剂
符号	G. R.	A. R.	C. P.	B. R.、C. R.
标签颜色	绿	红	蓝	黄色等

二、溶液浓度的表示及其配制

1. 溶液浓度的表示法

在分析实验中，有一类溶液只具有大致浓度，如一般用的酸、碱、盐溶液，缓冲溶液，沉淀剂、洗涤剂和显色剂等，这类溶液可称为一般溶液；还有一类溶液具有准确的浓度，如各种标准溶液等，可称作**标准溶液**。

溶液的浓度有下列几种表示方法。

（1）**物质的量浓度**（简称浓度）　按式(3-1) 计算：

$$c(\mathrm{A})=\frac{n(\mathrm{A})}{V} \tag{3-1}$$

式中　$c(\mathrm{A})$ ——表示 A 溶液的物质的量浓度，mol/L；

$n(\mathrm{A})$ ——表示 A 的物质的量，mol；

V——表示 A 溶液所具有的体积，L。

在分析化学中，应用最多的是物质的量浓度。

（2）**质量浓度**　按式(3-2) 计算：

$$\rho(\mathrm{A})=m(\mathrm{A})/V \tag{3-2}$$

式中　$\rho(A)$ ——表示 A 溶液的质量浓度，g/L、mg/L 等；

$m(A)$ ——表示 A 的质量；

V——表示 A 溶液具有的体积。

（3）**质量分数**　按式(3-3) 计算：

$$w(A)=m(A)/m \tag{3-3}$$

式中　$w(A)$ ——A 的质量分数；

$m(A)$ ——样品中 A 组分的质量；

m——含有 A 组分的样品的总质量。

思考1: 现需要配制 0.1mol/L NaCl 溶液 100mL，请问应称量多少 NaCl 试剂？如果用质量浓度表示，应如何表示？如果用质量分数表示，应如何表示？

2. 一般溶液的配制

一般溶液是指在分析实验中需要用到的不需要非常精确浓度的溶液，对于一般溶液的配制，只要按照需求计算出需要溶解的固体试剂的量，再进行称量、溶解、定容等步骤进行配制即可。如果是液体试剂的稀释，直接按照要求操作即可。

3. 标准物质

标准物质指已确定其一种或几种特性，用于校准测量器具、评价测量方式或确定材料特性量值的物质。目前，我国的化学试剂中，只有滴定分析基准试剂和 pH 基准试剂属于标准物质，基准试剂可用于直接配制标准溶液或用于标定某溶液的浓度。

4. 标准溶液的配制

标准溶液是已确定其主体物质浓度的溶液。分析实验中常用的标准溶液有滴定分析用的标准溶液、仪器分析用的标准溶液和 pH 测量用的标准缓冲溶液。常见的标准溶液配制方法如下：

（1）**直接配制**　用分析天平准确称取一定量的标准物质，溶于少量的纯水中，再定量转移至容量瓶中，稀释至刻度。根据质量和体积计算它的准确浓度。

（2）**标定**（间接配制）　很多试剂不适宜直接配制标准溶液，此时可以用间接的方法，先配制出近似浓度的溶液，再用标准物质或已知浓度的标准溶液标定其准确浓度。

在实际工作中，常采用“标准试样”来标定标准溶液的浓度。**“标准试样”**的含量已知，它的组成与被测物质接近，这样标定标准溶液浓度与测定被测物质的条件相同，分析过程中的系统误差可以抵消，结果准确度较高。

三、防割伤、烫伤及应急处置措施

1. 割伤、烫伤的避免

化学实验室中玻璃器皿多，玻璃器皿的不正确使用容易导致破损，进而造成割伤。此外加热也是化学实验室中的常用操作，不规范使用电炉、烘箱等设备会造成烫伤。应做到以下几点以尽可能避免割伤和烫伤的发生：

（1）正确、规范使用玻璃器皿，如不小心损坏，不应用手直接接触，应该用扫帚将破损的玻璃扫入簸箕，再弃置于危险固废收集桶中。

（2）使用玻璃器皿过程中，不要用劲掰或折，以避免玻璃断裂导致的割伤。

（3）加热或接近热源时，应避免注意力分散，做好防护，如从烘箱中取物应戴好隔热手套。

（4）热源附近保证整洁、无杂物。

2. 割伤、烫伤的应对

如被割伤，先把碎玻璃从伤口处挑出，如轻伤可用生理盐水或3%硼酸液擦洗伤处，涂上紫药水（或碘酒），必要时撒些消炎粉，用绷带包扎。伤势较重时，则先用酒精在伤口周围清洗消毒，再用纱布按住伤口压迫止血，并立即送往医院。

如被烫伤，可用10%的 $KMnO_4$ 溶液擦洗灼伤处，若伤势较重，撒上消炎粉或烫伤药膏，用油纱绷带包扎，不可用冷水冲洗。

【任务实施】

（1）完成称量前准备，并填写天平使用记录表。

（2）完成试剂领用登记，填写表3-2。

表3-2　试剂领用记录表

序号	试剂名称	取用前/g	取用后/g	取用量/g	取用目的	取用人	取用时间

审核员：____________　　监督员：____________

（3）完成割伤应急处置药品及材料的检查，填写表3-3。

表3-3　应急器材核对表

序号	器材名称	检查情况	备注
1	生理盐水/硼酸洗液	□有　□无　□过期	
2	紫药水/碘酒	□有　□无　□过期	
3	创可贴/绷带	□有　□无　□过期	

笔记

任务二　溶液配制

【任务要求】

配制 100mL 浓度为 0.1mol/L 的 NaCl 溶液。

【学习目标】

1. 巩固天平称量技能。
2. 掌握溶液配制试剂取用量的计算。
3. 正确、规范进行定容操作。
4. 及时、规范记录数据，并正确计算溶液浓度。
5. 掌握应急处置方法。

【任务支持】

溶液配制操作步骤

定容操作即使用各种规格标准体积的容量瓶进行溶液配制的过程。首先，需要弄清楚配制溶液为什么需要用容量瓶。事实上，在普通溶液配制的过程中，烧杯、量筒也是可以配制溶液的。要弄清楚这个问题，需要知道在溶液配制的过程中哪些因素会影响最终配制溶液的浓度，造成较大误差。

一般来说，用烧杯和量筒配制溶液时以下几个方面会对溶液浓度产生较大影响：试剂在称量和溶解过程中变质、溶解和稀释过程加水体积不准确、固体或者粉末状试剂溶解后体积发生变化。其中第一个因素在容量瓶配制溶液的过程中也可能会出现，属于试剂稳定性问题，所以在此主要分析后两个因素。

烧杯和量筒并非准确定量的容器，尤其是烧杯，其刻度误差非常大，如果按照烧杯或者量筒这些非准确定量容器加蒸馏水就势必会造成浓度误差，所以需要使用能够准确确定体积的器皿。另外，在固体试剂的溶解过程中，其体积是会发生变化的，而变化的幅度又非常难以量化，所以为了方便起见和防止体积变化引起的误差，通常会使用具有固定容积的容器，将试剂加入其中，再加水进行稀释，以保证最终溶液的体积，确保浓度的准确性。

溶液配制的具体步骤如下。

1. 称量和溶解

称量使用分析天平，具体何种溶液应采用何种称量方法，详见溶液配制实验准备部分。

固体溶解主要使用的器皿有烧杯、玻璃棒，如果试剂溶解度较低，或者是温度较低导致固体试剂难以溶解可以适当使用水浴锅，前提是该物质不易受热分解。

固体溶解时要求一手执玻璃棒，一手拿烧杯进行搅拌，搅拌时玻璃棒不可碰到烧杯的内壁和底部，当固体或者粉末完全溶解即可。若物质溶解度较小，可适当水浴加热，帮助溶解。

2. **定容**

（1）**转移** 将已完全溶解的上述溶液转移至指定规格的容量瓶中，转移过程按以下步骤操作：

① 容量瓶使用前检查：检查是否漏水（颠倒、瓶塞旋转 180°，用滤纸检查是否漏水）——容量瓶的瓶塞只能和原配瓶很好地吻合，所以一般将瓶塞与瓶身用皮筋绑在一起。

② 容量瓶洗涤：用铬酸洗液清洗内壁后用自来水冲洗三遍，蒸馏水冲洗三遍。

③ 将烧杯中的溶液沿玻璃棒倒入容量瓶（见图 3-1），倒入时应注意玻璃棒稍微倾斜，并稍微深入到容量瓶内但不能超过磨口玻璃和光玻璃的交界线，不能靠在容量瓶口，慢慢倒入，溶液不能有洒漏，倒尽后应将烧杯沿玻璃棒向上提起，重复三次，然后等待 15 秒，用玻璃棒在容量瓶颈部划三下，取出玻璃棒。

④ 用蒸馏水润洗玻璃棒和烧杯 3 次；注意润洗水不能超过容量瓶总体积的 1/3。

（2）**加水定容** 吹洗完毕，用洗瓶向容量瓶中加入蒸馏水，注意洗瓶嘴严禁碰到容量瓶内壁，加水至 3/4 体积时平摇；加水至刻度线附近等待 1min，再用滴管加蒸馏水至刻度线；充分摇匀（注意手势，见图 3-2），中间开塞后旋转 180°盖上瓶塞，再摇；配制完毕将容量瓶中的溶液倒入事先洗净、干燥过的试剂瓶中，贴上标签，写明溶液名称、配制时间、溶液浓度、配制人姓名。最后按照溶液保存要求保存该溶液。

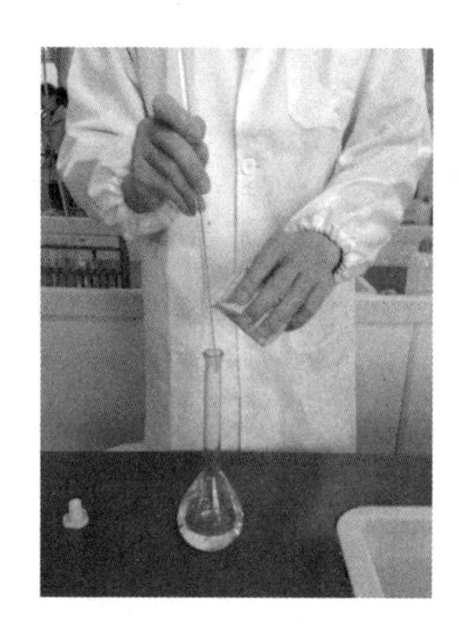

图 3-1 引流

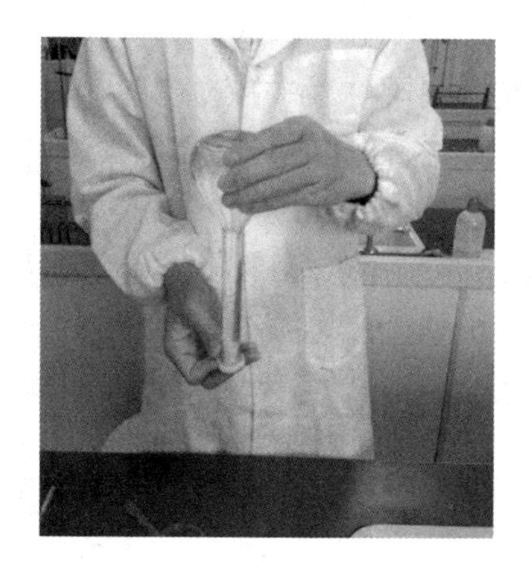

图 3-2 颠倒摇匀

（3）**洗涤** 实验完毕后用洗液洗涤所用玻璃器皿，并将器皿归位。收拾桌面和地面，放好板凳。

思考 2： 容量瓶是否需要干燥？为什么？

3. 定容操作注意事项

（1）容量瓶规格有 5mL、25mL、50mL、100mL、250mL、500mL、1000mL、2000mL 等，所以在配制溶液计算时应按照规定规格带入体积。

（2）**容量瓶是准确定量容器**，所以严禁放入烘箱，严禁加热。而事实上，容量瓶使用前并不需要是干燥的，因为容量瓶总的容量是固定的，内部有水并不影响定量，只要确定内部的水是不会引入误差的蒸馏水即可。

溶液配制定容操作

（3）转移溶液时应尽可能避免溶液的洒漏，否则会造成较大误差。

【任务实施】

配制 0.1mol/L 浓度的 NaCl 溶液 100mL，并填写实验报告。

溶液配制实验报告

一、实验目的

1. 掌握容量瓶的作用。
2. 掌握容量瓶的洗涤和干燥要求。
3. 熟练掌握容量瓶的使用方法。

二、仪器与试剂

（1）仪器：FA220 电子分析天平。

（2）器皿：将实验所需器皿填入表 3-4。

表 3-4　器皿清单

名称	规格	数量	名称	规格	数量

（3）试剂：

三、实验步骤

（1）试漏、洗涤：

（2）称量：

（3）试剂溶解：

（4）引流转移：

（5）加水定容：

（6）装瓶、贴标签：

（7）收拾与整理：

四、数据记录

请将实验过程中的数据记录在表 3-5 中。

表 3-5　数据记录表

序号	溶液名称	称量质量	定容体积	溶液目标浓度	溶液实际浓度

【任务评价】

请完成任务评价（见表 3-6）。

表 3-6　定容操作评分表

评分项目和要求		自评	互评	教师评
定容前准备（15 分，不倒扣分）	玻璃器皿清洗应符合的要求________________________			
	按照仪器清单拿取仪器			
	使用______法称量			
	称量前应_____、_____、_____，称量时应______，称量后应_____、______、_____。称量次数不超过___次，误差不超过___。称量时应尽量避免手或台面直接接触__________			
定容（70 分）	容量瓶首先应______________。			
	转移溶液时玻璃棒应_____，不可插入容量瓶口太深，应__________			
	烧杯嘴不可直接接触______________			
	溶液转移完毕后应等待______，并将烧杯_____			
	溶液不可有洒落			
	溶液转移完毕后应________三次以上			
	加水至容量瓶约 3/4 体积时应____________			
	加水至近标线应改用__________加蒸馏水			
	定容不能超过刻度			
	到刻度线后充分______、中间_____再______			
	定容或摇匀时持瓶方式不正确，一次性扣 10 分			
定容后处理（5 分）	定容后应转移溶液至指定器皿			
	根据________，数据记录应保留_____位小数			
	使用后器皿清洗不干净或未清洗，本次实验分全扣			
文明操作（10 分）	实验器皿正确归位			
	实验结束后水池干净，桌面无残留水渍			
	桌面干净，板凳归位			
	实验过程中无大声喧哗			

任务三　溶液稀释

【任务要求】

将浓度为 0.1mol/L 的 NaCl 溶液稀释至 0.01mol/L，稀释后溶液为 100mL。

【学习目标】

1. 掌握稀释倍数的计算方法。
2. 掌握稀释后溶液浓度的计算。
3. 能正确、规范使用移液管和吸量管进行溶液的稀释。
4. 了解移液器的使用和维护方法。
5. 及时、规范记录数据。
6. 正确进行实验过程中“三废”的收集与处理。

【任务支持】

一、稀释倍数的计算

稀释倍数一般用 f 表示，它从数值上等于稀释后样品体积与原样品体积的比值，按式(3-4)计算。

$$f=\frac{V_2}{V_1} \tag{3-4}$$

式中　V_2——稀释后样品体积，mL；

V_1——稀释前样品体积，mL。

有时候稀释也会用体积比值的形式表示，如 1∶2 硫酸或（1+2）H_2SO_4，这里的 1 指的是 1 单位体积的浓硫酸，2 指的是 2 单位体积纯水。那么这种表现形式所对应的稀释倍数 f 是多少呢？

按照式(3-4) 的计算方法，可以知道稀释之后的溶液体积 V_2 为 1 单位体积浓硫酸加 2 单位体积纯水，一共是 3 单位体积；V_1 则应是稀释前浓硫酸的体积，为 1 单位体积。所以稀释倍数 $f=3$。

二、稀释样品的浓度计算

样品稀释之后就可以按照标准方法进行测定了，但是测定的结果对应的是稀释后样品的浓度，如果需要求稀释前样品的浓度，则需要通过计算，具体算法如式(3-5) 和式(3-6) 所示。

如结果采用质量浓度表示，则稀释前样品的质量浓度按式(3-5) 计算。

$$\rho=f\times\rho_{稀释} \tag{3-5}$$

式中　$\rho_{稀释}$——稀释后样品的质量浓度，mg/L；

f——样品稀释倍数。

如结果采用物质的量浓度表示，则稀释前样品的物质的量浓度按式(3-6)计算。

$$c = f \times c_{稀释} \tag{3-6}$$

式中　$c_{稀释}$——稀释后样品的物质的量浓度，mol/L；

f——样品稀释倍数。

三、移液操作步骤

移液就是使用移液管、吸量管或者移液枪来准确移取一定体积液体试剂的过程。在讲述移液操作步骤之前，先要弄清楚几种移液工具的优缺点和使用范围。

首先移液管是最常规也是最传统的移液玻璃器皿，相对而言其移液比较可靠，但是操作较为麻烦，一根移液管只能移取一种体积，存在不同规格移液管之间的误差问题，且小体积(如1mL、2mL)移取较为困难。其次是吸量管，吸量管也是较为传统的移液玻璃器皿，其好处在于一根吸量管可以移取不同体积的液体，操作较为方便，也解决了不同移液管之间误差的问题。最后是移液枪，移液枪也称微量加样器，由20世纪60年代发明至今，非常广泛地应用于各种实验室，很大程度上方便了分析实验操作，其加样精确、快捷，但其缺点是要频繁更换枪头，否则会影响移液精密度，另外，普通的移液枪不能移取挥发性强和有腐蚀性的物质，如盐酸。所以移液枪无论是投入还是维护成本都要远远高于传统的玻璃移液器皿。

下面详细介绍这三种移液装置的操作、维护方法。

1. 移液管

(1) 冲洗和润洗

① **冲洗**：自来水冲洗三次—铬酸洗液浸洗—自来水冲洗三次—蒸馏水冲洗三次。

② **润洗**：润洗次数≥3。

取液前先用滤纸把管尖口内外的水吸尽，然后倒一点待移取液于烘干的干净烧杯中，将移液管润洗≥3次(用洗耳球吸取溶液至1/3体积处时横管，旋转，使溶液流至刻度线上2～3cm处，竖直，将润洗液倒入废液容器中)。**思考润洗的目的是什么？**后文会给出答案。

(2) **移取溶液**(吸入前和液面调节前用滤纸擦管外壁)　左手拿移液管，右手用洗耳球吸至刻度线上1～2cm处(移液时管尖要插入液面下1～2cm深处)，之后用另一个干净烧杯调节液面至刻度线(管尖不能有气泡)，最后放入指定容器(如锥形瓶等)，放入时应该保持移液管始终竖直，倾斜接收容器，将管尖靠在容器内壁上放液，注意放完后应等待15秒，使用完毕后移液管放置于移液管架上(还要移取同浓度同一溶液)或洗涤。

(3) 移液管使用注意事项

① 注意不能空吸，不能将溶液吸入洗耳球中。

② 不能放在烘箱中或加热烘干。

③ 同一实验尽可能用同一根移液管。

④ 短时间不用则应立刻洗涤。

⑤ 始终使移液管保持竖直。

2. 吸量管

吸量管的操作步骤、维护方法与移液管基本相同，只有以下一个问题需要注意：在用吸量管移取溶液时应该始终从“0”刻度线开始，如现需移取两次3mL某溶液，则应选用10mL吸量管，吸取溶液至刻度线之上，调节液面至“0”刻度线，放液至“3”刻度线，再吸取溶液至刻度线之上，调节液面至“0”刻度线，再放液至“3”刻度线。而不能第一次由“0”刻度线放至“3”刻度线，第二次由“3”刻度线放到“6”刻度线。

这是由于吸量管是分刻度的，那么每个刻度线之间的误差是不一样的，为了尽可能减小误差，应使用同样刻度范围进行移液。

思考 3： 移液管/吸量管的干燥方法为何？能否使用烘箱干燥？为什么？

思考 4： 移液管/吸量管移取溶液时为何需要润洗？

思考 5： 记录移液管、吸量管移取的溶液体积时应保留小数点后几位数字？应如何确定保留位数？

3. 移液枪

移液枪（见图 3-3）是移液器的一种，常用于实验室少量或微量液体的移取，规格不同，不同规格的移液枪配套使用不同大小的枪头，不同生产厂家生产的移液枪形状略有不同，但工作原理及操作方法基本一致。移液枪属精密仪器，使用及存放时均要小心谨慎，防止损坏，避免影响其量程。

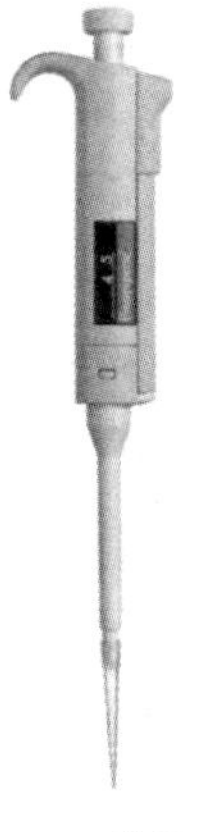

图 3-3　移液枪

（1）**操作步骤**　移液之前，要保证移液器、枪头和液体处于相同温度。调节旋钮位于指定体积处，吸取液体时，移液器保持竖直状态，将枪头插入液面下 2～3mm。在吸液之前，可以先吸放几次液体以润湿吸液嘴（尤其是要吸取黏稠或密度与水不同的液体时）。这时可以采取两种移液方法。

① **正向移液法**。用大拇指将按钮按下至第一停点，然后慢慢松开按钮回原点（吸取固定体积的液体）。接着将按钮按至第一停点排出液体，稍停片刻

继续按按钮至第二停点吹出残余的液体。最后松开按钮。

② **反向移液法**。此法一般用于转移高黏液体、生物活性液体、易起泡液体或极微量的液体，其原理就是先吸入多于设置量程的液体，转移液体的时候不用吹出残余的液体。先按下按钮至第二停点，慢慢松开按钮至原点，吸上溶液之后，斜靠一下容器壁将多余液体沿器壁流回容器。之后将溶液放入待装器皿内，将按钮按至第一停点排出设置好量程的液体，继续保持按住按钮位于第一停点（千万别再往下按），取下有残留液体的枪头。

（2）**维护和使用注意事项**

① 普通型号的移液枪不能移取具有挥发性和强腐蚀性的液体，如浓盐酸，因为挥发的强酸会直接进入移液枪内部，腐蚀内部精密结构，导致移液枪不准甚至是损坏。

② 在吸取溶液过程中严禁按下按钮之后迅速提起，以防止由于负压迅速增加而导致溶液溅入移液管内部，一定要轻按轻放。

③ 移液管在不使用的时候，尤其是枪头还有溶液时严禁横放在桌面上，应该放在指定的移液枪架上，保持竖直。

④ 每隔一段时间需要对移液枪进行校准，校准时应按照移液枪说明书要求，使用特定工具，按照不同温度下水的体积和质量之间的关系用分析天平进行校准。

⑤ 一般来说枪头每次移液完毕就需要更换，且枪头严禁烘干，因为枪头变形会导致移液不准。

【任务实施】

任务 1：使用移液管进行移液训练，并填写实验报告。

溶液配制与稀释——移液管操作训练

一、实验目的

1. 掌握移液管的作用。
2. 掌握移液管的洗涤和干燥要求。
3. 熟练掌握移液管的使用方法。

二、仪器与试剂

（1）器皿：请将实验所需器皿填入表 3-7。

表 3-7　器皿清单

名称	规格	数量	名称	规格	数量

（2）试剂：

三、实验步骤

（1）洗涤：

（2）润洗：

（3）移取溶液：

（4）放液：

（5）收拾与整理：

任务2：使用吸量管将浓度为0.1mol/L的NaCl溶液稀释至0.01mol/L，稀释后溶液为100mL。

溶液稀释实验报告

一、实验目的

1. 能够根据实验要求正确选择实验仪器。
2. 熟练掌握溶液配制方法。

二、仪器与试剂

（1）器皿：请将实验所需器皿填入表3-8。

表3-8　器皿清单

名称	规格	数量	名称	规格	数量

（2）试剂：

三、实验步骤

（1）移取浓溶液体积计算：

（2）稀释：

（3）装瓶、贴标签：

（4）收拾与整理：

四、数据记录与处理

请将实验过程中的数据记录在表 3-9 中。

表 3-9　数据记录表

样品号	溶液	稀释后浓度	体积

【任务评价】

请完成任务评价（见表 3-10）。

表 3-10　稀释操作评分表

评分项目和要求		自评	互评	教师评
移液管润洗（20 分，不倒扣分）	润洗前应用______正确清洗			
	润洗溶液不应超过容量瓶总体积的______			
	润洗后废液应从______排放			
	润洗不应少于______次			
计算（10 分）	移取体积和容量瓶选择正确			
移液（50 分）	移取溶液不可在______操作，应该______			
	移液管插入标准溶液前或调节标准溶液液面前应______ ______			
	移液时，移液管插入液面下______cm，不可碰到______			
	移液时避免出现______，否则应重新移取			
	不可将溶液吸入______			
	调节好液面后放液前管尖有气泡应______			
	移液时，移液管应______，锥形瓶应倾斜______度；管尖应______			
	溶液流完后应停靠______s			
移液后处理（10 分）	根据______，数据记录应保留______位小数			
	稀释后溶液浓度计算错误，本项分数全扣			
	使用后器皿清洗不干净或未清洗，本次实验分全扣			
文明操作（10 分）	实验器皿正确归位（1 分）			
	实验结束后水池干净，桌面无残留水渍（2 分）			
	桌面干净，板凳归位（2 分）			
	实验过程中无大声喧哗（5 分）			

笔记

任务四 “三废”收集与处理

【任务要求】

按要求收集和处理本项目实验过程中产生的“三废”，并规范填写投放表。

【学习目标】

1. 了解环境实验室常见的“三废”，及其对环境的影响和危害。
2. 掌握实验室常见“三废”的收集、处理方法。

【任务实施】

完成洗涤操作废液、固废的分类收集与处理，并填写表 3-11。

登记表编号

表 3-11 实验室危险废物投放登记表

实验室： 责任人： 容器编号： 入库日期：

<table>
<tr><td>有机废液</td><td>□含卤素有机废液
□其他有机废液</td><td colspan="2">体积/L</td><td colspan="2"></td></tr>
<tr><td rowspan="3">无机废液</td><td rowspan="3">□含汞废液
□含重金属废液(不含汞)
□废酸
□废碱
□其他无机废液</td><td colspan="2">入库时 pH 值
(液态废物收集容器)</td><td colspan="2"></td></tr>
<tr><td colspan="2">入库核验签字</td><td colspan="2"></td></tr>
<tr><td colspan="4">危害特性</td></tr>
<tr><td>固态废物</td><td>□废固态化学试剂
□废弃包装物、容器
□其他固态废物</td><td>□毒性</td><td>□易燃性</td><td>□腐蚀性</td><td>□反应性</td></tr>
<tr><td>序号</td><td>投放日期</td><td colspan="2">主要有害成分</td><td colspan="2">投放人</td></tr>
<tr><td></td><td></td><td colspan="2"></td><td colspan="2"></td></tr>
<tr><td></td><td></td><td colspan="2"></td><td colspan="2"></td></tr>
<tr><td></td><td></td><td colspan="2"></td><td colspan="2"></td></tr>
<tr><td></td><td></td><td colspan="2"></td><td colspan="2"></td></tr>
</table>

注：1. 登记表编号应与容器编号对应，如有多张登记表，应以容器标号为主字段编号。

2. “pH 值”指液态废物收集容器中废液入库贮存时的最终 pH 值，入库时需有关责任人核验签字确认。

3. “类别”只能选择一种，主要有害成分应按生态环境部《中国现有化学物质名录》中的化学物质中文名称或中文别名填写，可以是简称，禁止使用俗称、符号、化学式代替。

4. 暂存危险废物最大暂存量不宜超过存储设施装满的 3/4，暂存时间最长不应超过 30 天，必须进行贮存。

【项目评价汇总】

请完成项目评价（见表 3-12）。

表 3-12　项目评价汇总

实验准备	溶液配制	移液管操作训练	溶液稀释	"三废"收集与投放
20%	30%	20%	20%	10%
总分：				

【项目反思】

就本项目完成过程中的困难部分或对数据影响较大的步骤进行总结和反思。

笔记

项目四

滴定分析

【项目介绍】

作为最重要的定量分析手段之一，**滴定分析**是用滴定的方式测量物质含量的一种方法。进行分析时，将一种已知准确浓度的试剂溶液即标准溶液通过滴定管加到待测组分中，直到所加试剂与被测组分按化学计量关系定量反应完全为止，这时所加的标准溶液物质的量与待测组分的物质的量符合反应式中的**化学计量关系**，根据标准溶液的浓度和用量便可以计算出待测物质溶液的浓度或者含量。

本项目需要使用浓度为 0.1mol/L 的 NaOH 溶液滴定 10mL HCl 溶液（浓度约为 0.1mol/L），以 0.1%的酚酞的乙醇溶液为指示剂，滴定后计算 HCl 溶液的准确浓度。

【学习目标】

1. 理解滴定分析的基本原理。
2. 正确规范进行酸碱滴定分析。
3. 通过滴定分析计算待标定溶液浓度。
4. 正确收集和处理实验过程中产生的“三废”。

任务一　实验准备

【任务要求】

在进行滴定分析之前，需要进行滴定溶液、指示剂等试剂等材料的准备，还需要了解滴定的基本原理、操作步骤以及配制过程中可能存在的安全隐患，进行滴定分析和相应应急知识的储备。

【学习目标】

1. 掌握滴定分析的定量原理。
2. 理解滴定分析中的常用概念。
3. 掌握酚酞指示剂的配制及变色范围。
4. 了解酸碱滴定过程中可能存在的安全隐患。
5. 掌握应急处置方法。

【任务支持】

一、滴定分析基本知识

1. 名词解释

首先要了解几个与滴定有关的名词。

（1）**滴定**　将标准溶液从滴定管逐滴滴加到盛有被测组分溶液容器中的过程。

（2）**滴定剂**　通过滴定管滴加到被测物质溶液中的标准溶液。

（3）**化学计量点**　滴入的滴定剂与被测物质恰好按化学计量关系反应完全的这一点。

但是很多反应到达化学计量点之时，外观上并没有发生明显变化，因此，在滴定时通常要加入**指示剂**，当它的颜色发生变化时，即到达滴定终点。这里需要注意一点，在实际的反应中，滴定终点和化学计量点不能恰好吻合，两者之间常常存在很小的误差，即下文所说的终点误差。

2. 分类

滴定分析广泛地应用在各种指标的检测过程中，根据反应原理不同可以分为酸碱滴定、氧化还原滴定、配位滴定、沉淀滴定；根据滴定方式的不同，又可以分为直接滴定、返滴定、置换滴定和间接滴定。

3. 误差

滴定的误差往往分为三种，分别是：称量误差、读数误差和终点误差。**称量误差**来自称量过程，比如不正确的使用分析天平、使用了不恰当的称量方法等等；**读数误差**来自实验中所有使用到的需要读数器皿的读数不准确；**终点误差**指由于滴定终点和化学计量点不一致所引起的误差，这个误差一般是由于指示剂选择不当造成的。在滴定实验中需要注意的就是称量误差和读数误差。

二、防酸碱溶液腐蚀及应急处置措施

1. 酸碱溶液腐蚀的避免

导致酸碱溶液腐蚀最主要的原因是不规范操作导致的酸碱溶液倾倒，此外乙酸、浓盐酸等挥发性酸性气体的吸入、浓硫酸酸雾的吸入也会导致呼吸道酸灼。

所以为了避免酸灼和碱灼，应该在使用酸、碱性溶液时严格按照规范进行操作，并且做好以下防护工作：

（1）接触酸、碱性溶液时穿戴要符合实验室准入要求（穿实验服、扎头发、严禁穿拖鞋

和短裤)、操作时必须戴手套，同时在通风橱中操作。

(2) 了解常见强酸、强碱溶液的性质和危害（MSDS)，熟悉掌握应对措施。

(3) 严格按照实验室试剂领用规范进行申请、领用、使用及归还，加强对此类试剂使用的现场指导。

2. 酸碱溶液腐蚀的应对

实验室常用的酸主要有硝酸、硫酸、盐酸。这些溶液接触皮肤后会对皮肤造成灼伤，常用的强碱是氢氧化钠、石灰等，强碱对人体皮肤组织的破坏性不弱于强酸，因为强碱可以深入组织并导致组织蛋白质溶解。酸、碱灼伤后，必须及时对伤口进行处理。

(1) 立即脱掉污染的工作服、内衣、鞋袜等，迅速用大量的流动水冲洗创面，至少冲洗15分钟，特别对于硫酸灼伤，要用大量水快速冲洗，除了冲去和稀释硫酸外，还可冲去硫酸与水产生的热量（注意：如为大量浓硫酸直接灼伤皮肤，应首先使用抹布或衣服擦去多余的酸液，再使用大量清水冲洗）。

(2) 初步冲洗后，根据溶液的酸碱性分别使用5%小苏打水（碳酸氢钠溶液）或3%硼酸溶液中和创面上的酸、碱性物质，然后再用水冲洗10～20分钟。如溅入眼中则要特别注意对眼部进行彻底冲洗，而且首先要使用冲眼器对眼部进行冲洗，至少要冲洗10分钟。伤员也可将面部浸入水中清洗。

(3) 清创，去除其他污染物，覆盖消毒纱布后送医院。

(4) 对呼吸道吸入挥发性酸或酸雾并有咳嗽者，雾化吸入5%碳酸氢钠溶液或生理盐水。

(5) 误食者不宜洗胃，尤其口服已有一段时间者，以防引起胃穿孔。可先用清水，再口服牛乳、蛋白或花生油约200毫升。不宜口服碳酸氢钠，以免产生二氧化碳而增加胃穿孔危险。大量口服强酸和现场急救不及时者都应紧急送医院救治。

【任务实施】

1. 完成滴定溶液的配制，并填写试剂领用记录表。

(1) 配制500mL 0.1mol/L NaOH溶液

计算：$m(NaOH)=c(NaOH)\times M(NaOH)\times V(NaOH)$

$=$

(2) 配制500mL 0.1mol/L HCl溶液

浓盐酸试剂密度为1.19g/mL，浓度为12mol/L

需要量取此盐酸试剂的体积为$V=$

(3) 配制50mL 0.1%酚酞的乙醇溶液指示剂

需要称量酚酞质量m(酚酞)$=$

2. 完成试剂领用登记（见表 4-1）。

表 4-1　试剂领用记录表

序号	试剂名称	取用前/g	取用后/g	取用量/g	取用目的	取用人	取用时间

审核员：________________　　监督员：________________

3. 完成防腐蚀伤害应急处置药品及材料的检查，填写表 4-2。

表 4-2　应急器材核对表

序号	器材名称	检查情况	备注
1	5%小苏打水	□有　□无　□过期	
2	3%硼酸溶液	□有　□无　□过期	
3	冲眼器	□有　□无　□过期	

笔记

任务二　酸碱滴定

【任务要求】

通过酸碱滴定，计算 HCl 溶液的准确浓度，再进行返滴定，重复三次，记录数据后，通过偏差的计算，判断滴定的精密度。

【学习目标】

1. 准确移取溶液。
2. 正确、规范进行滴定分析。
3. 正确进行滴定终点的判断。
4. 理解误差和偏差的区别及适用场景。
5. 能利用相对标准偏差判断滴定操作的精密度。

【任务支持】

滴定管操作规范

1. 滴定管

滴定管根据材质可以分为酸式滴定管和碱式滴定管，**酸式滴定管**通过活塞控制滴定速度，**碱式滴定管**通过控制玻璃珠与橡胶管之间的空隙来控制滴定速度。这主要是考虑到碱会和玻璃活塞产生反应，从而导致活塞被粘住不能转动；而酸腐蚀橡胶管。现在常用聚四氟乙烯作为活塞，由于聚四氟乙烯不会与酸、碱产生反应，因此聚四氟乙烯滴定管既适用于酸性溶液的滴定也适用于碱性溶液的滴定。

滴定管还可以根据滴定剂的稳定性需求分为无色玻璃滴定管和棕色玻璃滴定管，**棕色玻璃滴定管**主要用于容易光解的滴定剂，如高锰酸钾。

常见的滴定管有 25mL 和 50mL 两种规格。

2. 滴定管的使用方法

无论是哪种滴定管、何种规格，使用方法都差不多，只是酸、碱滴定管由于控制流量部分不同，所以使用和维护方法也略有不同，下文将详细描述。

使用滴定管的第一个步骤是试漏，检查滴定管是否漏水，如果酸式滴定管漏水则需要进行步骤（2），如果碱式滴定管漏水则是橡胶管和玻璃珠不匹配，应更换橡胶管或玻璃珠，之后应再次进行试漏，若不漏可以进入步骤（3）洗涤。下面首先来介绍试漏的方法。

（1）**试漏**

① **酸式滴定管试漏：**关闭活塞加水至“0”刻度线附近—夹在滴定夹上—擦干外壁—静置 2min—检查管尖、活塞周围有无水渗出—活塞快速旋转 180°静置 2min 检漏—若漏水则需

要涂抹凡士林。

② **碱式滴定管试漏**：加一定量水直立静置2min，看液面有无下降，管尖有无水珠，如漏水则需更换橡胶管或玻璃珠。

(2) **活塞涂凡士林** 将活塞取下，洗净，用吸水纸将旋转芯及活塞槽的水擦干—将活塞大头除开槽小孔处涂凡士林—将活塞插回旋转槽向同一方向旋转（直至完全透明，无纹路）—用皮筋套牢活塞。

切忌涂抹过多凡士林或在小孔位置涂上凡士林，这样会造成凡士林进入滴定管管尖，导致堵塞，如果发生堵塞，要将需要疏通的位置浸没于热水中，融化凡士林。

【注意】碱式滴定管、使用聚四氟乙烯作为活塞的滴定管不需要涂抹凡士林。

(3) **洗涤**

① 酸式滴定管应先用铬酸洗液洗涤再用自来水冲洗3遍，最后用蒸馏水冲洗3遍，洗涤时应注意洗液禁止从管顶部倒出，而应经过活塞从管尖放出。

洗涤方法（酸式滴定管）：关闭活塞—倒10～15mL洗液—边转边向管口倾斜（管壁全部流遍）—打开活塞放入原洗液瓶—自来水冲洗3遍—蒸馏水冲洗3～4遍。

② 碱式滴定管的橡胶管会被铬酸洗液所腐蚀，所以应该将橡胶管部分拆下来之后再用洗液洗涤碱式滴定管。

(4) **润洗** 装液之前首先要明确两个问题：洗涤之后滴定管内壁的水是否会对滴定操作的结果产生影响；滴定管应如何干燥。

首先，滴定剂通常是标准溶液，或者是经过标定的溶液，这种溶液在加入滴定管之前的浓度都是准确浓度，如果滴定管内壁有水，就会导致溶液被稀释，溶液浓度下降，进而影响到达滴定终点所需滴定剂的量，最终导致数据结果产生误差。所以，滴定管内壁残留的蒸馏水是对实验结果有较大影响的因素。

那么怎么消除这个不利因素呢？有人可能立刻会想到使用干燥的方法去除滴定管中的蒸馏水，因为这是实验室绝大多数玻璃仪器所采用的能够迅速干燥的方法，但是，前面相关部分内容介绍过，滴定管属于精密刻度器皿，是不允许放在烘箱中或者通过其他加热的方法迅速干燥的，只能通过晾干的方式缓慢干燥，那么这对于实验而言显然是不方便的，同时也浪费了大量时间。

那是否有其他的方法能够消除内壁蒸馏水对滴定结果的影响呢？通过前面移液管和吸量管的学习，有一种方法可以在很大程度上消除这种影响，这种方法就是润洗。有研究表明，当用待测溶液润洗容器时，润洗三次即可以保证内壁残留的蒸馏水被去除率达99%以上，所以润洗应不少于三次，以近似消除这种误差。

(5) **装液** 经过润洗就可以进行装液了，装液时应直接将试剂瓶中的滴定液倒入滴定管，注意不要洒漏。

装液时严禁将滴定管夹在铁架台上倒液，而应将滴定管取下，倾斜，再缓慢倒入滴定液，注意不要洒漏滴定液。装标准溶液至“0”刻度线以上。

(6) **赶气泡** 装液完毕之后必须进行赶气泡操作，尤其是碱式滴定管，因为碱式滴定管不像酸式滴定管管尖的气泡那么明显，有些同学仅仅从碱式滴定管的外观判断玻璃管尖没有气泡就省去这一步是不正确的，因为橡胶管中的气泡被忽略了。所以赶气泡操作是必须进行的，否则会造成滴定结果偏大。

碱式滴定管：碱式滴定管排气泡时应该一手拿管身保持管身倾斜，一手捏橡胶管有玻璃珠的部位，并使得管尖玻璃管与管身呈“√”，捏橡胶管，使得橡胶管和玻璃珠之间出现空隙，排出气泡即可。

酸式滴定管：稍微倾斜滴定管，快速打开活塞，排出气泡即可。

（7）**调零**　赶完气泡之后若液面下降到“0”刻度线以下，则需要补充滴定液，补充方法如前，若仍然在“0”刻度线以上则可以进行调零，调零即将液面调整到“0”刻度线，但并非必须在“0”刻度线不能有一点误差，而是可以在0～0.5刻度线之间即可，但一定要及时记录此初读数，切忌滴定完毕再补填。

调零时应注意液面应保持与视线平齐，切忌直接在铁架台上直接操作，应取下滴定管进行调零操作。

（8）**滴定**　滴定操作的规范姿势是左手握活塞或橡胶管控制放液即滴定速度，右手不断地匀速摇晃锥形瓶，使得滴定剂能和锥形瓶中的试剂迅速充分反应，同时视线应始终观察锥形瓶内颜色变化，不允许在滴定的同时看着滴定管中液面的变化。

在开始滴定之前，应该用滤纸或吸水纸除去管尖外侧的残液，切不可吸到管内的滴定液。

操作酸式滴定管时应注意捏紧活塞，手指压住活塞轻轻向手心使力，使得活塞既不漏水又能旋转自如，切忌向外拔活塞。经过试漏之后的滴定管如果在滴定时漏水，大多数与活塞被向外拔有关，如果漏水应立即停止实验，经试漏之后重新进行实验。

滴定时应将滴定管管尖深入锥形瓶口1～2cm，以防止滴定液洒漏，同时锥形瓶的摇动要匀速，不能使锥形瓶中的试剂溅起。

滴定的速度应该严格遵循先逐滴加、再一滴一滴加、最后半滴半滴滴加的顺序，在刚开始滴定之时可以速度稍快，使得液滴连续滴下，只要不连成线即可；等到液滴一进入锥形瓶中液面即有颜色变化，但颜色立刻消失时应改成一滴一滴加，每一滴之间应该有足够的时间间隔，等到锥形瓶中的颜色消失了才可以滴加下一滴；等到液面进入锥形瓶中溶液液面时有颜色变化且等待几秒之后颜色才消失，证明此时已经接近滴定终点了，这时就应该改成半滴半滴滴加了，半滴半滴滴加时应缓慢转活塞，等有半滴滴定剂的时候关闭活塞，使得半滴滴定剂挂瓶口，将半滴滴定剂靠到锥形瓶内壁，并用装有蒸馏水的洗瓶用少量水冲下即可（口诀：“慢转挂靠冲”），摇匀，直至滴加到颜色不褪，此时将锥形瓶静置1分钟，若褪色则继续加半滴，等待1分钟，直到不褪色，此时达到滴定终点，记录终点读数。

在滴定的时候切忌滴定速度过快，尤其是在终点附近，一定要采用半滴半滴滴加的方式，否则很容易滴过终点（终点溶液颜色过深），造成数据误差。

思考1：滴定操作过程中要注意哪些？

操作手势：

锥形瓶：

管尖：

放液速度：

视线：

思考2：滴定操作时滴加半滴滴定剂时需要用洗瓶冲洗，这个操作会影响溶液的浓度吗？会给滴定结果带来误差吗？为什么？

（9）**读数** 读数时应手持滴定管最上端，保持滴定管自然垂下，平视液面读数，读数应读到0.01mL（即准确读数到0.1mL，再加一位估读读数）。

3. 注意事项

（1）在一管滴定剂不够的情况下，不能将滴定剂全部放完，应该放到还剩5～10mL左右时取下滴定管，记录读数，再加满滴定剂、调零后继续滴加，直至到达滴定终点，取下滴定管记录终点读数，最终到达终点所需要的滴定剂体积就是第一管读数加第二管读数之和，若两管也不够可以继续滴加第三管，将几个数值相加即可。

（2）使用酸式滴定管滴定的时候，手不可离开活塞，任滴定液流下。

（3）滴定过程中，除了滴加半滴，管尖始终不能碰到锥形瓶内壁。

（4）读数时若滴定剂为深色溶液则应按液面的顶端读数，若滴定剂为浅色溶液则应按液面的底端读数。

（5）酸式滴定管的活塞和滴定管是一一对应的，所以切忌将活塞随意取下，甚至插入其他滴定管。

（6）进行半滴滴加操作时为什么可以向锥形瓶中加入蒸馏水冲洗？这是因为在滴定时是以物质的量作为化学计量的单位的，所以只要锥形瓶中试剂物质的总量不变就不影响终点读数，反之，若不用蒸馏水冲洗，导致滴定剂残留在内壁，则会导致滴定剂到达终点的体积数值偏大，造成误差。

（7）当一次滴定完成之后滴定管内还有剩余液体，此时不能继续用剩余液体滴定，而应该重新加到“0”刻度线以上，重新调零之后再进行滴定。

（8）滴定完毕，倒去剩余液体，用水洗净，装蒸馏水至“0”刻度线以上，用大试管套住管口，下次可免洗。

【任务实施】

滴定分析实验报告

一、实验目的

1. 掌握酸、碱滴定管的使用方法。
2. 熟悉酚酞指示剂滴定终点的判断。
3. 熟练掌握滴定操作技术。

二、器皿与试剂

（1）器皿 请将实验所需器皿填入表4-3。

表 4-3 器皿清单

名称	规格	数量	名称	规格	数量

（2）试剂：0.1mol/L NaOH 溶液、HCl 溶液（浓度约为 0.1mol/L）、0.1%酚酞乙醇溶液。

三、实验步骤

（1）滴定管的检漏与洗涤：

（2）润洗：

（3）装液：

（4）排气泡：

（5）调零：

（6）记录初读数：

（7）滴定练习

① 酚酞作指示剂（用 0.1mol/L 的 NaOH 溶液滴定 10mL 0.1mol/L 的 HCl 溶液）：

② 返滴定：

练习要求：到达终点后，继续用酸式滴定管加入 2.00mL HCl 溶液，此时红色褪去，再用 NaOH 溶液继续滴定，继续滴定 5 次。要求滴定 6 次体积比 V_{HCl}/V_{NaOH} 的相对标准偏差不超过 0.5%。

四、数据记录与处理

请将实验过程中的数据记录在表 4-4 中。

表 4-4 数据记录表

水温：________

序号	1	2	3	4	5	6
起点读数/mL						
终点读数/mL						
V/mL						
V(HCl)/V(NaOH)						
相对标准偏差						

五、数据计算

相对标准偏差公式及计算：________

计算区域：

【任务评价】

请完成任务评价（见表 4-5）。

表 4-5 滴定分析操作评分表

评分项目和要求		自评	互评	教师评
滴定前准备（30 分，不倒扣分）	滴定管使用前应____并保持____分钟			
	溶液配制应使用____称量，该法操作步骤为________			
	碱式滴定管洗涤要求为________			
	润洗方法为________			
	计算错误或溶液浓度不正确，扣 5 分			
	装液不当或有洒漏，扣 2 分			
	移液管使用要求有________			
	容量瓶使用要求有________			
滴定（60 分）	装液应超过________			
	装液完毕应____，进行该项操作的方法是________			
	调零时，手应捏在____，并使滴定管保持____			
	调零后应立刻记录____数据			
	滴定前应________且不能________			
	滴定速度得当，不可放液呈____状			
	滴定时应边____边滴定			
	操作不当造成漏液或滴出锥形瓶外，扣 5 分			
	临近终点应采用____，滴加方法为________			
	滴定终点的判断方法为________			
	读数时应____并正确及时地____			
文明操作（10 分）	实验器皿正确归位（1 分）			
	实验结束后水池干净，桌面无残留水渍（2 分）			
	桌面干净，板凳归位（2 分）			
	实验过程中无大声喧哗（5 分）			

任务三　数据处理与分析

【任务要求】

当对同一样本进行大量平行分析时，可以通过数学统计的方法筛选出可疑值，进行剔除，以保证检测的准确性，本任务以全班滴定结果数据为样本，进行可疑值的取舍。

【学习目标】

1. 会计算待标定溶液的浓度。
2. 了解可疑值判断的 Q 值检验法和 t 值检验法的适用范围。
3. 使用 Q 值检验法和 t 值检验法进行可疑值判断。
4. 严谨、细致地进行数据分析。

【任务实施】

1. 根据第一次滴定的数据，计算 HCl 溶液的浓度

第一次滴定消耗的 NaOH 溶液的体积为＿＿＿＿＿mL，锥形瓶中 HCl 溶液的体积为＿＿＿mL，NaOH 溶液的浓度为＿＿＿＿mol/L，请计算 HCl 溶液的浓度。

公式：＿＿＿＿＿＿＿＿＿＿＿＿＿＿＿＿＿＿＿＿＿＿＿＿＿＿＿＿＿＿

计算区域：

2. 可疑值取舍

(1) 数据排序（n 为 3～10，使用 Q 值检验法）

将实验数据按大小顺序填写在表 4-6 中。

表 4-6　数据排序表

$x_1=$＿＿＿＿＿，$x_n=$＿＿＿＿＿，极差＝＿＿＿＿＿＿。

(2) Q 值计算

计算得 $Q_1=$＿＿＿＿＿＿＿，x_1 该舍弃/保留；$Q_n=$＿＿＿＿＿＿＿，x_n 该舍弃/保留

3. 置信区间（t 值检验法）

数据记录（$n<20$）：$n=$＿＿，$f=$＿＿＿，$t_{0.05}(f)=t_{0.05}$（＿＿）＝＿＿＿＿，将实

验数据填入表 4-7，进行计算。

表 4-7　t 值检验法计算表

组号	x_i	$\overline{x}$	$x_i-\overline{x}$	$(x_i-\overline{x})^2$			
1							
2							
3							
4							
5							
6							
7							
8							
9							
10							
Σ							

标准偏差 S_P	平均值(95%置信区间)
$S_P=\sqrt{\dfrac{\sum(x_i-\overline{x})^2}{n-1}}$ =	

【任务反思】

1. 请结合自己滴定数据的精密度和全班置信区间，判断分析滴定数据。

2. 请根据分析结果，结合操作过程的回顾，判断滴定误差产生的原因。

任务四 “三废”收集与处理

【任务要求】

按要求收集和处理本项目实验过程中产生的“三废”，并规范填写投放表。

【学习目标】

1. 了解环境实验室常见的“三废”，及其对环境的影响和危害。
2. 掌握实验室常见“三废”的收集、处理方法。

【任务实施】

请完成洗涤操作废液、固废的分类收集与处理，并填写废液、固废投放表（见表4-8）。

登记表编号

表4-8 实验室危险废物投放登记表

实验室：　　　　责任人：　　　　容器编号：　　　　入库日期：

<table>
<tr><td>有机废液</td><td colspan="2">□含卤素有机废液
□其他有机废液</td><td colspan="2">称重/kg</td><td colspan="2"></td></tr>
<tr><td rowspan="3">无机废液</td><td colspan="2" rowspan="3">□含汞废液
□含重金属废液(不含汞)
□废酸
□废碱
□其他无机废液</td><td colspan="2">入库时 pH 值
(液态废物收集容器)</td><td colspan="2"></td></tr>
<tr><td colspan="2">入库核验签字</td><td colspan="2"></td></tr>
<tr><td colspan="4">危害特性</td></tr>
<tr><td>固态废物</td><td colspan="2">□废固态化学试剂
□废弃包装物、容器
□其他固态废物</td><td>□毒性</td><td>□易燃性</td><td>□腐蚀性</td><td>□反应性</td></tr>
<tr><td>序号</td><td>投放日期</td><td colspan="3">主要有害成分</td><td colspan="2">投放人</td></tr>
<tr><td></td><td></td><td colspan="3"></td><td colspan="2"></td></tr>
<tr><td></td><td></td><td colspan="3"></td><td colspan="2"></td></tr>
<tr><td></td><td></td><td colspan="3"></td><td colspan="2"></td></tr>
<tr><td></td><td></td><td colspan="3"></td><td colspan="2"></td></tr>
</table>

注：1. 登记表编号应与容器编号对应，如有多张登记表时，应以容器标号为主字段编号。

2. “pH值”指液态废物收集容器中废液入库贮存时的最终pH值，入库时需有关责任人核验签字确认。

3. “类别”只能选择一种，主要有害成分应按生态环境部《中国现有化学物质名录》中的化学物质中文名称或中文别名填写，可以是简称，禁止使用俗称、符号、化学式代替。

4. 暂存危险废物最大暂存量不宜超过存储设施装满的3/4，暂存时间最长不应超过30天，必须进行贮存。

【项目评价汇总】

请完成项目评价（见表4-9）。

表 4-9　项目评价汇总表

实验准备	酸碱滴定	数据分析	“三废”收集与投放
20%	30%	20%	10%
总分：			

【项目反思】

请就本项目完成过程中的困难部分或对数据影响较大的步骤进行总结和反思。

笔记

项目五

过滤

【项目介绍】

过滤是一种通过能将固体物截流而让流体通过的多孔介质，将固体物从液体或气体中分离出来的过程。过滤广泛应用于重量分析法，如悬浮物SS测定、MLSS等指标的检测，还常应用于其他分析方法的预处理。过滤可以采用滤纸在常压下进行固液分离，也可以采用真空泵利用滤膜进行负压抽滤。下面将分别予以介绍。此外，加压过滤和离心分离这两种常见的固液分离方法也将在本项目中进行简单介绍。

本项目分别使用常压和减压过滤进行粗盐的提纯，并计算粗盐的纯度。

【学习目标】

1. 理解过滤的原理、类型及适用范围。
2. 正确、规范进行常压过滤。
3. 正确、规范进行减压过滤。
4. 正确使用抽滤瓶和真空泵等过滤设备。
5. 正确进行过滤数据的计算。

任务一　实验准备

【任务要求】

在进行过滤操作之前，需要进行滤纸、试剂等材料的准备，还需要了解过滤操作的基本原理、常用过滤方法等内容以及配制过程中可能存在的安全隐患及应急处置措施。

【学习目标】

1. 掌握过滤的基本原理。
2. 掌握常用的过滤方法及其适用范围。
3. 了解过滤过程中可能存在的安全隐患。
4. 掌握过滤实验应急处置方法。

【任务支持】

一、过滤基本知识

1. 常压过滤

常压过滤就是在通常的气压下，用贴有滤纸的漏斗作为滤器来进行过滤。

(1) **过滤步骤** 根据沉淀量和沉淀性质（胶状沉淀或晶体沉淀）来选择尺寸和孔隙大小合适的圆形滤纸。沉淀的量多，滤纸要大。沉淀只能装到滤纸圆锥高度的 1/3～1/2 处，常用的是直径为 7cm、9cm 或 11cm 的圆形滤纸。如果沉淀呈胶状，所占体积大，则滤纸要大一些，而且应该用质松孔大的滤纸。沉淀粒度越细，所需滤纸应越致密。漏斗一般选择长颈（颈长 15～20cm）的，漏斗锥体角度应为 60°，长颈内径要小些（通常为 3～5mm），以便在颈内容易保留液柱，以保证因液柱的重力而产生抽滤作用，过滤才迅速。在整个过滤过程中，漏斗颈内能否保持液柱，这不仅与漏斗的选择有关，还与滤纸的折叠、滤纸是否紧贴在漏斗的内壁上，漏斗内壁是否洗净，过滤操作是否正确等因素有关。

过滤时，手要洗净擦干，然后把滤纸圆锥体放入漏斗中，注意圆锥体上边边缘要低于漏斗边缘 1cm 左右，滤纸圆锥体上缘大部分应与漏斗内壁密合，而滤纸圆锥顶部的极小部分与漏斗内壁形成缝隙。放置滤纸时还要注意将三层一边放在漏斗出口短的一边。润湿滤纸时，一手的食指和拇指按住滤纸锥体三层一边和漏斗，另一手拿洗瓶用细水流把滤纸润湿。然后用手指轻压滤纸锥体上部至其与漏斗内壁间没有空隙为止，再往滤纸锥体内的三层一边加入蒸馏水至几乎达到滤纸边，观察漏斗颈中是否始终充满液体，以保证过滤迅速进行，如不能，则应考虑是否是漏斗颈太大，或滤纸和漏斗内壁结合不紧密，或漏斗没有洗净等原因造成的，并设法加以解决。倾倒液体的烧杯口要紧靠玻璃棒，玻璃棒的末端紧靠有三层滤纸的一边，漏斗末端紧靠承接滤液的烧杯的内壁。慢慢倾倒液体，待滤纸内无水时，仔细观察滤纸上的剩余物及滤液的颜色。滤液仍浑浊时，应该再过滤一次。

【注意】 在放滤纸时，漏斗是干净且干燥的，如果滤纸的圆锥体绝大部分与漏斗内壁不十分密合，可稍稍改变滤纸的第二次折叠程度，直到与漏斗内壁密合为止。

(2) **过滤操作要点** 漏斗过滤操作的要点为“一贴、二低、三靠”。具体操作如图 5-1 所示。

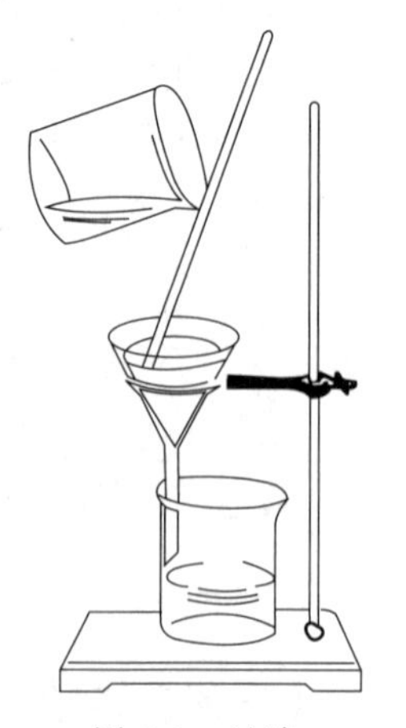
图 5-1 过滤

“一贴”：指滤纸要紧贴漏斗壁，一般在将滤纸贴在漏斗壁时先用水润湿并挤出气泡，因为如果有气泡会影响过滤速度。

“二低”：一是滤纸的边缘要稍低于漏斗的边缘；二是在整个过滤

过程中还要始终注意滤液的液面要低于滤纸的边缘。否则被过滤的液体会从滤纸与漏斗之间的间隙流下，直接流到漏斗下边的接收器中，这样未经过滤的液体与滤液混在一起，而使滤液浑浊，没有达到过滤的目的。

“三靠”：一是待过滤的液体倒入漏斗中时，盛有待过滤液体的烧杯的烧杯嘴要靠在倾斜的玻璃棒上（玻璃棒引流）；二是玻璃棒下端要靠在三层滤纸一边（三层滤纸一边比一层滤纸那边厚，三层滤纸那边不易被弄破）；三是漏斗的颈部要紧靠接收滤液的接收器的内壁。

（3）**滤纸折法**　可以根据指标测定的要求选用定量或定性滤纸。滤纸折法一般有两种，如图 5-2 所示。

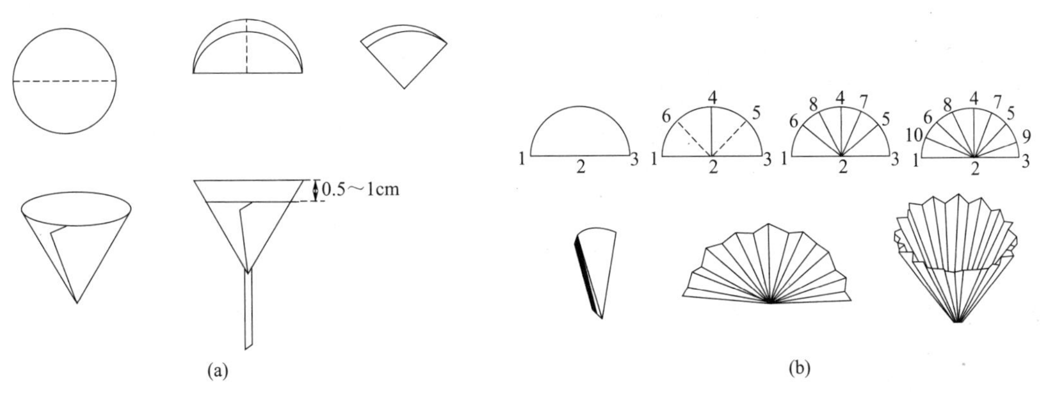

图 5-2　滤纸折法

在第一种折法中为了保证滤纸圆锥角度大于漏斗圆锥角（60°），在折半圆的时候不要把半圆的两角对齐，而是应该向外错开一点。叠好后且能与漏斗内壁密合之后取出，该滤纸的圆锥体半边为三层，另一边为一层。然后把三层一方的外两层折角撕下一小块，这样可使这个地方的内层滤纸更好地贴在漏斗上。

思考 1：常压过滤时如果滤纸和漏斗之间有气泡，会对过滤产生何种影响？

2. 减压过滤

减压过滤即抽滤，利用抽气泵使抽滤瓶中的压强降低，达到固液分离的目的。减压可以加速过滤，还可以使沉淀抽吸得比较干燥。但对于胶态沉淀在滤速过快时容易穿过滤纸；对于颗粒很细的沉淀会因减压抽吸而在滤纸上形成一层致密的沉淀使溶液不易透过，故不宜采用减压过滤法。

真空泵抽滤需要使用抽滤瓶、布氏漏斗（或砂芯漏斗）、滤纸（或微孔滤膜）、循环水真空泵，见图 5-3。

（1）**抽滤操作步骤**

① 安装仪器，检查布氏漏斗（或砂芯漏斗）与抽滤瓶之间连接是否紧密，抽气泵连接

口是否漏气。

② 抽滤瓶上配一单孔塞，布氏漏斗（或砂芯漏斗）安装在塞孔内。漏斗管下端的斜面朝向抽气嘴，但不可靠得太近，以免使滤液从抽气嘴抽走。

③ 修剪滤纸（或微孔滤膜），使其略小于布式漏斗（或砂芯漏斗），但要把所有的孔都覆盖住，并滴加蒸馏水使滤纸与漏斗连接紧密。

④ 往滤纸上加少量水或溶剂，轻轻开启泵，吸去抽滤瓶中部分空气，以使滤纸紧贴于漏斗底上，以免在过滤过程中有固体从滤纸边沿进入滤液中。

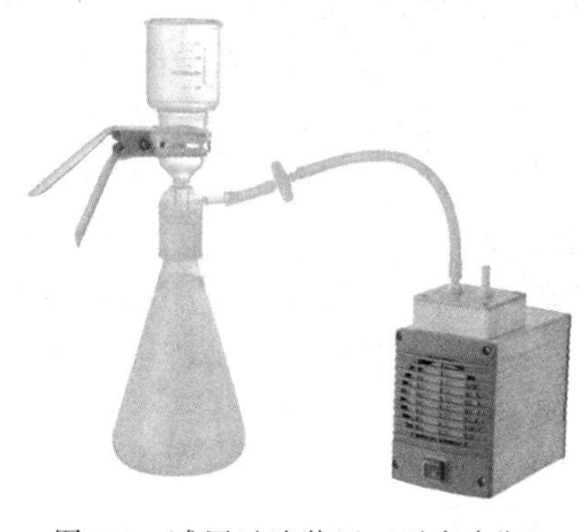

图 5-3 减压过滤装置（无安全瓶）

⑤ 打开抽气泵开关，开始抽滤。

⑥ 在抽滤过程中，当漏斗里的固体层出现裂纹时，应用玻璃塞之类的东西将其压紧，堵塞裂纹。如不压紧也会降低抽滤效率。

⑦ 若固体需要洗涤时，可将少量溶剂洒到固体上，静置片刻，再将其抽干。

⑧ 从漏斗中取出固体时，应将漏斗从抽滤瓶上取下，左手握漏斗管，倒转，用右手“拍击”左手，使固体连同滤纸一起落入洁净的纸片或表面皿上。揭去滤纸，再对固体作干燥处理。

⑨ 溶液应从抽滤瓶上口倒出。

（2）**抽滤注意事项**

① 停止抽滤时先旋开安全瓶上的旋塞恢复常压，然后关闭抽气泵，若无安全瓶则应先缓缓拔掉抽滤瓶上的橡胶管，再关开关，以防倒吸。

② 当过滤的溶液具有强酸性、强碱性或强氧化性时要用玻璃纤维代替滤纸或用玻璃砂芯漏斗代替布氏漏斗。

③ 不宜过滤胶状沉淀或颗粒太小的沉淀。

④ 更换循环水时，禁止直接倒出，必须采用虹吸法吸出循环水。

⑤ 工作时一定要有循环水且加到最低水位线以上，否则会烧坏真空泵。

⑥ 加水量不能过多（不超过标示线），否则水碰到电机会烧坏真空泵。

（3）**微孔滤膜** 采用微孔滤膜进行减压过滤属于精密过滤。微孔精密过滤是指滤除 0.1～10μm 微粒的过滤技术。微孔滤膜使用时应注意以下几点：

① 为延长滤膜的使用寿命，可用同等大小的滤纸或绢绸布（应先用质量浓度为 20g/L 的磺酸钠溶液煮沸绢绸布约 30min，然后用注射用水清洗干净）放在滤膜上，防止滤膜破裂。

② 微孔滤膜之孔径为锥体状，光滑的一面孔径小为正面，粗糙的一面孔径大为反面，安装时应将正面朝下，反面朝上，否则易被杂质阻塞孔径，影响滤速。温度低时，应将处理好的滤膜放于与试液温度相同的注射用水中浸泡 5～10min，可避免因温差使滤膜抗拉强度降低而导致的破裂现象。

③ 在滤器架的排气管的皮管头上，固定一个 16 号输液针头，用止水夹控制，可避免排气压力与速度过大致使滤膜破裂。

④ 不要将滤器架连同滤膜一起进行灭菌，否则滤膜因热胀冷缩而致脆裂皱折。

⑤ 使用后，微孔滤膜放在注射用水中，防止干燥，但不要浸泡太久，已失水干燥的微

孔滤膜不能使用此方法。

⑥ 根据试剂的浓度与黏度大小，应选用不同孔径的微孔滤膜。

⑦ 若发现微孔滤膜有小孔洞或小裂缝，可用原不用的破滤膜漂洗干净后烘干，然后撕碎放于盛少量丙酮的小杯中，搅拌成糊状黏液，将此黏液滴于平放滤膜的小孔洞或小裂缝处，不宜过多，黏液覆盖面稍大即可，挥发干后则可继续使用而不影响过滤效果。

思考 2: 常压过滤和减压过滤的异同有哪些？

3. 加压过滤

在进行液相色谱样品处理时，还经常使用一种简易的加压过滤装置，如图 5-4 所示，其通过在微孔滤膜以上施加压力，从而加速过滤速度。

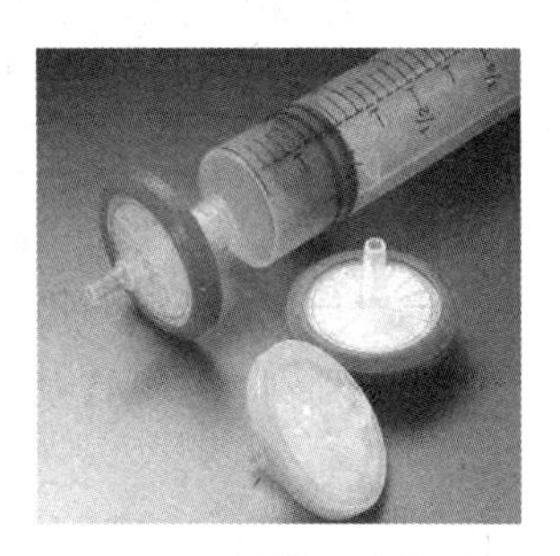

图 5-4　针筒过滤装置

其装置组成为注射器和针筒过滤器。针筒过滤器中装有微孔滤膜，微孔滤膜分为水相和有机相，应根据所过滤溶液的溶剂选择合适的滤膜，有机溶液为溶剂应使用有机相滤膜，水为溶剂应使用水相滤膜，不可混用，特别是有机溶剂会溶解水相滤膜，若采用水相滤膜过滤有机溶剂，会导致样品污染。

4. 离心分离

当被分离的溶液和沉淀的混合物的量很少，在过滤时沉淀会粘在滤纸上而难以取下，这时可用离心分离代替过滤，操作简单而迅速。离心分离常用电动离心机，其工作原理为利用高速运转所产生的离心力进行固液分离。把盛有被分离的溶液和沉淀的离心管放入离心机的套管内，并在其对面套管内放入一盛有同等质量水的离心试管，以确保离心机臂的平衡。然后启动离心机，旋转一段时间后，待离心机完全停止后取出离心管，此时注意不要动作太大触动沉淀。

离心分离完毕后，用长颈胶头滴管小心吸出溶液层。若需要取出沉淀则再用干燥清洁的胶头滴管吸出沉淀。

离心机操作步骤为（TDL-40B）：

（1）接好电源，打开电源开关，面板显示设定的转速并闪烁。

（2）按选择键，出现 P0，为转速设定项。

（3）按记忆键，显示仪器上次运转的转速。

（4）按“＋”或“－”和左移键输入需要的工作转速。

（5）必须按记忆键，存储设定的数值，仪器显示 P0。

（6）按“＋”键，显示 P1，为时间设定项。

（7）按记忆键，显示上次运行的时间。

(8) 按"+"或"−"和左移键输入需要的工作时间（单位为分钟），本机设定时间包括最高速运行时间和升速时间，不包括减速时间。

(9) 必须按记忆键存储该设定值，显示 P1。

(10) 按选择键，退出设定。此时显示设定转速并闪烁。

(11) 按离心键，仪器工作并显示实际转速，到设定时间，降速到 0，在数秒内打开盖门，去除样品。如有需要，在运行中可按停止键，中断机器运转。

(12) 若要对仪器的升速时间（P2）和减速时间（P3）进行调整，请按上面调整转速和时间的方法进行设定后按记忆键保存即可（升降速时间单位为秒，设定值要分别大于 120s 和 150s）。

【注意事项】

(1) 装入离心管中的溶液不能超过离心管总体积的 2/3，离心管和套管的长度和管径应该相符，以免在高速旋转时损坏离心机。

(2) 装入离心机中套管内的离心管必须对称且等重，否则离心机会因失去平衡而损坏。

(3) 离心机内部要保持清洁干燥，严禁溶液洒漏。

(4) 不能在离心机盖上放置任何物品，也不允许在机器运转过程中或转子未停稳的情况下打开盖门，以免发生事故。

(5) 除运转速度和时间外，请不要随意更改机器的工作参数，以免影响机器的性能。

(6) 转速设定不得超过最高转速。

(7) 如需分离样品的密度超过 $1.6g/cm^3$，最高转速 N 必须按式(5-1) 进行修正：

$$N = N_{max}\sqrt{1.2/\text{样品密度}} \tag{5-1}$$

式中　N_{max}——转子极限转速。

(8) 离心机一次运转时间不要超过 60 分钟。

(9) 如遇停电或其他原因，门锁不能自动打开，请不要用强力试图打开。应用六角扳手将机壳左侧的内六角螺母顺时针旋转 90°。

二、防液体飞溅及应急处置措施

这里所说的液体飞溅伤害主要指因为人员操作或设备损坏造成的液体（含溶液）喷溅或飞溅至人体表面或设备仪器表面，而对人体或设备仪器造成的危险或损坏。

1. 液体飞溅的避免

导致液体飞溅的原因主要有取水不规范、液体移取不规范、溶液倾倒等不规范操作，此外供水设备如水龙头的损坏也有可能导致液体飞溅。

为避免液体飞溅对人体和设备造成损伤，应做到以下几点：

(1) 定时检查供水设备，如有问题及时报修，确保设备正常运行。

(2) 不将对水敏感的设备和器材，如电炉、精密仪器等置于水池附近。

(3) 取水时应缓慢开启水龙头，取水容器应尽可能接近取水口，避免落差太大导致液体飞溅。

(4) 移取溶液时应按操作规范进行，放液口不应该离开接收容器。

(5) 所有溶液不允许未关闭瓶盖进行移动。

2. 液体飞溅的应对

(1) 造成设备损害的应对　若少量液体飞溅至设备，则应在第一时间使用吸水材料（干净抹布或滤纸等）将液体擦拭干净，并根据设备维护要求使用酒精或专用保养试剂进行擦拭。

若大量液体飞溅至设备，则应第一时间关闭设备开关并拔掉插头，之后再去除多余的水、晾干设备，必要时可以使用吹风机加速设备的晾干过程（对热敏感设备的吹干不能使用热风）。

（2）造成人员损伤的应对　这里仅讨论溶液飞溅对人体造成的伤害应对，如溶液飞溅至皮肤，则应根据溶液的量和性质参照防酸碱溶液腐蚀及应对部分处理。

若少量溶液飞溅至眼睛，则应按以下步骤处置：

① 第一时间使用冲眼器进行冲洗，冲洗时应尽量撑开眼睛，保证冲洗有效。

冲眼器主要有两种，一种为立式冲淋器，如图 5-5 所示，另一种为手持式冲眼器，如图 5-6 所示。使用时打开盖子，按下扳手或手推板，再将眼睛置于喷淋头上方进行冲洗。

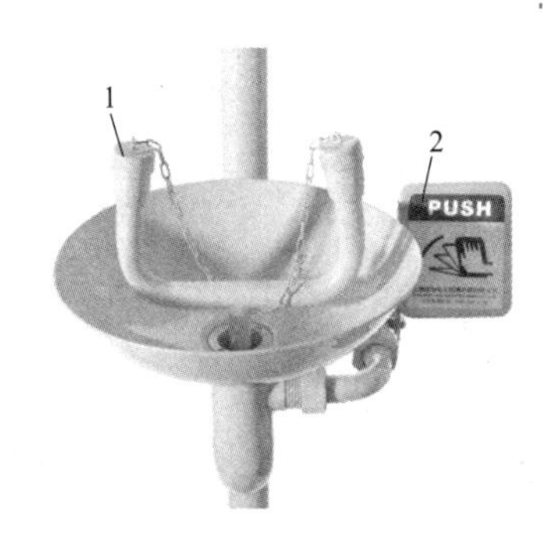

图 5-5　立式冲淋器（冲眼台）

1—喷淋头及盖子；2—手推板

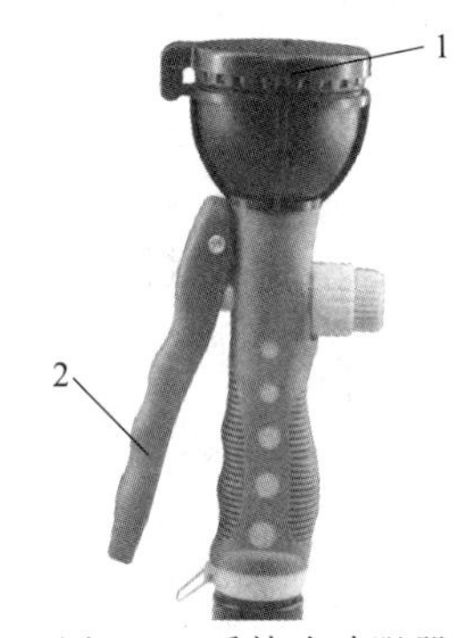

图 5-6　手持式冲眼器

1—喷淋头及盖子；2—手推扳手

② 冲淋完毕后，使用洗眼液进行眼睛周围的清洁。

使用洗眼液时，先将 5～10mL 洗眼液倒入洗杯，脸朝下闭眼后把洗杯紧扣在眼部，外眼角对齐，缓缓抬头，保持 20～30 秒。之后慢慢低头取下洗杯，弃去使用后的洗眼液，清洗洗杯。

③ 观察眼部情况，及时赴医务站或医院进行后续处理。

笔记

任务二　样品过滤

【任务要求】

分别使用常压过滤法和减压过滤法进行粗盐的过滤，收集过滤后的滤液进行蒸馏，进行NaCl的结晶，通过对比粗盐原始质量和提纯后质量，计算粗盐的纯度。

【学习目标】

1. 正确、规范地进行常压过滤和减压过滤操作。
2. 正确使用抽滤瓶、真空泵等过滤设备。
3. 及时、规范记录数据。

【任务实施】

粗盐提纯实验报告

一、实验目的

1. 掌握溶解、过滤、蒸发等实验的操作技能。
2. 理解过滤法分离混合物的原理。
3. 掌握减压过滤的方法和原理。
4. 对比减压过滤和常压过滤的异同。
5. 体会过滤的原理在生活生产等社会实际场景中的应用。

二、实验原理

粗盐中含有泥沙等不溶性杂质，以及可溶性杂质，如 Ca^{2+}、Mg^{2+}、SO_4^{2-} 等。不溶性杂质可以用过滤的方法除去，然后蒸发水分得到较纯净的精盐。

三、器皿和试剂

1. 常压过滤

(1) 器皿与材料：请将实验所需器皿和材料填入表5-1。

表5-1　器皿清单（一）

名称	规格	数量	名称	规格	数量

(2) 试剂：粗盐、蒸馏水。

2. 减压过滤

（1）器皿与材料：请将实验所需器皿和材料填入表 5-2。

表 5-2　器皿清单（二）

名称	规格	数量	名称	规格	数量

（2）试剂：粗盐、蒸馏水。

3. 蒸发结晶

（1）器皿：铁架台（带铁圈）、蒸发皿、酒精灯/电炉。

（2）试剂：滤后液。

四、实验操作

1. 溶解

（1）称取 2.00g 粗盐（增量法）。

（2）用量筒量取约 20mL 蒸馏水。

（3）把蒸馏水倒入烧杯中，用药匙取一匙粗盐放入烧杯中，边加边用玻璃棒搅拌，一直加到粗盐不再溶解为止。观察溶液是否浑浊。

2. 过滤

（1）常压过滤：

（2）减压过滤：

3. 蒸发

把得到的澄清滤液倒入蒸发皿中，把蒸发皿放在铁架台的铁圈上，用酒精灯加热，同时用玻璃棒不断搅拌滤液，等到蒸发皿中出现较多固体时，停止加热，利用蒸发皿的余热使滤液蒸干。

4. 称量

用减量法称量提纯后盐的质量：

五、数据记录与处理

将实验过程中的数据记录在表 5-3 中。

表 5-3 数据记录表

	常压过滤			减压过滤		
样品号	C1	C2	C3	J1	J2	J3
粗盐质量/g						
蒸发皿干质量/g						
蒸发后蒸发皿+盐的质量/g						
提纯后盐的质量/g						

【任务评价】

请完成任务评价（见表 5-4）。

表 5-4 粗盐提纯操作评分表

评分项目和要求		自评	互评	教师评
过滤前 (25 分,不倒扣分)	洗涤不当,扣 2 分			
	粗盐试剂应采用______法称量			
	滤纸叠法不当,扣 5 分			
	滤纸放入前应保证漏斗__________,放入滤纸后应保证________,加水润湿后应保证__________			
	______应对着漏斗颈短的一边,漏斗颈应紧靠__________			
	滤纸润湿后应排尽________			
	抽滤瓶和真空泵之间可加安全瓶,以防止______			
	抽滤装置不正确使用,扣 5 分			
常压过滤(30 分)	过滤时液面应____________			
	应用____引流且应抵在滤纸锥体______的一边			
	烧杯嘴应靠在玻璃棒__________位置上			
	整个过程中应保证漏斗底部____________			
	过滤时滤纸破损,扣 10 分			
	滤后浑浊,未重新滤,扣 10 分			
减压过滤(30 分)	操作不当造成漏液或滴出锥形瓶外,扣 5 分			
	若无安全瓶,应防止抽滤速度过快导致________________			
蒸发(5 分)	使用酒精灯时铁圈上应加______,酒精灯中酒精不可超过瓶体的____,灭酒精灯应用______			
	蒸发皿减量法称量错误,扣 5 分			
文明操作(10 分)	实验器皿正确归位(1 分)			
	实验结束后水池干净,桌面无残留水渍(2 分)			
	桌面干净,板凳归位(2 分)			
	实验过程中无大声喧哗(5 分)			

笔记

任务三　数据处理与分析

【任务要求】

根据过滤前粗盐的质量和过滤后 NaCl 结晶的质量，计算粗盐的纯度。

【学习目标】

1. 正确进行粗盐纯度的计算。
2. 理解减压过滤和常压过滤的区别。
3. 了解产生误差的原因。

【任务实施】

请将实验过程中的数据记录在表 5-5 中。

表 5-5　数据记录表

项目	常压过滤			减压过滤		
样品号	C1	C2	C3	J1	J2	J3
粗盐质量/g						
提纯后盐的质量/g						
粗盐纯度/%						
平均值						

粗盐纯度即为提纯的回收率，应按式(5-2) 计算：

$$粗盐纯度=提纯后盐的质量/粗盐质量 \tag{5-2}$$

计算区域：

【任务反思】

1. 通过哪些措施可以更准确测定粗盐的纯度？通过哪些措施可以提高 NaCl 的回收率？

2. 请对比常压过滤和减压过滤所获得的 NaCl 的纯度，分析二者的过滤效率，并分析其原因。

任务四 “三废”收集与处理

【任务要求】

按要求收集和处理本项目实验过程中产生的“三废”，并规范填写投放表。

【学习目标】

1. 了解环境实验室常见的“三废”，及其对环境的影响和危害。
2. 掌握实验室常见“三废”的收集、处理方法。

【任务实施】

完成洗涤操作废液、固废的分类收集与处理，并填写废液、固废投放表（见表5-6）。

登记表编号

表5-6 实验室危险废物投放登记表

实验室： 责任人： 容器编号： 入库日期：

<table>
<tr><td>有机废液</td><td colspan="2">□含卤素有机废液
□其他有机废液</td><td colspan="2">体积/L</td><td colspan="2"></td></tr>
<tr><td rowspan="3">无机废液</td><td colspan="2" rowspan="3">□含汞废液
□含重金属废液(不含汞)
□废酸
□废碱
□其他无机废液</td><td colspan="2">入库时pH值
(液态废物收集容器)</td><td colspan="2"></td></tr>
<tr><td colspan="2">入库核验签字</td><td colspan="2"></td></tr>
<tr><td colspan="4">危害特性</td></tr>
<tr><td>固态废物</td><td colspan="2">□废固态化学试剂
□废弃包装物、容器
□其他固态废物</td><td>□毒性</td><td>□易燃性</td><td>□腐蚀性</td><td>□反应性</td></tr>
<tr><td>序号</td><td>投放日期</td><td colspan="3">主要有害成分</td><td colspan="2">投放人</td></tr>
<tr><td></td><td></td><td colspan="3"></td><td colspan="2"></td></tr>
<tr><td></td><td></td><td colspan="3"></td><td colspan="2"></td></tr>
<tr><td></td><td></td><td colspan="3"></td><td colspan="2"></td></tr>
<tr><td></td><td></td><td colspan="3"></td><td colspan="2"></td></tr>
</table>

注：1. 登记表编号应与容器编号对应，如有多张登记表时，应以容器标号为主字段编号。

2. “pH值”指液态废物收集容器中废液入库贮存时的最终pH值，入库时需有关责任人核验签字确认。

3. “类别”只能选择一种，主要有害成分应按生态环境部《中国现有化学物质名录》中的化学物质中文名称或中文别名填写，可以是简称，禁止使用俗称、符号、化学式代替。

4. 暂存危险废物最大暂存量不宜超过存储设施装满的3/4，暂存时间最长不应超过30天，必须进行贮存。

【项目评价汇总】

请完成项目评价（见表5-7）。

表 5-7　项目评价汇总表

实验准备	常压过滤	减压过滤	数据处理	“三废”收集与投放
10%	30%	30%	20%	10%
总分：				

【项目反思】

请就本项目完成过程中的困难部分或对数据影响较大的步骤进行总结和反思。

笔记

项目六

萃取和浓缩

【项目介绍】

萃取也称为溶剂萃取或液液萃取，亦称抽提，是一种利用系统中组分在不同溶剂中有不同溶解度来分离混合物的一种方法，是有机化学实验中用来提纯和纯化化合物的常用手段之一。萃取方法一般分为间歇萃取、多级萃取和连续萃取，实验室常用萃取方法为间歇萃取。

浓缩，当所测物质为痕量或含量低于检出限时应将试样浓缩，蒸发溶剂使溶液浓度增大。常用的仪器为以减压蒸馏为原理的旋转蒸发仪。

本项目以萃取操作为重点，浓缩主要介绍其核心设备——旋转蒸发仪的结构及使用。

【学习目标】

1. 理解萃取和浓缩的目的及原理。
2. 掌握萃取和浓缩的操作步骤。
3. 正确列出萃取和浓缩所需要的设备。
4. 掌握旋转蒸发仪的结构和工作原理。
5. 正确进行过滤数据的计算。

任务一　实验准备

【任务要求】

在进行萃取操作之前，需要进行各种材料的准备，还需要了解萃取操作的基本原理、方法等内容以及配制过程中可能存在的安全隐患及应急处置措施。

【学习目标】

1. 掌握萃取的基本原理及应用。
2. 了解萃取所需要使用的器材。
3. 了解萃取过程中可能存在的安全隐患。
4. 掌握应急处置方法。

【任务支持】

一、萃取基本知识

在分析中应用较广泛的是间歇萃取法，即将一定体积的试样溶液置于分液漏斗中，加入互不混溶的溶剂，塞上塞子，剧烈振摇，使两种液体密切接触，发生分配过程直至达到平衡。静置1～2min，待溶液分层后，轻轻转动分液漏斗下面的活塞，使下层液体（水溶液层或有机溶剂层）流入另一容器中，这样两相就得以分离。

萃取分离法具有设备简单、操作快速、分离效果好的特点，已成为一种应用广泛的分离和富集方法。其缺点为费时，工作量较大；萃取溶剂常是易挥发、易燃和有毒的物质，而且价格较贵。

二、灭火器的选择

应该根据火灾种类和起火物质选择合适的灭火器，不同类型灭火器适用火灾种类见表6-1。

表6-1 灭火器适用不同火灾种类

序号	火灾种类	配用灭火器类型	详情说明
1	沙发起火	最优选水基灭火器，次选干粉灭火器，末选二氧化碳灭火器	
2	油泵漏油起火	优选干粉灭火器，次选二氧化碳灭火器	
3	乙炔瓶起火	优选二氧化碳灭火器，次选干粉灭火器	
4	配电室电气设备起火	优选二氧化碳灭火器，次选干粉灭火器	
5	变电所配电柜起火	优选二氧化碳灭火器，次选干粉灭火器	
6	商铺起火	优选干粉灭火器，次选二氧化碳灭火器	
7	工厂电机起火	优选二氧化碳灭火器，次选干粉灭火器	
8	工厂硫黄粉起火	优选水基灭火器，次选干粉灭火器	
9	管道漏油起火	优选干粉灭火器，次选二氧化碳灭火器	
10	地铁站垃圾桶起火	优选水基灭火器，次选干粉灭火器	
11	棉麻起火	优选水基灭火器，次选干粉灭火器	
12	轮胎起火	优选干粉灭火器，次选二氧化碳灭火器	
13	有机物起火	干粉灭火器、沙土覆盖	

【任务实施】

1. 完成试剂领用登记，填写表6-2。

表 6-2 试剂领用记录表

序号	试剂名称	取用前质量/g	取用后质量/g	取用量/g	取用目的	取用人	取用时间

审核员：________________ 监督员：________________

2. 根据浓缩操作步骤，列举出其操作中可能存在的安全隐患和应对措施，填写表 6-3。

表 6-3 安全隐患与应对措施

序号	步骤	隐患描述	隐患类型	应对措施
1	全过程	吸入挥发性有毒有害有机物质	中毒	通风橱+防毒面罩

3. 完成防爆器材的检查，填写表 6-4。

表 6-4 应急器材核对表

序号	器材名称	检查情况	备注
1	干粉灭火器/沙土	□有 □无 □过期	
2	灭火毯	□有 □无 □过期	
3	防护面罩	□有 □无 □过期	
4	冲眼器	□正常 □异常	
5	通风橱	□正常 □异常	

监察人：________________ 安全员：________________

笔记

任务二　萃取

【任务要求】

使用水从冰醋酸和乙酸乙酯混合液中萃取冰醋酸。

【学习目标】

1. 理解萃取的基本原理及应用。
2. 正确、规范进行萃取。
3. 了解萃取过程中可能存在的安全隐患。
4. 掌握应急处置方法。

【任务支持】

萃取方法

1. 分液漏斗的准备

在进行萃取操作之前，首先要选择容积比溶液体积大1～2倍的分液漏斗。将分液漏斗的盖子和活塞用细绳或橡皮筋扎在漏斗上，但不要扎得太紧。还要检查分液漏斗的盖子和活塞是否严密，符合要求后，将分液漏斗置于固定在铁架的铁环中，关闭活塞。

2. 加入物质

取一定体积的被萃取溶液，加入适当的萃取剂，调节到应控制的酸度，然后移入分液漏斗，加入一定体积的溶剂。

3. 振荡

塞好盖子，塞好后应再旋紧一下，要注意错开盖子的凹缝与漏斗上口颈部小孔的位置，以免漏液。振荡时应先取下分液漏斗，然后进行振荡，使两液充分接触，以提高洗涤效率。振荡操作为先将分液漏斗倾斜，使分液漏斗上口略朝下，分液漏斗的活塞部分向上，并朝向无人处，右手握住漏斗上口颈部，用食指根部压紧盖子，左手握住活塞。握持活塞的方式应既能防止振荡时活塞转动或脱开，又能便于灵活地旋开活塞，如图6-1所示。

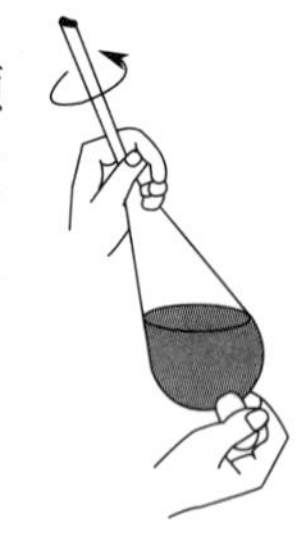

图6-1　振荡

开始振荡时要慢，每摇几次以后打开活塞使过量的蒸气逸出（放气），如不经常放气，漏斗内蒸气压增大，盖子就可能被顶开而造成漏液（用低沸点易挥发溶剂如乙醚时，在振荡前即应放气）。放气后将活塞关闭再进行振荡。

4. 分层、放液

充分振荡达到平衡后，将分液漏斗放在铁环内静置。待两层液体完全分开后，旋转盖子，使盖子凹缝与漏斗上口颈部小孔的位置对准，以便与大气相通。把分液漏斗的下端靠在接收器的壁上，旋开活塞，静置片刻或适当振摇，这时下层液体往往会增多一些，再把下层的液体仔细放出。然后将上层液体从分液漏斗上口倒入另一个容器中。如果上层液体也经活塞放出，则漏斗颈部所附着的残液就会把上层液体弄脏。

有时在分层时，在两相的交界处会出现一层乳浊液，这是因振荡过于激烈或反应中形成某种微溶化合物造成的。采用增大萃取剂用量、加入电解质、改变溶液酸度、振荡不过于激烈的方法即可消除。

5. 重复萃取

如果被萃取物质的分配比足够大，则一次萃取即可达到定量分离的要求；如果被萃取物质的分配比不够大，经第一次分离之后，再加入新鲜溶剂，重复操作，进行二次或三次萃取，采取“少量多次”原则。但萃取次数不宜过多，否则易带入杂质或损失被萃取组分，一般重复3～5次为宜。

【任务实施】

萃取实验报告

一、实验目的

1. 掌握萃取原理和方法。
2. 正确、规范进行萃取和洗涤。
3. 复习巩固滴定分析。

二、实验器材和试剂

（1）实验器材：分液漏斗、铁架台、量筒、移液管。

（2）试剂：冰醋酸∶乙酸乙酯＝1∶9的混合液20mL、1mol/L NaOH溶液、酚酞指示剂。

三、实验原理

萃取是分离和提纯有机化合物常用的操作方法之一。通常被萃取的是固态或液态的物质。萃取是利用物质在两种不互溶（或微溶）溶剂中溶解度或分配比的不同来达到分离、提取或纯化目的的一种操作。应用萃取既可以从固体或液体混合物中提取出所需物质，也可以用来洗去混合物中的少量杂质，前者称为抽取或萃取，后者为洗涤。

四、实验步骤

1. 一次萃取

（1）分液漏斗准备：将分液漏斗洗净，检漏。

（2）加入物质：取20mL混合液于分液漏斗中，再加入60mL水。

（3）振荡、放气：

（4）分层、放液：

（5）滴定分析：

2. 多次萃取

一次萃取完毕之后，再于上层有机相中加 20mL 水，进行萃取。重复上述操作，将三次所得液体放于锥形瓶中，再进行下层溶液的滴定分析，记录所用 NaOH 溶液的体积 V_2。

五、数据记录与处理

请将实验过程中的数据记录在表 6-5 中。

表 6-5　数据记录表

项目	单次萃取	多次萃取
混合液体积/mL		
NaOH 溶液滴定初读数/mL		
NaOH 溶液滴定终读数/mL		
滴定消耗 NaOH 溶液的体积/mL	$V_1=$	$V_2=$

操作员：　　　　质控员：　　　　安全员：

【任务评价】

请完成任务评价（见表 6-6）。

表 6-6　萃取操作评价表

评分项目和要求		自评	互评	教师评
萃取前(10 分)	选择比萃取剂和被萃取溶液总体积大一倍以上的分液漏斗(5 分)			
	检查盖子和旋塞是否严密(2 分)			
	加入一定量的水进行振荡，验漏(3 分)			
萃取操作(60 分)	被萃取溶液由分液漏斗上口倒入(3 分)			
	萃取剂由分液漏斗上口倒入，盖好盖子(2 分)			
	加料无洒漏，必要时可使用玻璃漏斗加料(5 分)			
	加料完毕后，液体应分为两相(5 分)			
	振荡分液漏斗，使两相液层充分接触(5 分)			
	振荡动作正确，液体混为乳浊液(5 分)			
	振荡过程中，无液体泄漏(5 分)			
	振荡后放气(5 分)			
	放气动作正确，上口要倾斜朝下，下口处不能残留液体(5 分)			
	重复振荡、放气(5 分)			
	将分液漏斗放在铁架台铁圈上静置 10 分钟以上(5 分)			
	液体分为清晰的两层后才进行分离(5 分)			
	下层液体应经旋塞放出，上层液体从上口倒出(5 分)			
安全操作(20 分)	有机溶液倾倒时应确保周边没有杂物，没有火源或高温源(10 分)			
	有机溶液倾倒应开启通风设备，并佩戴相应防护用具(10 分)			

续表

评分项目和要求		自评	互评	教师评
文明操作(10 分)	实验器皿正确归位(1 分)			
	实验结束后水池干净,桌面无残留水渍(2 分)			
	桌面干净,板凳归位(2 分)			
	实验过程中无大声喧哗(5 分)			

笔记

任务三　浓缩

【任务要求】

阅读材料，掌握浓缩基本操作，并正确进行旋转蒸发仪的组装。

【学习目标】

1. 理解浓缩的基本原理及应用。
2. 正确、规范进行旋转蒸发仪的组装。
3. 掌握旋转蒸发仪的组成与功能。
4. 了解浓缩过程中可能存在的安全隐患，掌握应急处置方法。

【任务支持】

浓缩基本操作

在分析中，**浓缩**常采用蒸馏脱溶剂的方式进行，蒸馏可分为常压蒸馏和减压蒸馏。

1. 常压蒸馏原理

常压蒸馏是指在常压条件下进行蒸馏脱溶剂的方法，但由于其对高沸点物质（未达沸点就已经受热分解、氧化或聚合）难以进行有效分离和提纯；另外其装置较为复杂，对安全操作要求较高，因此在分析中并不常用。

2. 减压蒸馏原理

减压蒸馏又称真空蒸馏，通过减小体系内的压力而降低液体的沸点，避免了高沸点物质在未达沸点就已分解、氧化或聚合的现象。许多有机化合物的沸点在压力降低到 1.3～2.0kPa 时，比在常压下的沸点降低 80～100℃。因此减压蒸馏对于分离和提纯沸点较高或性质不太稳定的液态有机化合物有非常重要的意义。

实验室常用的减压蒸馏装置为旋转蒸发仪，下面将介绍其基本结构和操作。

3. 旋转蒸发仪

（1）旋转蒸发仪结构　旋转蒸发仪基本结构如图 6-2 所示。

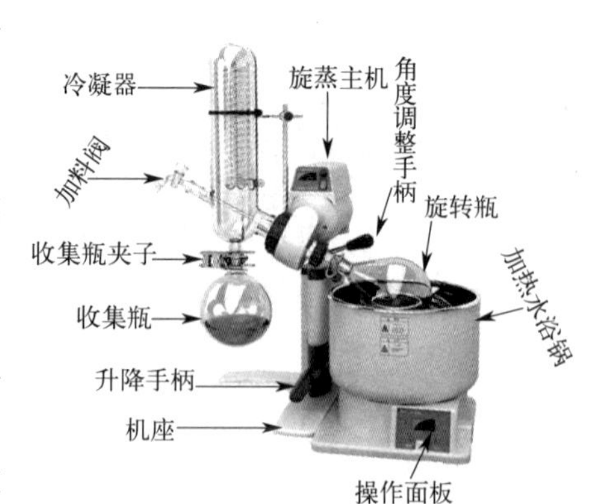

图 6-2　旋转蒸发仪基本结构

其主要部件及其功能如下：

① **主机**　用于控制盛有样品的蒸发瓶旋转、真空度和水浴温度等，带有数字显示功能。

② **旋转瓶**　通过加料阀加入待蒸馏样品，通过旋转增加待蒸溶剂与水浴之间的接触面积，提高蒸馏效率。

③ **冷凝管** 冷凝管采用双蛇形冷凝管，冷凝管上有两个外接头，是用于接冷却水的，一头进水一头出水，一般下进上出。冷凝管另有上下两个端口，一口接样品瓶，一口接真空系统；在冷凝管与减压泵之间有一个三通活塞，当体系与大气相通时可以将蒸馏烧瓶、收集瓶取下，转移溶液；当体系与减压泵相通时，体系处于减压状态。

④ **真空系统** 一般使用真空泵，用于整个体系减压。

⑤ **收集瓶** 接收冷却后的样品。

（2）旋转蒸发仪基本操作

① 装置安装 通过手柄调节旋转蒸发仪样品瓶高度，使其与水浴高度相匹配；安装冷凝管冷凝水系统和真空系统接头，并保证其密闭性；装好样品瓶，确认三通阀位置，保证体系（旋转瓶、冷凝管）与减压泵相通。

② 装液 向旋转瓶中装入待蒸试剂，加入量一般不超过旋转瓶标称容量的50%，必要时可加入防爆沸毛细管或玻璃珠，加完后关闭加料阀。

③ 减压 打开冷凝水，向水浴锅中加入适量水，之后打开真空泵。按蒸发条件设定水浴温度，打开水浴加热装置。

④ 开机 打开旋转开关之前先将调速旋钮左旋至最小，按下电源开关，指示灯亮，然后慢慢右旋调速旋钮至所需转速，一般大旋转瓶用中、低速，黏度大的溶液用较低转速。

⑤ 停机 先关闭旋转蒸发仪旋转开关，调节三通使体系与大气相通（放空），再关闭真空泵，避免倒吸。最后当冷凝管内壁不再有冷凝溶剂滴下时关闭冷凝水。

（3）旋转蒸发仪的使用注意事项及保养

① 使用前应仔细检查仪器，玻璃瓶是否有破损，各接口是否吻合，注意轻拿轻放。

② 用软布或柔软纸巾擦拭各接口，然后涂抹少许真空脂。真空脂用完后一定要盖好，防止灰尘进入。

③ 各接口不可拧得太紧，要定期松动活络，避免长期紧缩导致连接器咬死。

④ 停机时要使机器处于停止状态，再关开关。

⑤ 各处的聚四氟开关不能过力拧紧，容易损坏玻璃。

⑥ 每次使用完毕应用软布或柔软纸巾擦净留在机器表面的各种油迹、污渍。

⑦ 停机后应拧松各聚四氟开关，长期静置在工作状态会使聚四氟活塞变形。

⑧ 电气部分不可进水，严禁受潮。

⑨ 水浴锅加入水之后方可打开水浴加热开关，防止干烧。

4. 固相萃取（SPE）

固相萃取基于液-固色谱理论，采用选择性吸附、选择性洗脱的方式，利用固体吸附剂将液体样品中的目标化合物吸附，与样品的基体和干扰化合物分离。然后再用洗脱液洗脱或加热解吸，实现样品的富集、分离、纯化，是一种包括液相和固相的物理萃取过程，也可以将其近似地看成一种简单的色谱过程。

由于固相萃取实现了选择性地提取、分离、浓缩三位一体的过程，操作时间短、样品量小、干扰物质少，因此可用于挥发性和非挥发性组分的预处理，并具有很好的重现性。

与液液萃取相比，固相萃取不需要大量互不相溶的溶剂，处理过程中不会产生乳化现象，它采用高效、高选择性的吸附剂（固定相），能显著减少溶剂的用量，简化样品预处理过程，同时所需费用也有所减少。一般来说，固相萃取费用为液液萃取的1/5，但其缺点是目标化合物的回收率和精密度要略低于液液萃取。

（1）**吸附剂**　吸附剂是固相萃取的核心，其质量好坏直接关系到能否实现萃取操作，以及萃取效率。

常用的固相吸附材料有正相吸附剂、反相吸附剂和离子交换吸附剂三种。正相吸附剂适用于极性化合物的萃取，常用的有硅酸镁、氨基、氰基、双醇基硅胶、氧化铝等；反相吸附剂适用于非极性至具有一定极性化合物的萃取，常用的有键合硅胶 C_{18}、键合硅胶 C_8、芳环氰基等；离子交换吸附剂适用于阴阳离子型有机物的萃取，常用的有强阳离子吸附剂（如苯磺酸、丙磺酸、丁磺酸等）和强阴离子吸附剂（如三甲基丙基铵、氨基、二乙基丙基铵等）。

（2）**洗脱剂**　在固相萃取中，选择洗脱剂时应首先考虑其对固定相的适应性和对目标物质的溶解度，其次是传质速率的快慢。洗脱正相吸附剂吸附的组分时，一般选用非极性有机溶剂，如正己烷、四氯化碳等；洗脱反相吸附剂吸附的目标物质时，一般所用极性有机溶剂，如甲醇、乙腈、一氯甲烷等；对于离子交换吸附剂吸附的组分常用的洗脱剂是高离子强度的缓冲液。

（3）**固相萃取装置及使用**　常用的固相萃取装置为 SPE 小柱，装置见图 6-3，为一根直径为数毫米的小柱，材质为玻璃，聚丙烯、聚乙烯、聚四氟乙烯等塑料或不锈钢，柱子下端有一孔径为 20μm 的烧结筛板，用于支撑吸附剂。在筛板上装填一定量的吸附剂，然后在吸附剂上再加一块筛板，以防止加样时破坏柱床。

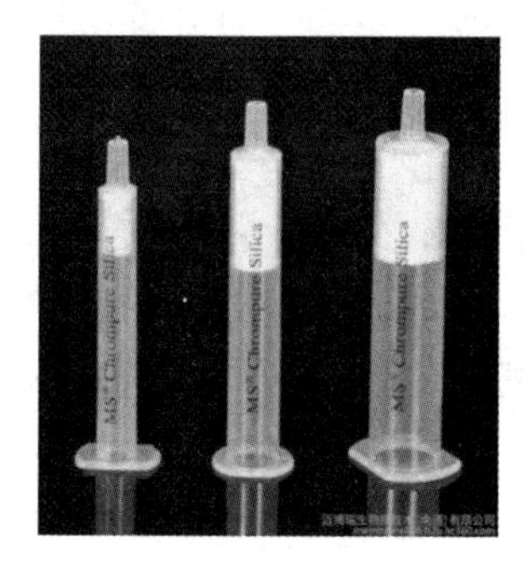

图 6-3　SPE 小柱

基本操作步骤为：活化填料（一般使用甲醇：1～2mL/100mg 吸附剂）、进样（最大允许进样量：0.5～1L）、冲洗杂质（水或缓冲溶液：0.5～0.8 mL/100mg 吸附剂）、洗脱（洗脱剂：0.5～0.8mL/100mg 吸附剂）、洗脱液收集和浓缩。

【任务实施】

1. 完成旋转蒸发仪的组装，并绘制其结构图，需要标注每个部件的名称和功能。

2. 根据浓缩操作步骤，列举出其操作中可能存在的安全隐患和应对措施，填写表6-7。

表6-7　安全隐患和应对措施

序号	步骤	隐患描述	隐患类型	应对措施
1	全过程	吸入挥发性有毒有害有机物质	中毒	通风橱＋防毒面罩

笔记

任务四　数据处理与分析

【任务要求】

根据萃取操作得到的数据，计算萃取效率。

【学习目标】

1. 正确进行萃取效率的计算。
2. 理解单次萃取和多次萃取在萃取效率上的区别。
3. 结合数据分析误差产生的原因。

【任务支持】

萃取效率计算

基于萃取的定义：利用物质在两种不互溶或微溶溶剂中溶解度或分配比的不同来达到分离、提取或纯化。可以利用分配定律来进行萃取效率的计算，按式(6-1) 计算。

$$K=\frac{c_A}{c_B} \tag{6-1}$$

式中　K——有机物 X 在 A、B 两种溶剂中的分配系数。

c_A——有机物 X 在溶剂 A 中的浓度；

c_B——有机物 X 在溶剂 B 中的浓度；

A 溶液——被萃取液（混合液）；

B 溶液——溶剂（萃取剂）。

依据分配定律，萃取后，有机物 X 在被萃取液中的剩余量 w_n 可通过式(6-2) 计算。

$$w_n=w_0\times(\frac{KV}{KV+S})^n \tag{6-2}$$

式中　w_n——有机物 X 在萃取 n 次之后，在被萃取液（A 溶液）中的剩余量，g；

w_0——被萃取溶液（A 溶液）中溶质的总量，g；

V——被萃取溶液的体积，近似等于 A 溶液的体积，mL；

S——萃取时所用的萃取剂（B 溶液）的体积，mL。

因此可以通过 W_0-W_1 求出第一次萃取后有机物 X 在萃取液中的含量，通过 W_1-W_2 求出第二次萃取后有机物 X 在萃取液中的含量。在实验过程中，也可以通过滴定的方法确定萃取后有机物 X 在萃取液中的含量，并根据 W_0 计算萃取效率，公式如式(6-3) 所示。

$$\eta=\frac{w_S}{w_0} \tag{6-3}$$

式中　w_S——萃取后有机物 X 在萃取液中的含量，g。

【任务实施】

请根据萃取后的滴定结果，分别计算单次萃取和多次萃取的萃取效率，填写表 6-8。

表 6-8　数据记录表

项目	单次萃取	多次萃取
滴定消耗 NaOH 溶液的体积/mL	$V_1=$	$V_2=$
萃取液中乙酸的含量/g		
原混合液中乙酸的含量/g		
萃取效率		

计算区域：

【任务总结】

单次萃取和多次萃取相比，哪一种萃取效率更高？为什么？[可以结合式(6-2) 进行解释]

笔记

任务五 “三废”收集与处理

【任务要求】

按要求收集和处理本项目实验过程中产生的“三废”，并规范填写投放表。

【学习目标】

1. 了解环境实验室常见的“三废”，及其对环境的影响和危害。
2. 掌握实验室常见“三废”的收集、处理方法。

【任务实施】

请完成洗涤操作废液、固废的分类收集与处理，并填写废液、固废投放表（见表 6-9）。

登记表编号

表 6-9 实验室危险废物投放登记表

实验室： 责任人： 容器编号： 入库日期：

<table>
<tr><td>有机废液</td><td colspan="2">□含卤素有机废液
□其他有机废液</td><td colspan="2">体积/L</td><td colspan="2"></td></tr>
<tr><td rowspan="4">无机废液</td><td colspan="2" rowspan="4">□含汞废液
□含重金属废液(不含汞)
□废酸
□废碱
□其他无机废液</td><td colspan="2">入库时 pH 值
(液态废物收集容器)</td><td colspan="2"></td></tr>
<tr><td colspan="2">入库核验签字</td><td colspan="2"></td></tr>
<tr><td colspan="4">危害特性</td></tr>
<tr><td rowspan="2">□毒性</td><td rowspan="2">□易燃性</td><td rowspan="2">□腐蚀性</td><td rowspan="2">□反应性</td></tr>
<tr><td>固态废物</td><td colspan="2">□废固态化学试剂
□废弃包装物、容器
□其他固态废物</td></tr>
<tr><td>序号</td><td>投放日期</td><td colspan="3">主要有害成分</td><td colspan="2">投放人</td></tr>
<tr><td></td><td></td><td colspan="3"></td><td colspan="2"></td></tr>
<tr><td></td><td></td><td colspan="3"></td><td colspan="2"></td></tr>
<tr><td></td><td></td><td colspan="3"></td><td colspan="2"></td></tr>
<tr><td></td><td></td><td colspan="3"></td><td colspan="2"></td></tr>
</table>

注：1. 登记表编号应与容器编号对应，如有多张登记表时，应以容器标号为主字段编号。

2. “pH 值”指液态废物收集容器中废液入库贮存时的最终 pH 值，入库时需有关责任人核验签字确认。

3. “类别”只能选择一种，主要有害成分应按生态环境部《中国现有化学物质名录》中的化学物质中文名称或中文别名填写，可以是简称，禁止使用俗称、符号、化学式代替。

4. 暂存危险废物最大暂存量不宜超过存储设施装满的 3/4，暂存时间最长不应超过 30 天，必须进行贮存。

【项目评价汇总】

请完成项目评价（见表 6-10）。

表 6-10　项目评价汇总表

实验准备	萃取	浓缩	数据处理	“三废”收集与投放
10%	30%	30%	20%	10%
总分：				

【项目反思】

请就本项目完成过程中的困难部分或对数据影响较大的步骤进行总结和反思。

笔记

项目七
容量器皿校准

【项目介绍】

在实际的分析实验中，经常有各种各样的因素影响分析过程，会导致分析结果的误差，所以在进行实验时经常要采取各种措施减小误差对实验的影响。

根据误差产生的原因和性质不同，可将误差分为系统误差、随机误差和过失误差。

系统误差是由于分析过程中某些经常性的固定因素引起的误差，具有再现性，其影响比较固定、大小也有一定的规律性，具有单向性。系统误差是可测的，如果能将其测量出来并从分析结果中扣除就可以很大程度上消除这部分误差。系统误差包括方法误差、仪器误差、试剂误差、操作误差。

随机误差是指在分析过程中，有一些随机的不确定的因素所造成的误差，如环境的温度、湿度、气压的变化都会带入偶然误差，这种误差具有可变性，可使测定结果偏大或者偏小。

过失误差是由分析工作者的误操作带入的，如读数读错、溶液溅失等等。

系统误差的消除往往可以通过进行对照实验、进行空白实验或者校正仪器来消除；过失误差的消除主要靠分析工作者严格按照规范要求进行操作；而最难以消除的就是实验分析过程中的随机误差，这些不可预测因素从多个方面影响分析过程，作用复杂，难以量化。其中又以温度的变化影响较为重要，温度变化不但可以使得称量容器的容积发生变化，还会使得溶液的体积发生变化。所以在要求准确度较高的分析过程中必须要对这两种误差进行校正，前者称为容量仪器的校准（体校），后者称为标准溶液温度补正（温校）。

【学习目标】

1. 理解温校和体校的目的及意义。
2. 掌握温校和体校的方法。

任务一　温度校正

【任务要求】

对滴定项目的滴定体积进行温度校正。

【学习目标】

1. 正确进行温度校正。
2. 理解温度校正的基本原理。

【任务支持】

温度校正的基本原理及方法

温度的变化会使得标准溶液的体积发生变化，从而将误差引入，而且不同溶液的密度不同，温度对其的影响也不一样。所以只能通过实验的方法——测出不同温度下不同浓度溶液的体积变化并制成温度补正值表。在进行温校的时候只要根据试剂和实验时的环境温度在表7-1中选择补正值即可。

表7-1　不同标准溶液浓度的温度补正值（以mL/L计）

温度/℃	水和0.05mol/L以下的各种水溶液	0.1mol/L和0.2mol/L的各种水溶液	盐酸溶液[$c(HCl)$=0.5mol/L]	盐酸溶液[$c(HCl)$=1mol/L]	硫酸溶液[$c(H_2SO_4)$=0.5mol/L]和氢氧化钠溶液[$c(NaOH)$=0.5mol/L]	硫酸溶液[$c(H_2SO_4)$=1mol/L]和氢氧化钠溶液[$c(NaOH)$=1mol/L]
5	1.38	1.7	1.9	2.3	2.4	3.6
6	1.38	1.7	1.9	2.2	2.3	3.4
7	1.36	1.6	1.8	2.2	2.2	3.2
8	1.33	1.6	1.8	2.1	2.2	3
9	1.29	1.5	1.7	2	2.1	2.7
10	1.23	1.5	1.6	1.9	2	2.5
11	1.17	1.4	1.5	1.8	1.8	2.3
12	1.1	1.3	1.4	1.6	1.7	2
13	0.99	1.1	1.2	1.4	1.5	1.8
14	0.88	1	1.1	1.2	1.3	1.6
15	0.77	0.9	0.9	1	1.1	1.3
16	0.64	0.7	0.8	0.8	0.9	1.1
17	0.5	0.6	0.6	0.6	0.7	0.8
18	0.34	0.4	0.4	0.4	0.5	0.6
19	0.18	0.2	0.2	0.2	0.2	0.3
20	0.00	0.00	0.00	0.00	0.00	0.00
21	−0.18	−0.2	−0.2	−0.2	−0.2	−0.3
22	−0.38	−0.4	−0.4	−0.5	−0.5	−0.6

续表

温度/℃	水和0.05mol/L以下的各种水溶液	0.1mol/L和0.2mol/L的各种水溶液	盐酸溶液[c(HCl)=0.5mol/L]	盐酸溶液[c(HCl)=1mol/L]	硫酸溶液[$c(H_2SO_4)$=0.5mol/L]和氢氧化钠溶液[c(NaOH)=0.5mol/L]	硫酸溶液[$c(H_2SO_4)$=1mol/L]和氢氧化钠溶液[c(NaOH)=1mol/L]
23	−0.58	−0.6	−0.7	−0.7	−0.8	−0.9
24	−0.8	−0.9	−0.9	−1	−1	−1.2
25	−1.03	−1.1	−1.1	−1.2	−1.3	−1.5
26	−1.26	−1.4	−1.4	−1.4	−1.5	−1.8
27	−1.51	−1.7	−1.7	−1.7	−1.8	−2.1
28	−1.76	−2	−2	−2	−2.1	−2.4
29	−2.01	−2.3	−2.3	−2.3	−2.4	−2.8
30	−2.3	−2.5	−2.5	−2.6	−2.8	−3.2
31	−2.58	−2.7	−2.7	−2.9	−3.1	−3.5
32	−2.86	−3	−3	−3.2	−3.4	−3.9
33	−3.04	−3.2	−3.3	−3.5	−3.7	−4.2
34	−3.47	−3.7	−3.6	−3.8	−4.1	−4.6
35	−3.78	−4	−4	−4.1	−4.4	−5

注：1. 本表数值是以20℃为标准温度以实测法测出。

2. 表中带有"+""−"号的数值是以20℃为分界。室温低于20℃的补正值为"+"，高于20℃的补正值为"−"。

3. 本表的用法：如1L硫酸溶液[$c(H_2SO_4)$=1mol/L]由25℃换算为20℃时，其体积修正值为−1.5mL，故40.00mL换算为20℃时的体积为：$V_{20}=40.00-(1.5/1000)\times40.00=39.94$mL。

【任务实施】

1. 请完成滴定项目数据的温度校正，填写表7-2。

表7-2 数据记录表

水温：______

序号	1	2	3	4	5	6
V_{NaOH}/mL						
温校补正值						
V'_{NaOH}/mL						

2. 请使用第一次滴定温校后的NaOH滴定液体积，计算HCl溶液的浓度，并与滴定项目中计算所得进行比较。

未进行温校时HCl溶液浓度为______，进行温校后HCl溶液浓度为______，二者之间的相对误差为______。

计算区域：

笔记

任务二　体积校正

【任务要求】

对滴定管进行体积校正，并绘制体积校正表。

【学习目标】

1. 正确进行滴定管的体积校正（绝对校正）。
2. 理解体积校正的基本原理。
3. 准确进行体积校正表的绘制。
4. 掌握相对校正的方法。

【任务支持】

体积校正原理与方法

精确计量的容量仪器（如容量瓶、移液管等）上标出的**标线**或者**刻度线**是在仪器处于20℃时的标称容量。而在实际应用中，并不可能都在20℃的环境下进行实验。这就导致了容量仪器实际的容积与标称容量的大小并不相符，会引入实验误差。因此，在对准确度要求较高的实验中，应使用校正过的容量仪器。

经常使用的校正方法有两种：绝对校正法（称量法）和相对校正法。前者是称量被校量器中量入或者量出的纯水质量，再根据实验温度下纯水的密度计算出被校量器的实际容积，后者是指经常配套使用的移液管、容量瓶之间进行相对校正。

1. 绝对校正

测量液体体积的基本单位是升，1升是指在真空中，1kg的水在最大密度时（3.98℃）所占的体积。也就是说在3.98℃真空中称量所得水的质量（g），在数值上就等于它的体积（mL）。

由于玻璃的热胀冷缩，所以在不同温度下，量器的容积也不同。因此，规定使用玻璃量器的标准温度为20℃。各种量器上标出的刻度和容量称为在标准温度20℃时量器的标称容量。

进行容量仪器校正时只需要根据水温查校正表（见表7-3），得到标准质量，带入公式计算即可。

如某支25mL移液管在25℃放出的纯水质量为24.921g，计算该移液管在20℃时的实际容积。

$$V_{20}=24.921/0.99617=25.02(\text{mL})$$

即这支移液管的校正值为25.02－25.00＝＋0.02。

表 7-3　不同温度下 1L 水的质量 m（在空气中用黄铜砝码称量）

水温 t/℃	m/g	水温 t/℃	m/g	水温 t/℃	m/g
10	998.39	19	997.34	28	995.44
11	998.33	20	997.18	29	995.18
12	998.24	21	997.00	30	9954.91
13	998.15	22	996.80	31	994.64
14	998.04	23	996.60	32	994.34
15	997.92	24	996.38	33	994.06
16	997.78	25	996.17	34	993.75
17	997.64	26	995.93	35	993.45
18	997.51	27	995.69		

思考：校正滴定管时，锥形瓶和水的质量只需要称准到 0.01g，为什么？

校正不当和使用不当一样都是产生容量误差的主要原因，所以校正时必须仔细、正确地进行操作，使校正误差减至最小。凡要使用校正值的，其校正次数不可少于 2 次。两次校正数据的偏差应不超过该量器容量允许误差（见表 7-4）的 1/4，并以其平均值作为校正结果。

表 7-4　量器的容量允许误差表

名称	滴定管		移液管		容量瓶	
标称容量/mL	A 级	B 级	A 级	B 级	A 级	B 级
500					±0.25	±0.50
250					±0.15	±0.30
100	±0.10	±0.20	±0.08	±0.16	±0.10	±0.20
50	±0.050	±0.100	±0.050	±0.10	±0.05	±0.10
25	±0.04	±0.080	±0.080	±0.060	±0.03	±0.06
10	±0.025	±0.050	±0.02	±0.040	±0.02	±0.04
5	±0.010	±0.020	±0.015	±0.030	±0.02	±0.04

2. 相对校正

某些情况下，只要求两种容器之间有一定的比例关系，而无须知道它们的准确体积，这时可用容量相对校正法。尤其是经常配套使用的移液管和容量瓶采用相对校正法更为重要。例如，用 25mL 移液管移取蒸馏水于干净且倒立晾干的 100mL 容量瓶中，到第 4 次后，观察瓶颈处水的凹液面下缘是否刚好与刻线上缘相切。若不相切，应重新做一记号为标线，以后此移液管和容量瓶配套使用时就用校正的标线。

【任务实施】

1. 完成 25mL 滴定管的体积校正，并填写以下实验报告。

滴定管体积校正实验报告

一、实验目的

1. 了解容量容器的校正目的和原理。

2. 熟练掌握容量容器的校正方法。

二、仪器与试剂

仪器：分析天平、滴定管（50mL）、容量瓶（100mL）、移液管（25mL）、具塞锥形瓶（50mL）或者碘量瓶。

三、实验原理

滴定管、移液管和容量瓶等分析实验室常用的玻璃量器都具有刻度和标称容量，其容量都可能有一定的误差，即与之差。

校正方法有：绝对校正法（称量法）、相对校正法。

称量法原理：

____

____。

理论上：1L 水是指在真空中，1kg 的水在最大密度（____℃）所占的体积，即在____℃真空中称量所得水的____在数值上等于它的体积（mL）。

四、实验步骤

（1）实验准备：

（2）滴定管的校正（称量法）：

（3）移液管和容量瓶的相对校正：

五、数据记录与处理

1. 请将实验过程中的数据记录在表 7-5 中。

表 7-5　数据记录表

V_0(滴定管读数)/mL	m(瓶+水)/g	m(瓶)/g	m(水)/g	V_{20}/mL	ΔV(校正值)/mL

实验温度：__________ 1mL 水质量＝__________

2. 绘制该滴定管的体积校正表。

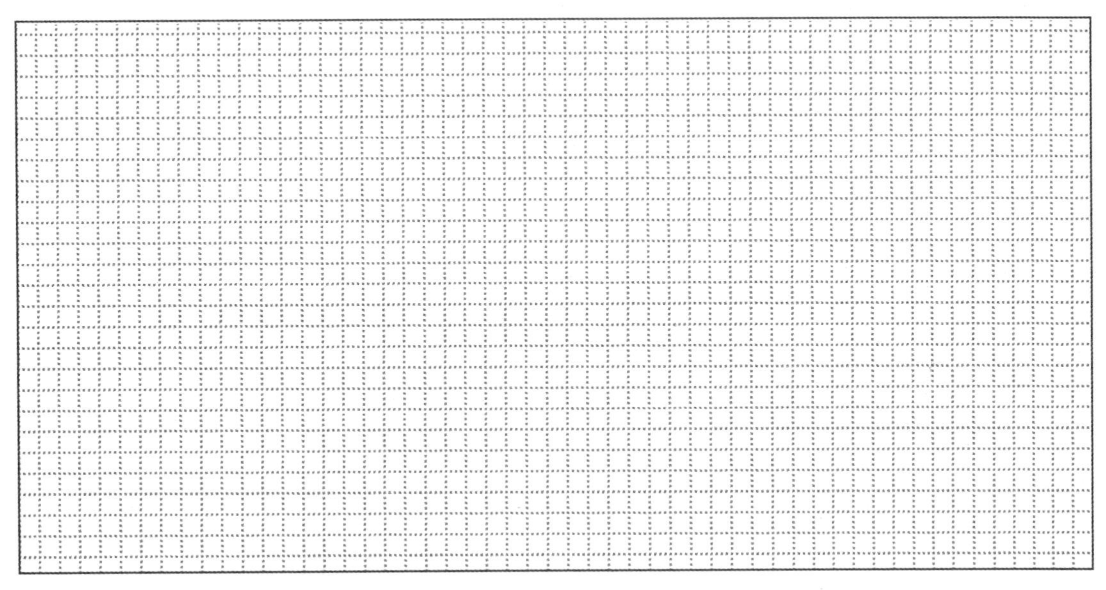

若使用该滴定管进行滴定，滴定消耗 NaOH 溶液体积为 12.50mL，按以上校正表进行校正，则体校后实际滴定体积为__________。

计算区域：

【任务反思】

容量瓶校准时为什么需要晾干？在用容量瓶配制标准溶液时是否也要晾干？

【项目评价汇总】

请完成项目评价（见表 7-6）。

表 7-6 项目评价汇总表

温度校正	体积校正
50%	50%
总分：	

【项目反思】

请就本项目完成过程中的困难部分或对数据影响较大的步骤进行总结和反思。

模块二

仪器分析基础操作

【主要教学内容】

仪器分析是以物质的物理和化学性质为基础建立起来的一种分析方法。利用较特殊的仪器，对物质进行定性分析、定量分析、形态分析。仪器分析的分析方法众多，所用仪器种类繁多。

本模块包括分光光度法测定水质浊度、气相色谱法测定正十五烷、液相色谱法测定苯甲酸钠、离子色谱法测定水中的氯离子、原子吸收分光光度法测定水中的铁等五个项目，以真实工作项目为载体，包含了环境监测与检测领域所涉及的主要仪器设备的操作。按照实际工作流程，每个项目均包括仪器与原理认知、溶液配制、定性与定量分析、数据分析与处理、“三废”收集与处理、设备维护与排除故障等任务。

【教学目标】

知识目标：理解分光光度法、色谱法等仪器分析原理和定性定量分析原理。

能力目标：掌握722型分光光度计、紫外-可见光分光光度计、气相色谱仪、液相色谱仪、离子色谱仪、火焰原子吸收光谱仪等常用分析仪器的基本操作和维护。

素质目标：具备安全与应急能力、数据处理能力、问题分析能力，培养环境保护意识。

项目八

分光光度法测定水质浊度

【项目介绍】

和化学分析方法不同，分光光度法（可见光）是一种利用溶液的颜色深浅来进行定量的方法，对于同一种物质而言，颜色深则代表浓度高，颜色浅则代表浓度低。但是也有很多溶液是无色的，那么这时可以加入显色剂，它和待测物质可以定量发生反应并生成某种有颜色的产物，并根据生成物的颜色深浅判断待测物质的浓度。此外，有些透明溶液虽然不能吸收可见光，但是能吸收紫外光或红外光，可以使用紫外或红外分光光度法进行测定。

判断颜色的深浅仅仅凭眼睛是不准确的，也是无法定量的，所以在判断颜色深浅的环节必须依靠更客观、准确的方法。

无论物质有无颜色，当一定波长的光通过该物质溶液时，只要物质溶液对光有一定的吸收，就可以确定该物质的含量。这种基于物质对光的选择性吸收建立起来的分析方法，就是**分光光度法**。

分光光度法可以分为比色法、紫外-可见光分光光度法、红外分光光度法和原子吸收分光光度法。本项目主要介绍可见光分光光度法，也会对紫外-可见光分光光度法进行简要介绍。本项目以水质浊度的测定为载体，学习分光光度法的基本操作和原理。

【学习目标】

1. 掌握分光光度法的原理。
2. 了解分光光度计的结构和功能。
3. 正确进行分光光度计检出限（浊度）的测定。
4. 正确操作分光光度计进行浊度测定及吸收曲线的绘制。
5. 正确操作分光光度计进行标准曲线绘制和样品浊度测定。
6. 及时记录数据并进行数据分析。
7. 正确收集和处理“三废”，并在实验过程中减少“三废”产生。
8. 进行分光光度计的日常维护与简单故障的判断。

任务一　认识分光光度法和分光光度计

【任务要求】

掌握分光光度法基本原理，绘制 722 型可见光分光光度计结构简图，并标明每个部位名称及功能，能正确进行分光光度计的基本操作。

【学习目标】

1. 掌握常见的互补色光。
2. 正确理解物体颜色与透过光的关系。
3. 正确理解和应用光的吸收定律：朗伯-比尔定律。
4. 掌握可见光分光光度计的结构和功能。
5. 掌握紫外分光光度计与可见光分光光度计结构上的异同。
6. 能正确调节可见光分光光度计的波长、进行调零调百。
7. 能进行比色皿的配套性实验，选择合适的比色皿。

【任务支持】

一、光学分析基本知识

光是一种电磁波，波长在 400～760nm 的光称为**可见光**，是肉眼能觉察到的光，除可见光外，其他波长的电磁波都是人眼所不能感觉到的，称为**不可见光**。初中物理中已经学习过，白光是复合光，是由红、橙、黄、绿、青、蓝、紫这七种颜色的光复合而成。这七种颜色的光称为单色光，具有特定的波长范围，见表 8-1。

表 8-1　不同波长光线的颜色

波长/nm	620～760	590～620	560～590	500～560	480～500	430～480	400～430
颜色	红	橙	黄	绿	青	蓝	紫

白光不仅可由这七种颜色的光混合而成，还可以由两种特定的色光按照一定的强度比例混合而成，这两种颜色即称为互补色光，其关系如图 8-1 所示。

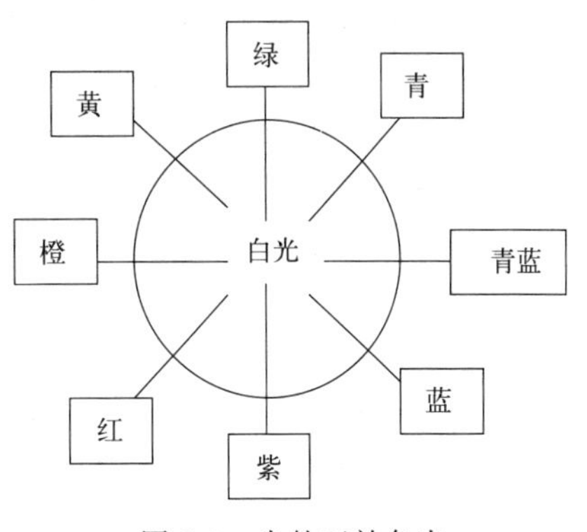

图 8-1　光的互补色光

从图中可以看出，蓝光和黄光互补、绿光和紫光互补等等。

而溶液所呈现的颜色是由于选择吸收了某种颜色的光所引起的，人们看到的颜色就是能透过的这一部分光的颜色。例如，高锰酸钾之所以呈紫色就是由于它选择性地吸收了绿光，而透过了绿光的互补光色——紫色；硫酸铜之所以呈现蓝色就是由于它选择性地吸收了蓝色的互补光黄色光，而透过了蓝色光。

所以为了增强分光光度法的灵敏性和可靠性，通常会根据反应产物的颜色选择最佳吸收度的波长，换句话说就是选择该产物颜色的互补色波长区中的最佳波长，作为入射波长。那么就可以根据溶液对入射波长的吸收程度来判断物质的颜色深浅即浓度高低，吸收度越大，代表颜色越深，浓度越高；吸收度越小，代表颜色越浅，浓度越低。

1. 光的吸收定律

光的吸收定律即朗伯-比尔定律，是朗伯于1768年研究了光的吸收与有色溶液的厚度之间的关系、比尔于1859年研究了光的吸收与有色溶液的浓度的定量关系综合得出的。它就是分光光度法的理论依据。

光的吸收定律可表述如下：当一束平行单色光通过均匀、非散射的有色待测稀溶液时，待测溶液的吸光度与溶液的浓度和液层厚度的乘积成正比。

通常在测定中多用固定厚度的比色皿，一般为1cm，则上述定律可以表述为溶液的浓度与吸光度成正比。

光的吸收定律不仅仅适用于可见光，同样也适用于红外光和紫外光；不仅适用于均匀非散射的液体，也适用于固体和气体。但在使用时应注意单色光的纯度（入射波长选择）和溶液浓度的范围，以减小对该定律的偏离程度，这一点将在下一个部分继续讲述。

2. 测量条件的选择

上文说到的朗伯-比尔定律是有约束条件的，即单色光、均匀非散射有色稀溶液。也就是说在应用分光光度法测定溶液浓度的时候要注意两个问题，一个是单色光的纯度，亦即入射波长的选择问题，另一个是要保证待测溶液是稀溶液，即不能含有胶体、颗粒物等，并且颜色不能太深，否则会导致光吸收定律的偏移，造成测量结果的误差。

在入射波长的选择问题上一般来说在各指标测定的国标中都会给定波长，如总磷测定的波长为700nm。但是在具体的分析过程中，为了使测定结果有较高的灵敏度和准确度，会对入射波长的选择进行调整，亦即绘制每台仪器测定该指标的吸收曲线，根据吸收曲线来寻找最佳吸收波长，以此作为入射波长，具体的绘制方法我们将在后面详细介绍。

待测溶液方面，首先要保证样品本身的颜色不会影响显色后的颜色，一般来说应该要保证样品在显色前是无色的，且溶液是均匀的，非散射的，即没有颗粒物、悬浮物或者胶体物质。但在实际的分析过程中，所取水样往往达不到要求，需要按照国标的要求分别对水样进行沉淀、过滤、消解等来保证加入显色剂之前样品是均匀的非散射的溶液。在浓度方面，若浓度太高也会影响结果的准确度，所以一般来说应该保证吸光度在0.3～0.8之间，过大则应该将样品稀释，过小则应该将样品进行富集或增加比色管中样品的比例。

二、可见光分光光度计的结构与操作规程

目前使用最为普遍的是722型可见光分光光度计，这种仪器适用于330～800nm波长范围。下面将详细介绍该分光光度计的结构和使用方法。

1. 结构

722型分光光度计由光源室、单色器、试样室、光电管暗盒、电子系统及数字显示器等部件组成。光源为钨卤素灯，波长范围为330～800nm。单色器中的色散元件为光栅，可获得波长范围狭窄的接近于一定波长的单色光。其外部结构如图8-2所示。722型分光光度计能在可见光区域内对样品物质作定性和定量分析，其灵敏度、准确性和选择性都较高，因而

在教学、科研和生产上得到广泛使用。

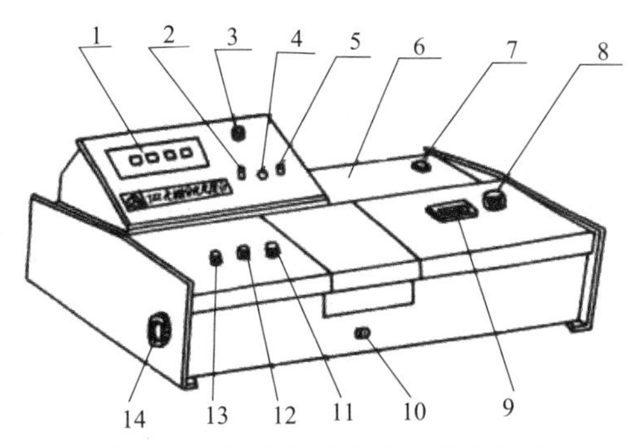

图 8-2 722 型分光光度计外部结构

1—数字显示器；2—吸光度调零旋钮；3—选择开关；4—吸光度调斜率电位；5—浓度旋钮；6—光源室；7—电源开关；8—波长手轮；9—波长刻度窗；10—试样架拉手；11—100%T 旋钮；12—0%T 旋钮；13—灵敏度调节旋钮；14—干燥器

2. 使用方法

（1）**预热仪器** 将选择开关置于“T”，打开电源开关，使仪器预热 20 分钟。

（2）**选定波长** 根据实验要求，转动波长旋钮，调至所需要的单色波长。

（3）**校准**（调零调百） 将黑体放入第一档，盛有蒸馏水的比色皿放在第二档，将模式更改为“T”（透光率），把试样室盖子轻轻盖上，将第一档黑体对准光路，按“0%”键，等待屏幕上显示“0.00”将第二档装蒸馏水的比色皿对准光路，按“100%”键，等待屏幕上显示“100%”。之后反复拉动推杆，直至第一档和第二档三次透光率均分别为 0% 和 100%。

（4）**吸光度的测定** 将模式更改为“A”（吸光度），将光路对准盛有待测溶液的比色皿，此时数字显示值即为该待测溶液的吸光度值。读数后，打开试样室盖，切断光路，重新进行调零调百后，重新测定 1～2 次，读取相应的吸光度值，取平均值。

（5）**关机** 实验完毕，切断电源，将比色皿取出洗净，并将比色皿座架用软纸擦净。

3. 注意事项

（1）拿取比色皿时，手指只能捏住比色皿的毛玻璃面，而不能碰比色皿的光学表面。

（2）比色皿不能用碱溶液或氧化性强的洗涤液洗涤，也不能用毛刷清洗。比色皿外壁附着的水或溶液应用擦镜纸或细而软的吸水纸吸干，不要擦拭，以免损伤它的光学表面。

（3）测定过程中严禁将液体洒落到比色皿室中，若不慎洒落应立刻用纸或抹布擦干净。

（4）为了尽量减少由比色皿带来的误差，应进行比色皿的配套性检查，检查方法为在测定波长下，测定若干支比色皿装蒸馏水之后的吸光度，选择吸光度相差较小的几支比色皿。

分光光度计基本操作

722/721N 可见分光光度计使用说明书

三、紫外-可见光分光光度计的结构及使用

如果将可见光分光光度计的光源更换为紫外光（氘灯作为光源）则可以测定220～330nm的紫外光，工作中为了增大分光光度计的使用范围，通常在可见光光源（钨灯）以外增加一个紫外光源，这样就可以测定220～800nm波长范围的光，这就是紫外-可见光分光光度计。以下以普析T6紫外-可见光分光光度计（见图8-3）为例，介绍其结构和操作方法。

1. 仪器组成

（1）**光源**　紫外-可见光分光光度计光源有钨丝灯及氢灯（或氘灯）。可见光区（360～1000nm）使用钨丝灯，紫外光区则用氢灯或氘灯。

（2）**单色器和吸收池**　由于玻璃会吸收紫外光，影响测定结果，因此单色器要用石英棱镜（或光栅），盛溶液的吸收池亦用石英制成。

（3）**检测器**　使用两支光电管，一支为氧化铯光电管，用于625～1000nm波长范围；另一支是锑铯光电管，用于200～625nm波长范围。光电倍增管亦为常用的检测器，其灵敏度比一般的光电管高2个数量级。

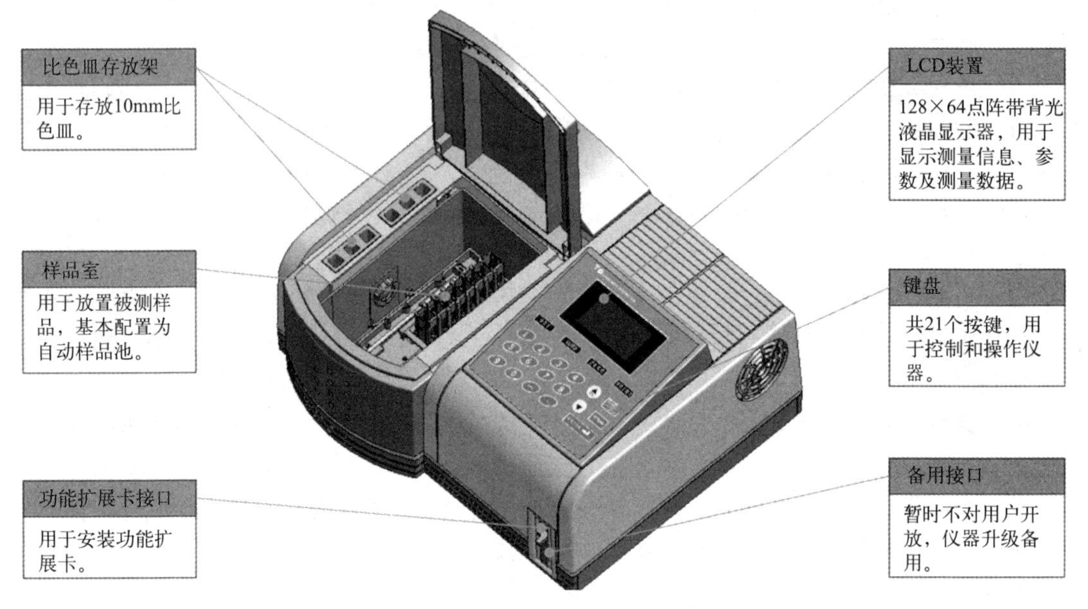

图8-3　T6紫外-可见光分光光度计结构

2. 操作步骤

T6紫外-可见光分光光度计键盘见图8-4。

（1）开机自检　接好紫外-可见光分光光度计电源之后开启电源主机，此时仪器开始自动进行初始化，约3分钟完成。初始化完成后，仪器进入主菜单界面。

（2）进入光度测量状态　进入主菜单界面后，选择光度测量，按ENTER键，进入光度测量界面。

（3）进入测量界面　按START键进入测量界面。

（4）设置测定波长　按GOTO键后，按数字键盘输入测量的波长，按ENTER键确认，仪器将自动调整波长。

（5）样品测定　一般默认样品池为 5 个，不需要修改，但需要注意的是一般会设置第一个样品池为参比值，所以应该放置蒸馏水样品，溶液应从第二格放起，样品能够自动更换测定，无须手动拉动比色皿池。

测定时，放好样品，盖好池盖，按 ZERO 键进行空白校正，再按 START 键进行样品测定。如果需要测定下一批样品，则去除比色皿，清洗、润洗之后加入待测液继续检测。

（6）结束测量　检测结束后确保已从样品池中取出所有比色皿，清洗干净以便下一次使用。按 RETURN 键直至返回到主界面菜单后再关闭仪器开关，拔下电源。

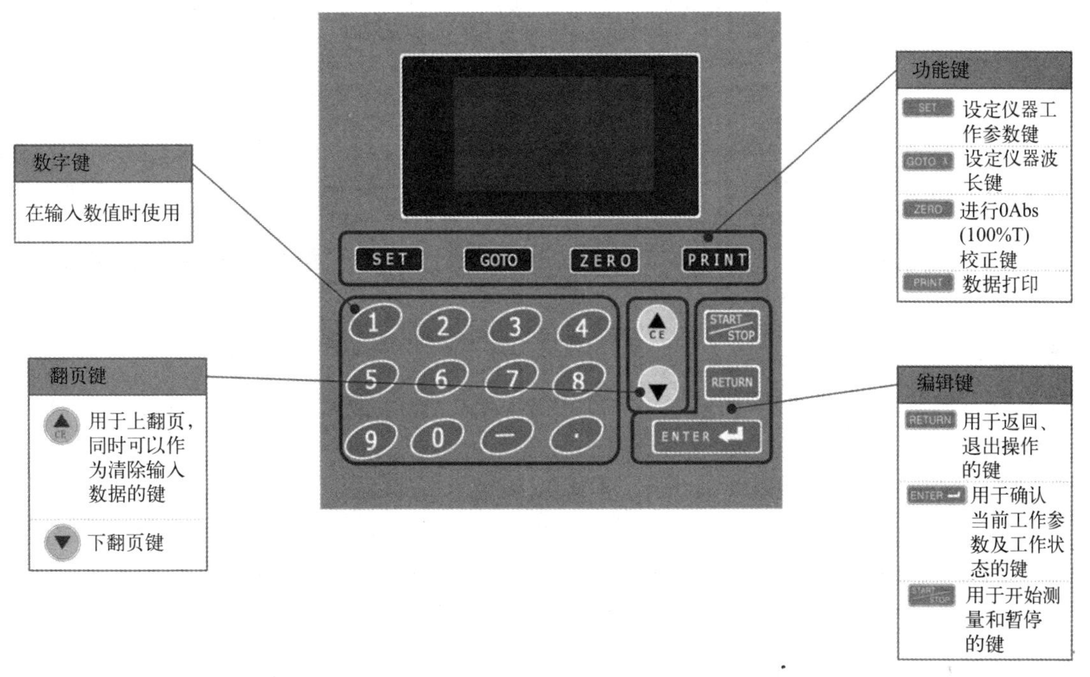

图 8-4　T6 紫外-可见光分光光度计键盘的结构与功能

【任务实施】

1. 请完成 722 型可见光分光光度计简图，标注每个部件的名称和功能。

2. 请完成 722 型可见光分光光度计的调零调百（波长 700nm），并填写仪器使用与校准记录。

步骤 1：检查分光光度计外观，连接电源、开机，填写仪器使用记录表。

步骤 2：预热仪器______分钟以上。

步骤 2：调节波长至________ nm。

步骤 3：将______放入比色皿池，使其对准光路，关闭比色皿池盖板，将模式调节至______档进行调零，之后将模式调节至______档进行调百。及时记录数字显示盘上的数据，填写在仪器校准记录表（表 8-2）中。

表 8-2 仪器校准记录表

仪器型号：			仪器编号：		
校准波长：			校准目的：		
校准次数	调零	调百	校准日期	校准员	审核员

3. 请完成一组（3 个）比色皿的配套性实验，根据结果选择其中 2 支使用，将测定结果记录在表 8-3 中。

表 8-3 比色皿配套性实验

仪器型号：			仪器编号：		
实验波长：			比色皿材质：		
比色皿	1	2	3		
测定值					

根据测定结果，选择______号和______号比色皿。

笔记

任务二　空白试验与检出限测定

【任务要求】

理解检出限测定的意义，掌握分光光度计浊度测定检出限的测定方法。

【学习目标】

1. 理解检出限测定的意义。
2. 判断检出限是否符合浊度测定方法标准的要求。
3. 正确、规范进行浊度测定空白试验。
4. 正确计算分光光度法浊度测定的检出下限。
5. 严谨、细致地进行计算。

【任务支持】

检出限的意义与测定方法

1. 检出限测定目的

在痕量分析中，由于样品测定值很小，常与空白试验值处于同一数量级，空白试验值的大小及其分散程度，对分析结果的精密度和分析方法的检测限都有很大影响。而且空白试验值的大小及其重复性如何，在相当大程度上，较全面地反映了一个分析测试实验室及其人员的水平。如实验室用水和化学试剂的纯度、玻璃容器的洁净度、分析仪器的精度和使用情况、实验室的环境污染状况以及分析人员的水平和经验等等，都会影响空白试验值。

2. 实验方法

在常规分析中，每次测定两份全程序试验平行样（其相对偏差一般不大于50%），取其平均值作为同批试样测量结果的空白校正值。共测五天可计算检测（出）限，绘制控制图需20次（或20对）以上。用于标准系列的空白试验，应按照标准系列分析程序相同操作，以获得标准系列的空白试验。

3. 合格要求

根据空白试验值的测定结果，按常规方法计算检测（出）限，该值如高于标准分析方法的规定值，则应找出原因予以纠正，然后重新测定，直至合格为止。

4. 检测（出）限的确定

检测（出）限是指某一特定的分析方法在给定的可靠程度（置信度95%）内从样品中检出待测物质的最小浓度或最小量。所谓“检出”是指定性检出，即判定样品中存有浓度高于空白的待测物质。检出限受仪器的灵敏度和稳定性、全程序空白试验值及其波动性的影响。检测（出）限亦称检测（出）下限。

（1）**检出下限**

① **方法一** 在行业标准《地表水和污水水质监测规范》（HJ/T 91）中规定了检出下限的测定方法。

a. 当空白测定次数 $n \geqslant 20$ 时，批内空白测定值的标准差为 σ_{Wb}，则检测（出）限的计算公式为：$DL = 4.6\sigma_{\mathrm{Wb}}$。

b. 当空白测定次数 $n < 20$ 时，在实际工作有限测定次数中，设每天测定 n 个空白测试值，共测了 m 天，先按式(8-1) 计算出空白测试值的批内标准差。

$$\sigma_{\mathrm{Wb}} = \sqrt{\frac{\sum x_i^2 - \frac{\sum b^2}{n}}{m(n-1)}} \tag{8-1}$$

检测（出）限按式(8-2) 计算：

$$DL = 2\sqrt{2} \cdot t_{0.05(f)} \sigma_{\mathrm{Wb}} \tag{8-2}$$

《地表水和污水水质监测技术规范》（HJ/T 91—2002）

式中，x_i 为各空白测试值；b 为每天 n 个空白测试值之和；$t_{0.05(f)}$ 为 t 值表中单侧概率为 0.05，自由度为 f 的 t 值。

批内自由度 f 按式(8-3) 计算。

$$f = m(n-1) \tag{8-3}$$

② **方法二** 《生活饮用水标准检验方法 水质分析质量控制》（GB/T 5750.3—2006）的规定如下：某些分光光度法是以吸光度（扣除空白）为 0.010 相对应的浓度值为检出限，或 3 倍于标准偏差的吸光度时所对应的待测元素的浓度或质量（IUPAC），按式(8-4) 和式(8-5) 进行计算：

$$D_c = \frac{c \times 3\sigma}{A} \tag{8-4}$$

$$D_m = \frac{cV \times 3\sigma}{A} \tag{8-5}$$

式中 D_c——相对检出下限；

D_m——绝对检出下限；

σ——多次（≥10）测定空白的标准偏差；

c——待测溶液浓度；

A——待测溶液吸光度；

V——溶液体积。

上两式可写为式(8-6) 和式(8-7)。

$$D_c = 3\sigma / k \tag{8-6}$$

$$D_m = V \times 3\sigma / k' \tag{8-7}$$

《生活饮用水标准检验方法 水质分析质量控制》（GB/T 5750.3—2006）

式中，k 为标准曲线的斜率。

（2）**检出上限** **检测上限**即测定信号值随被测物质浓度的增高而成一定比例改变的上限。例如在测定试样前所绘制的校准曲线，当其斜率开始发生改变，亦即曲线延伸至开始转弯处，即为检测上限。

【任务实施】

1. 使用《地表水和污水水质监测规范》（HJ/T 91—2002）中规定的检出限测定方法

测定。

分光光度法测定浊度检出限（下限）测定报告

一、数据记录与处理

请将实验过程中的数据记录在表 8-4 中。

表 8-4 数据记录表

组号	空白值 x_i	组号	空白值 x_i	组号	空白值 x_i
1		5		9	
2		6		10	
3		7		11	
4		8		12	
$\overline{x}$					

批内标准偏差 公式： 结果：	检出限 公式： 结果：

二、数据计算过程

2. 当完成任务并绘制了标准曲线后，也可采用《生活饮用水标准检验方法 水质分析质量控制》（GB/T 5750.3—2006）中的方法进行检出限的测定。

$k=$__________，$c=$____________，$A=$__________

计算公式：

计算过程：

笔记

任务三　吸收曲线的绘制

【任务要求】

掌握分光光度法浊度测定吸收曲线绘制的目的和方法。

【学习目标】

1. 理解吸收曲线绘制的目的。
2. 正确设置吸收曲线的波长范围及波长间隔。
3. 正确、规范使用分光光度计测定吸光度。
4. 严谨、细致、规范地绘制吸收曲线。
5. 根据吸收曲线，选择最大吸收波长 λ_{max}。

【任务支持】

吸收曲线绘制的目的与方法

当使用分光光度计测定被测溶液时，首先需要选择合适的入射波长，选择入射波长的依据为吸收曲线。根据“最大吸收原则”应选用最大吸收波长 λ_{max} 作为入射光，以获得更好的灵敏度和准确度，在最大吸收波长附近，波长稍有偏移引起的吸光度的变化较小，可得到较好的分析结果。

但是若是在最大吸收波长处，共存的组分也有吸收，则会产生干扰，这时应该根据吸收曲线选取干扰较小的波长，如水质浊度的测定选择 680nm 附近的最大吸收波长是为了排除天然水中黄绿色物质的干扰。

思考 1: 浊度主要是由水中哪些物质带来的？

吸收曲线的绘制：根据国标中的方法确定波长测定范围，范围内至少测 20 个点，每隔 5nm 测一个点，实验中的波长应该在测定范围中间。测定时，以一定的操作步骤进行显色反应，配制成一份空白溶液和一份标准溶液，调节波长测定标准溶液的吸光度，每测定一个波长记录下吸光度，改变波长之后需要用空白值调 T 档（100%）。所有点测定完毕之后，以波长（λ）为横坐标，吸光度（A）为纵坐标，作出**吸收曲线**。找出最大吸收波长，此即标准曲线和溶液浓度测定时的入射波长。

【任务实施】

选择合适的波长范围和间隔，进行相应波长下样品吸光度的测定，数据记录在表 8-5 中并**绘制标准曲线**。

表 8-5　吸收曲线数据记录表

波长								
A								
波长								
A								

最大吸收波长为：________________。

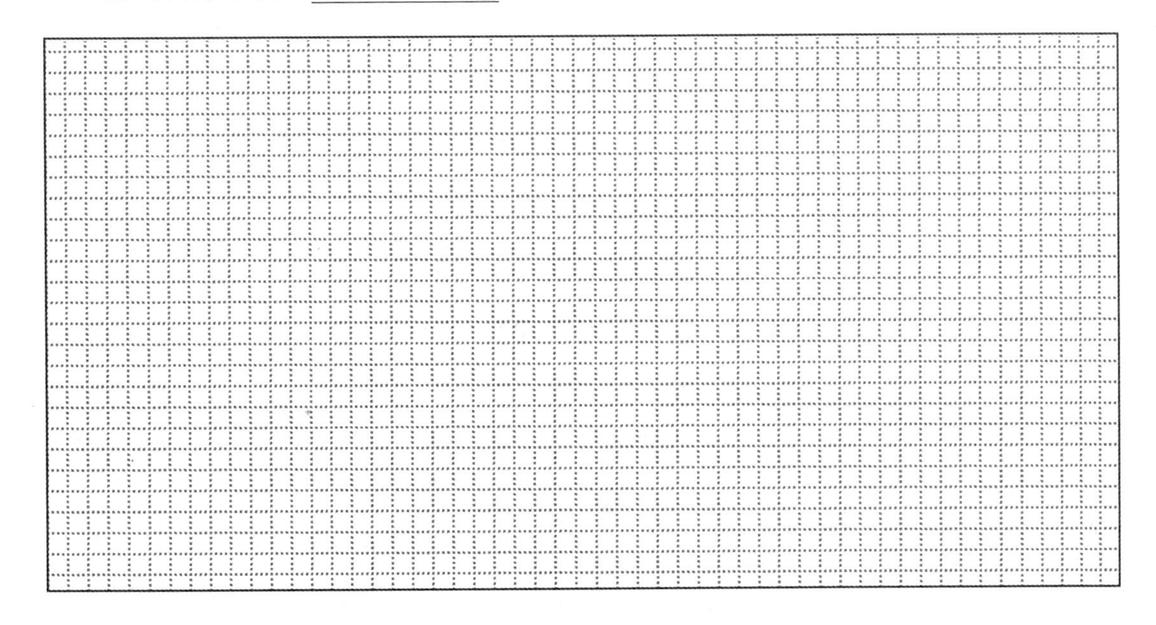

笔记

任务四　标准曲线的绘制

【任务要求】

根据标准制作浊度标准系列样品，测定吸光度、绘制标准曲线，并进行标准曲线的校验。

【学习目标】

1. 理解标准曲线法（外标法）定量的原理。
2. 正确、规范配制浊度标准系列样品。
3. 正确、规范使用分光光度计测定吸光度。
4. 严谨、细致地绘制标准曲线。
5. 对标准曲线进行校验，判断其是否符合质量控制要求。

【任务支持】

一、标准曲线法（外标法）定量原理及回归方程的计算

标准曲线法是一种常用的定量方法，又称工作曲线法。即先取与被测物质含有相同组分的标准品，配制成一系列不同浓度的标准溶液，在最大吸收波长处测定标准系列溶液的吸光度，之后以浓度为横坐标，以吸光度为纵坐标绘制成标准曲线。然后在完全相同的条件下测定样品溶液的吸光度，就可以从工作曲线上查找出对应于此吸光度的浓度，此即该样品的浓度（或稀释后浓度）。

工作曲线法适用于常规分析，此法在大量样品分析时十分方便，但是在测定条件发生变化时，如仪器搬动、试剂重新配制、测定温度变化太大时就需要校正工作曲线或者重新绘制。

从理论上来说，根据朗伯-比尔定律，标准曲线应该是一条通过原点的直线（相关度=1），但是由于误差的存在，标准曲线系列的相关度不可能等于1。在实际工作中，我们用相关度来判断标准曲线误差的大小，一般要求相关度应大于0.999。

有了标准曲线就可以通过查表，根据待测样品吸光度查找对应的浓度。但此方法准确性有限，需要计算标准曲线的回归方程，采用的方法为最小二乘法，按式(8-8)、式(8-9)计算。

方程为 $y=bx+a$。

$$b=\frac{\sum_{i=1}^{n}(x_i-\overline{x})(y_i-\overline{y})}{\sum_{i=1}^{n}(x_i-\overline{x})^2}, a=\overline{y}-b\overline{x} \tag{8-8}$$

式中，$\overline{x}=\frac{\sum x}{n}$，$\overline{y}=\frac{\sum y}{n}$

相关系数 R：

$$R=b\sqrt{\frac{\sum_{i=1}^{n}(x_i-\overline{x})^2}{\sum_{i=1}^{n}(y_i-\overline{y})^2}} \tag{8-9}$$

其中：

$$\sum(x_i-\overline{x})^2=(x_1-\overline{x})^2+(x_2-\overline{x})^2+\cdots+(x_9-\overline{x})^2$$

$$\sum(y_i-\overline{y})^2=(y_1-\overline{y})^2+(y_2-\overline{y})^2+\cdots+(y_9-\overline{y})^2$$

要求相关系数不小于0.999。回归方程可以借助excel软件图表功能进行计算。

思考2： 绘制浊度标准曲线的目的是什么？

二、标准曲线校验

1. 校验目的

校准曲线是描述待测物质浓度或量与检测仪器响应值或指示量之间的定量关系曲线，分为“工作曲线”（标准溶液处理程序及分析步骤与样品完全相同）和“标准曲线”（标准溶液处理程序较样品有所省略，如样品预处理）。

每种分析方法在初次使用时，要通过校准曲线以确定它的检测上限，并结合检测下限明确其线性范围。只有当实测的检测上限高于或等于标准分析方法所规定的检测上限时，才能使用该分析方法。

绘制校准曲线所依据的两个变量的线性关系决定校准曲线的质量，从而进一步影响应用校准曲线所得测定结果的准确度。

影响线性关系的因素如下：

① 分析方法本身的精密度。

② 分析仪器的精密度，包括与分析仪器联用的电源稳压器，记录仪或积分仪以及仪器附件如比色皿等的质量。

③ 量取标准溶液的量器如刻度吸管的准确度。

④ 分析人员的操作水平等。

2. 校准曲线的回归与线性

（1）**校准曲线的线性**　为了定量地判断绘制校准曲线所依据的两个变量在线性范围内的线性关系如何，可采用“相关系数”进行考查。设自变量标准溶液浓度为 x，因变量测定信

号值为 y，代入式(8-10）进行计算：

$$r=\frac{n(\sum xy)-(\sum x)(\sum y)}{\sqrt{[n\sum x^2-(\sum x)^2][n\sum y^2-(\sum y)^2]}} \tag{8-10}$$

根据实践经验，应力求校准曲线的 $|r|\geqslant 0.999$，否则，应参照上述影响线性关系的诸因素，找出原因并尽可能加以纠正后重新测定和绘制新的曲线。

（2）**校准曲线的回归** 根据线性关系不好的两个变量来绘制一条校准曲线，其斜率可以是多种多样，难以肯定的。应避免在没有消除其可以纠正的影响因素前，就直接采用回归的办法来绘制理论曲线。依靠纯数学处理的办法，人为地改善其线性关系，表面看来是减小了某些误差，实质上反而可能导致或引入较大的无法消除的系统误差。

在痕量分析中，由于测定信号值常很小而靠近原点，如仍然沿用查标准曲线求浓度值的方法，则读数的相对误差很大，为此，可应用最小二乘法计算直接回归方程式，再将测定信号值代入式(8-11）和式(8-12）计算浓度值。

直接方程式为：$y=a+bx$

$$a=\frac{\sum x^2(\sum y)-(\sum x)(\sum xy)}{n\sum x^2-(\sum x)^2} \tag{8-11}$$

$$b=\frac{n(\sum xy)-(\sum x)(\sum y)}{n\sum x^2-(\sum x)^2} \tag{8-12}$$

式中，y 为测定信号值；x 为标准溶液浓度；a 为直线方程截距；b 为直线方程斜率；n 为测定次数。

3. 校准曲线检验

（1）**截距检验** 即检验校准曲线的准确度。在线性检验合格的基础上对其进行回归，得出回归方程 $y=a+bx$，然后将所得截距 a 与 0 作 t 检验，当取 95%置信水平，经检验无显著性差异时，a 可作 0 处理，方程简化为 $y=bx$，移项后得 $x=\frac{y}{b}$。在线性范围内，可代替查阅校准曲线，直接将样品测量信号值经空白校正后，计算出试样浓度。

当 a 与 0 有显著差异时，说明代表校准曲线的回归方程的计算结果准确度不高，应找出原因并予以纠正，然后重新绘制校准曲线，并经线性检验合格，再计算回归方程，直至重新检验截距后才能使用，否则必将给测定结果带来误差。

注：t 值检验法（此处以 a 与 0 作 t 检验为例）——检测值与标准值之间的 t 值检验

① 按式(8-13）计算标准偏差 S

$$S=\sqrt{\frac{\sum(a_i-\bar{a})^2}{n-1}} \tag{8-13}$$

② 按式(8-14）计算自由度 f

$$f=n-1 \tag{8-14}$$

③ 按式（8-15）计算 t 值

$$t=\frac{|a-0|}{s}\times\sqrt{n} \tag{8-15}$$

④ 对比 t 与 $t_{0.05(f)}$（以 95%置信水平计）

查 t 检验值表得临界值 $t_{0.05(f)}$，与 t 值进行比较，若 $t\geqslant t_{0.05(f)}$，则 a 与 0 存在显著差异，若 $|t|<t_{a(f)}$，则 a 与 0 差异不显著。

（2）**斜率检验**　即检验分析方法的灵敏度。方法灵敏度是随条件的变化而改变的。在完全相同的分析条件下，仅由于操作中的随机误差所导致的斜率变化不应超出一定的允许范围，此范围因分析方法的精密度不同而异。例如，一般而言，分子吸收分光光度法要求其相对差值小于5%，而原子吸收分光光度法则要求其相对差值小于10%，等等。

斜率即回归系数，它是反映灵敏度的参数。回归系数b与b_0（多次测定均值）的统计t值检验，方法同上。

（3）**线性范围检验**　线性范围系指校准曲线中，在检测下限至检测上限之间的，具有严格规定斜率的一段曲线。在应用校准曲线求试样测定值时，应限定在线性范围进行。由于校准曲线都具有一定的线性范围，故根据测定信号值计算试样浓度值时，应注意到这一点。线性范围与方法的各种条件是紧密相关的，一旦条件部分或全部有所变化，线性范围亦将随之改变。

此外，在日常分析工作中，常使用控制样对标准曲线的有效性进行检验，具体做法为配制标准曲线中间段浓度的标准溶液进行测定，考查其与标准曲线上该点测定值的偏差。

三、可见光分光光度法水质浊度标准曲线的绘制

1. 标准溶液的配制

（1）硫酸肼溶液　1g/100mL，称取1.000g硫酸肼[$(N_2H_4)H_2SO_4$]溶于水，定容至100mL。

注意硫酸肼有毒，易致癌。

（2）六亚甲基四胺溶液　10g/100mL，称取10.00g六亚甲基四胺[$(CH_2)_6N_4$]溶于水，定容至100mL。

（3）浊度标准溶液　吸取5.00mL硫酸肼溶液与5.00mL六亚甲基四胺溶液于100mL容量瓶中，混匀，于(25±3)℃下静置反应24h，冷却后用水稀释至标线，混匀。此溶液浊度为400度，可保存一个月。

2. 标准系列溶液

按表8-6使用标准溶液配制标准系列溶液于50mL比色管中，定容至50mL。

表8-6　标准系列溶液

标准溶液体积/mL	0	0.50	1.25	2.50	5.00	10.00	12.50
浊度/度	0	4	10	20	40	80	100

在最佳吸收波长下测定标准系列溶液的吸光度，绘制标准曲线。

思考3： 如何提高标准曲线的相关系数？

【任务实施】

1. 根据《水质 浊度的测定》（GB 13200—1991）配制标准系列溶液，测定其吸光度，完成表 8-7。

表 8-7 校准曲线绘制原始记录表

曲线名称：________曲线编号：____________标准溶液来源和编号：________

标准试剂：________标准贮备液浓度：________标准使用液浓度：________

适用项目：________仪器型号：____________仪器编号：________

方法依据：____________比色皿：________绘制时间：________

编号	标准溶液加入体积/mL	标准物质加入量/μg	仪器响应值（A）	空白响应值（A_0）	仪器响应值－空白响应值（$A-A_0$）	备注
回归方程：			$a=$______ $b=$______ $r=$______			

2. 根据测定结果绘制标准曲线。

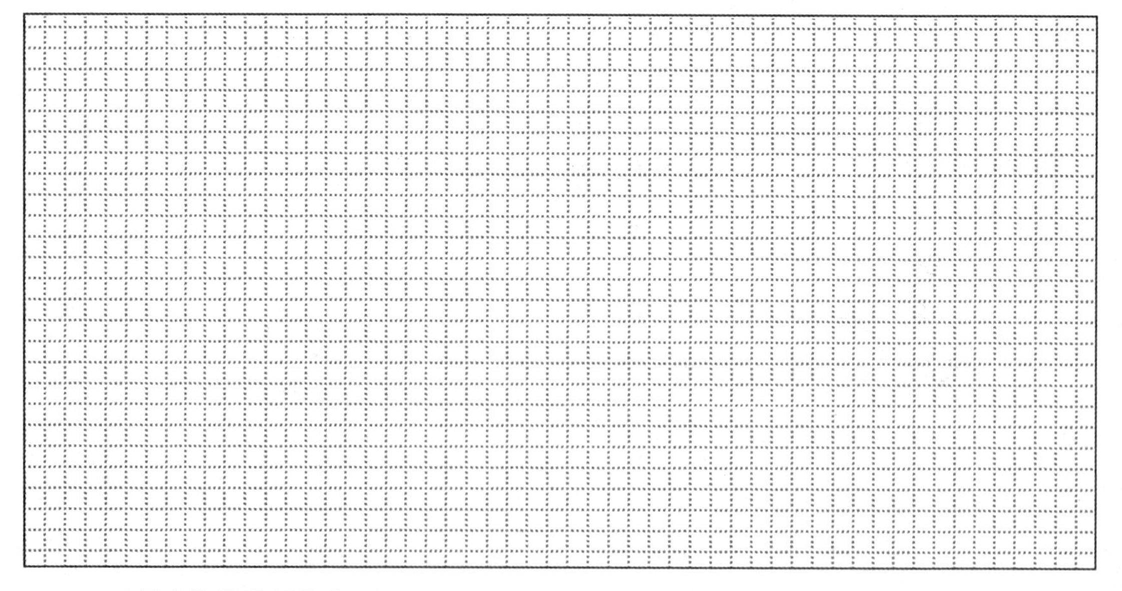

3. 对标准曲线进行校验。

请将平行样数据填入表 8-8 中，完成标准曲线的校验。

表 8-8　标准曲线校验表

$n=$______，$f=$______，$t_{0.05}(f)=t_{0.05}($____$)=$________

组号	截距 a_i	斜率 b_i	$\overline{a}$	$\overline{b}$	$(a_i-\overline{a})^2$		
1							
2							
3							
4							
5							
6							
7							
8							
9							
10							
$\sum$							

截距检验标准偏差 σ	截距检验 t $t=\frac{\mid a-0\mid}{S}\times\sqrt{n}$ $=$
斜率检验标准偏差 σ	斜率检验 t
控制样 1 配制浓度：　　测定值： 误差：　　校验日期：	控制样 2 配制浓度：　　测定值： 误差：　　校验日期：

笔记

任务五　水质浊度的测定

【任务要求】

确定恰当的稀释倍数，进行水质浊度的测定。

【学习目标】

1. 掌握稀释倍数确定的方法。
2. 理解水质浊度测定原理。
3. 正确、规范使用可见光分光光度计测定水样浊度。
4. 及时记录数据。
5. 实验过程中尽量减少“三废”的产生。

【任务支持】

可见光分光光度法水质浊度测定方法［参考国标《水质 浊度的测定》（GB 13200—1991）］

1. 任务描述

工作任务为：以学校池塘为对象，对地表水进行浊度测定。主要内容如下：

（1）实验准备　仪器、试剂清单。
（2）溶液配制　根据要求正确配制指定溶液。
（3）样品处理　移液操作、显色操作。
（4）样品测定　正确使用分光光度计、绘制标准曲线。
（5）现场整理　保证实验过程中台面、地面及仪器的清洁。
（6）数据处理　根据标准曲线求出拟合方程、样品浊度计算、数据修约。

2. 实验原理

浊度是表现水中悬浮物对光线透过时所发生的阻碍程度。水中的浊度是天然水和饮用水的一项重要水质指标。

在适当温度下，硫酸肼与六亚甲基四胺聚合形成白色高分子聚合物，以此作为浊度标准液，在一定条件下与水样浊度相比较。

3. 实验试剂

无浊度水：去离子水。

4. 实验步骤

实验框架图见图 8-5。

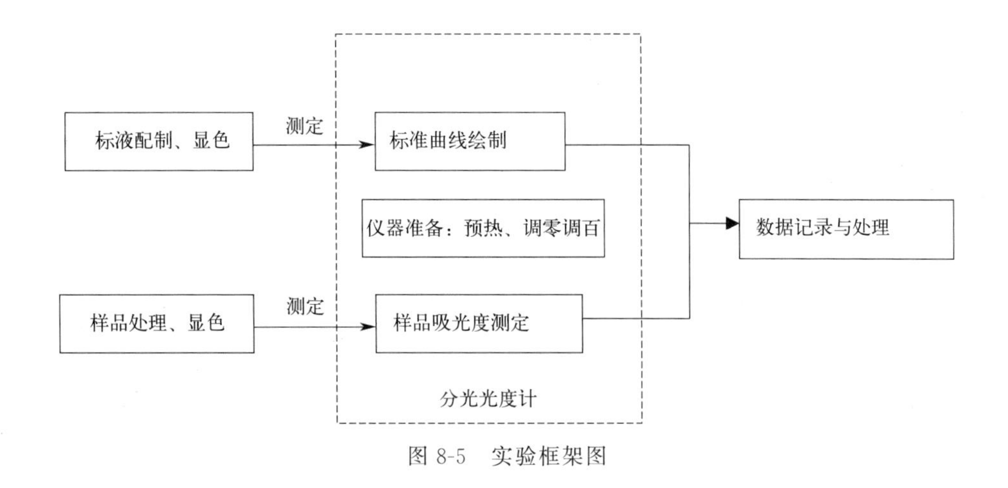

图 8-5　实验框架图

【任务实施】

一、仪器与试剂

1. 仪器

请将实验所需仪器及其型号、功能和简要使用步骤填入表 8-9。

表 8-9　仪器清单

仪器名称	型号	功能	仪器使用步骤

2. 试剂

请将实验所需试剂及配制要求等进行整理，填入表 8-10。

表 8-10　试剂清单

序号	名称	配制体积	配制方法(含试剂用量)	保存要求	使用要求	其他
1						
2						
3						
4						
5						

3. 器皿汇总

请将实验所需器皿和材料填入表 8-11。

表 8-11　器皿清单

名称	规格	数量	名称	规格	数量

二、实验步骤

1. 吸光度测定

(1) 开机预热 30min。

(2) 调节波长：

(3) 校准：

(4) 配套性实验：

(5) 润洗比色皿：

(6) 测定吸光度：

(7) 数据记录：

(8) 关闭分光光度计和电源：

2. 稀释倍数的确定

3. 样品吸光度的测定

吸取 50.0mL 摇匀水样（如浊度超过 100 度应确定稀释倍数）于 50mL 比色管中，按照标准系列溶液吸光度测定步骤测吸光度，由标准曲线求得水样浊度。

三、数据记录与处理

(1) 试剂称量　使用减量法进行标准试剂的称量，并将数据记录在表 8-12 中。

表 8-12　标准试剂称量数据记录表

药品名称	称量方法	初读数	终读数	药品实际质量	目标质量	误差

(2) 标准曲线　请将标准曲线相关信息和校验结果填入表 8-13。

表 8-13　标准曲线信息表

标准曲线方程		相关系数 R	
标准曲线绘制时间		校验结果	

(3) 稀释倍数确定　请进行预实验，完成样品稀释倍数的确定，预实验数据记录在表 8-14 中。

表 8-14　样品稀释倍数确定实验数据记录表

稀释倍数	1 倍	2 倍	5 倍	10 倍	20 倍
水样量					
A					
A'					
浊度					

所选稀释倍数为__________。

(4) 水样测定　请完成水样浊度测定，并将数据记录在表 8-15 中。

表 8-15　实验数据记录表

平行实验	0	1	2	3
水样量				
A				
A'				

【任务评价】

请完成任务评价表（见表 8-16）。

表 8-16　水质浊度操作评分表

评分项目和要求		自评	互评	教师评
测定前准备（30 分）	玻璃仪器洗涤要求________			
	分光光度计使用前应________			
	预热时应________			
	标准溶液配制应使用________称量			
	标准贮备液配制过程中定容操作步骤为________			
	标准使用液稀释的方法为________			
分光光度计操作（60 分）	贮备液应稀释成________			
	标准使用液应贴标签且标签内容应包括________			
	选用________支吸量管移取标液			
	样品溶液应首先确定________，方法为________			
	波长为________			
	T 档调 0%和 100%的方法为________			
	手不能触及比色皿________且该面应保持________			
	比色皿使用前应进行________实验，并选用________最为接近的几支比色皿进行实验			
	加入溶液高度要求为________			
	比色皿盒拉杆操作不当，扣 5 分			
	更换溶液时应________暗箱盖			
	重新取溶液测定，扣 10 分			
	不正确使用参比溶液，扣 5 分			
	比色皿放在仪器表面，扣 5 分			
	比色室被洒落溶液污染，扣 10 分			
	未取出比色皿及未洗涤，扣 5 分			
	没有倒尽控干比色皿，扣 5 分			
	最后一位同学未关闭电源，全组扣 10 分			
文明操作（10 分）	实验过程台面、地面脏乱，一次性扣 3 分			
	实验结束未先清洗仪器或未归位，扣 4 分			
	仪器损坏，一次性扣 3 分			

笔记

任务六　数据分析与处理

【任务要求】

根据浊度测定得到的数据，计算水样的浊度，并以全班数据为平行样，进行数据分析。

【学习目标】

1. 正确进行水质浊度的计算。
2. 正确进行全班浊度数据的可疑值取舍。
3. 正确进行全班浊度数据的置信区间计算。
4. 结合数据分析，了解误差产生的原因。

【任务支持】

水质浊度计算方法

水样稀释后浊度按式(8-16) 计算。

$$浊度(度)=\frac{C\times 50}{V} \tag{8-16}$$

式中　C——已稀释水样浊度；

V——原水样的体积，mL；

50——水样最终稀释的体积，mL。

【任务实施】

1. 数据记录与处理

请将测定数据及时填入表 8-17，并根据所得数据进行计算。

表 8-17　水质浊度数据记录表

平行实验	0	1	2	3
水样量				
A				
A'				
稀释倍数				
浊度	—			
	测定结果：		相对标准偏差：	

2. 可疑值取舍

(1) 数据排序（$n=3\sim10$，使用 Q 值检验法），并填入表 8-18。

表 8-18　Q 值检验法数据排序表

x_1=________，x_n=________，极差=________。

（2）Q 值计算

计算得 Q_1=________，x_1 该舍弃/保留；Q_n=________，x_n 该舍弃/保留。

3. 置信区间（t 值检验法）

$n<20$，将平行样品数据填入表 8-19，并进行 t 值法校验。

表 8-19　t 值法校验表

n=____，f=______，$t_{0.05}(f)=t_{0.05}$(____)=______

组号	x_i	$\overline{x}$	$x_i-\overline{x}$	$(x_i-\overline{x})^2$			
1							
2							
3							
4							
5							
6							
7							
8							
9							
10							
Σ							

标准偏差 S_P	平均值(95%置信区间)
$S_P=\sqrt{\frac{\Sigma(x_i-\overline{x})^2}{n-1}}$ =	

笔记

任务七 “三废”收集与处理

【任务要求】

按要求收集和处理本项目实验过程中产生的“三废”，并规范填写投放表。

【学习目标】

1. 了解环境实验室常见的“三废”，及其对环境的影响和危害。
2. 掌握实验室常见“三废”的收集、处理方法。

【任务实施】

完成洗涤操作废液、固废的分类收集与处理，并填写废液、固废投放表（见表8-20）。

登记表编号

表8-20 实验室危险废物投放登记表

实验室： 责任人： 容器编号： 入库日期：

<table>
<tr><td>有机废液</td><td>□含卤素有机废液
□其他有机废液</td><td colspan="2">体积/L</td><td colspan="2"></td></tr>
<tr><td rowspan="3">无机废液</td><td rowspan="3">□含汞废液
□含重金属废液(不含汞)
□废酸
□废碱
□其他无机废液</td><td colspan="2">入库时 pH 值
(液态废物收集容器)</td><td colspan="2"></td></tr>
<tr><td colspan="2">入库核验签字</td><td colspan="2"></td></tr>
<tr><td colspan="4">危害特性</td></tr>
<tr><td>固态废物</td><td>□废固态化学试剂
□废弃包装物、容器
□其他固态废物</td><td>□毒性</td><td>□易燃性</td><td>□腐蚀性</td><td>□反应性</td></tr>
</table>

序号	投放日期	主要有害成分	投放人

注：1. 登记表编号应与容器编号对应，如有多张登记表时，应以容器标号为主字段编号。

2. “pH 值”指液态废物收集容器中废液入库贮存时的最终 pH 值，入库时需有关责任人核验签字确认。

3. “类别”只能选择一种，主要有害成分应按生态环境部《中国现有化学物质名录》中的化学物质中文名称或中文别名填写，可以是简称，禁止使用俗称、符号、化学式代替。

4. 暂存危险废物最大暂存量不宜超过存储设施装满的3/4，暂存时间最长不应超过30天，必须进行贮存。

任务八　设备维护与排故

【任务要求】

阅读可见光分光光度计和紫外-可见光分光光度计的维护手册和故障清单，完成设备仪器的维护，并填写维护记录。

【学习目标】

1. 掌握分光光度计的维护方法。
2. 对实验过程中常见的问题和故障进行分析、排除。

【任务支持】

一、可见光分光光度计的维护与常见故障

1. 工作环境

（1）仪器应放置在室温（5～35℃）、相对湿度不大于80%的环境中工作。

（2）仪器的工作平台应保证平稳、牢固，周围不应有振动或其他影响仪器正常工作的现象。

（3）仪器的放置应避开有化学腐蚀气体的地方，如二氧化硫、氨等。

（4）仪器应避免阳光直射，避免强磁场。

2. 仪器性能检查

（1）检查比色皿池内是否清洁、光路上是否有物品阻挡。

（2）接通电源后预热20分钟以上，使仪器进入热稳定工作状态，若读数不稳定，可以继续预热数小时，直至读数稳定。

3. 日常保养

（1）使用过程中应避免溶液洒漏在比色皿池中，如果有洒漏请及时用吸水纸擦拭，确保无溶液残留。

（2）拉动比色皿拉杆时，应缓慢拉杆或推杆。

（3）使用完毕后，应检查比色皿池，保证没有物品和溶液残留。

（4）可在样品室内及光源室放置硅胶袋防潮，但开机时要取出。

（5）仪器使用完毕应盖好防尘罩。

（6）清洁仪器外表面宜使用温水，切忌使用乙醇、乙醚等有机溶液，用软布和温水轻擦表面即可。必要时，可用洗洁精擦洗表面污点，但必须即刻用清水擦净。

（7）比色皿每次使用完毕后应洗净、擦拭干净，放置于比色皿盒中备用。

（8）波长调节时，当波长在335nm和1000nm附近时，应避免用力过大，否则会破坏限位装置。

4. 可见光分光光度计的故障排除与常见问题

当可见光分光光度计发生故障时，应首先按以下步骤逐步检查：

（1）接通电源，使用一张滤纸阻挡光路，观察滤纸上是否有白色光斑，如无说明光源不亮，应联系产品售后或维修点更换光源。

（2）观察 T、C、A 键是否失灵。

（3）观察样品室盖子是否关紧。

（4）观察比色皿池是否与光路正对，且能让光线穿过比色皿。

722 型可见光分光光度计的常见问题及应对策略见表 8-21。

表 8-21　722 型可见光分光光度计常见问题及对策

现象	原因	对策
1. 打开电源开关后，仪器无反应（波长显示窗和数值显示窗无数字显示，工作模式指示灯不亮）	1. 电源未接通 2. 电源熔丝断 3. 机内接插件松动	1. 检查供电是否断电，电源电缆是否短线，主机电源开关是否损坏 2. 更换正常熔丝 3. 打开仪器外罩，重插接插件
2. 波长显示窗、数值显示窗显示数字不稳	1. 仪器预热时间不足 2. 供电电源不稳 3. 环境振动过大 4. 电子线路接插件接触不良	1. 预热≥20 分钟 2. 使电源供电无突变现象 3. 调换工作环境 4. 打开仪器外罩，重插接插件
3. 检测不到信号	1. 光源组件已坏 2. 光电传感器无信号输出	1. 更换光源 2. 光电传感器输入、输出插头和相应插座接触不良，重新插接；光电传感器已损坏，换新的光电传感器
4. 不能调百（T 档）	1. 光能量不足 （1）光源灯发出的光没汇聚在入射狭缝上 （2）四槽位样品架没落位 2. 透射比原始能量[①]超出范围	1. 调整光能量 （1）调整后，重新调百 （2）使四槽位样品架正确定位 2. 在 335～420nm，420～700nm，700～1000nm 三个波段范围内分别找到透射比原始能量最大值，调整相应的可调电位器 1、2、3，使三个波段内的透射比原始能量最大值都在 160±20 范围内
5. 测光不正常	1. 样品处理错误 2. 比色皿不配对 3. 波长显示值与实际波长误差大	1. 正确处理 2. 扣除配对误差 3. 重新校正波长准确度

① 透射比原始能量：仪器开机预热并置 0%（T）后，以空气作为参比，此时在示值显示窗中显示的投射比数值即为仪器在该波长处的透射比原始能量。

二、分光光度计的校验

由于环境因素对机械部分的影响，仪器的波长经常会略有变动，因此除应定期对所用的仪器进行全面校正检定外，还应于测定前校正测定波长。

这里介绍使用重铬酸钾的硫酸标准溶液进行校验的方法。

1. 重铬酸钾标准溶液的配制

取在 120℃ 干燥至恒重的基准重铬酸钾约 60mg，精密称量，用 0.005mol/L 硫酸溶液溶解并稀释至 1000mL。

2. 校正方法

在表 8-22 规定的波长处测定并计算其吸收系数。规定的吸收系数如表 8-22 所示，相对偏差可在±1%以内。

表 8-22 重铬酸钾法吸光度校正参数

波长/nm	235(最小)	257(最大)	313(最小)	350(最大)
吸收系数(*E*)的规定值	124.5	144.0	48.6	106.6
吸收系数(*E*)的许可范围	123.0～126.0	142.8～146.2	47.0～50.3	105.5～108.5

吸收系数 E 为当溶液浓度为 1%(g/mL)、液层厚度为 1cm 时的吸光度，其数值按式(8-17) 计算：

$$A=E\rho l \tag{8-17}$$

式中 E——吸收系数，L/(g·cm)；

A——吸光度；

ρ——溶液中所含物质的浓度，g/L；

l——吸收池光程，cm。

三、紫外-可见分光光度计的维护与常见故障

1. 环境要求

要求在室温为 15～35℃时使用，湿度小于 70%，避免磁场干扰，远离腐蚀气体，避免阳光直射，避免灰尘多的环境。

2. 日常维护

紫外-可见光分光光度计的维护与可见光分光光度计类似，区别在于不经常使用紫外区进行测量时，应在仪器初始化完毕以后关闭氘灯，以延长氘灯寿命，氘灯寿命一般在 2000 小时左右。

3. 常见问题与故障排除

紫外-当可见光分光光度计发生故障时，应首先按表 8-23 中的步骤逐步检查（以 T6 紫外-可见光分光光度计为例）。

表 8-23 T6 型紫外-可见光分光光度计常见问题及对策

现象	原因	对策
1. 打开电源屏幕不显示或显示不清楚	显示屏对比度不正确	检查对比度调节旋钮，用平口螺丝刀调节仪器后面的“CONTRUST”旋钮
2. 打开电源开关仪器不动作，屏幕不显示	1. 电源问题 2. 电源线接触不良 3. 主机保险熔断	1. 检查电源 2. 检查电源线 3. 更换保险管
3. 仪器自检“样品池电机 ERR”出错	样品室内有障碍物阻碍电机移动	清除样品室内阻挡物
4. 仪器自检“光源电机”“钨灯”“氘灯”以及“波长检查”出错	1. 样品池有挡光物或比色皿 2. 电源电压过低 3. 钨灯、氘灯不亮	1. 取出挡光物 2. 确保电源电压在 200V 以上 3. 更换光源
5. 样品测量不稳定	1. 未正常自检 2. 电源电压不稳定 3. 紫外区使用了玻璃比色皿 4. 测量样品挥发性强 5. 校零或参比溶液不正确	1. 重新自检 2. 更换电源 3. 更换为石英比色皿 4. 使用比色皿盖 5. 更换校零或参比溶液

【任务实施】

请进行分光光度计的维护与检查，并填写设备维护表和校验表（见表 8-24 和表 8-25）。

表 8-24　分光光度计维护、保养记录表

仪器型号：________________　仪器编号：________________

类别	项目	检查	措施/备注
外观	设备外表有残留溶液或污渍	□是　□否	
	拉杆未复位	□是　□否	
	电源线、防尘罩	□是　□否	
内部	样品室内部试剂洒漏	□是　□否	
	样品室内有阻碍物/比色皿	□是　□否	
外部	外部湿度、温度适宜	□是　□否	湿度：　温度：
通电检查	显示屏正常显示	□是　□否	
	自检正常	□是　□否	
	示值稳定	□是　□否	
校验	内检：重铬酸钾标准溶液校正吸光度	□是　□否	
	外检：定期进行计量	□是　□否	

详细维护、保养记录：

维护人：__________　维护日期：__________

表 8-25　分光光度计校验表（重铬酸钾法）

仪器型号：________　仪器编号：________　校验结果：________

波长/nm	235(最小)	257(最大)	313(最小)	350(最大)
A				
c/(g/L)				
l/cm				
E/[L/(g·cm)]				
许可范围	123.0～126.0	142.8～146.2	47.0～50.3	105.5～108.5
是否符合				

校验记录：

校验人员：　　　审核人员：　　　校验时间：

【项目评价汇总】

请完成项目评价（见表 8-26）。

表 8-26　项目评价汇总表

认识分光光度计	检出限测定	吸收曲线	标准曲线	样品测定	数据处理与分析	“三废”收集与投放	设备维护与排故
10%	10%	20%	20%	10%	10%	10%	10%
总分：							

【项目反思】

请就本项目完成过程中的困难部分或对数据影响较大的步骤进行总结和反思。

项目九

气相色谱法测定正十五烷

【项目介绍】

气相色谱法属于色谱分析法，是分析水体、空气、土壤中有机物含量的常用方法。本项目以正十五烷为检测对象，运用气相色谱仪进行定性和定量分析。

【学习目标】

1. 掌握气相色谱法的基本原理。
2. 掌握气相色谱仪的结构及功能。
3. 掌握气相色谱仪的基本操作。
4. 正确、规范进行气相色谱仪检出限的测定。
5. 正确、规范使用气相色谱仪进行有机物的定性和定量分析。
6. 及时记录数据并进行数据分析。
7. 正确收集和处理“三废”，并在实验过程中减少“三废”产生。
8. 进行气相色谱仪的日常维护与简单故障的判断。

任务一　认识气相色谱法和气相色谱仪

【任务要求】

理解气相色谱法的基本原理，绘制气相色谱仪结构简图，标明每个部位的名称及功能，并根据分离原理画出样品和载气、燃气和助燃气（FID 检测器）经过的路线。

【学习目标】

1. 掌握色谱法分离的原理及类型。
2. 掌握色谱法专业用语。
3. 掌握气相色谱仪的结构和功能。
4. 掌握毛细管气相色谱法的特点。

【任务支持】

一、色谱法的基本原理与气相色谱仪的结构

色谱法是一种物理化学分离方法，即根据不同物质在两相——固定相和流动相构成的体系中具有不同的分配系数（或溶解度），当两相作相对运动时，这些物质随流动相运动，并且在两相间进行反复多次的分配，这样使得那些分配系数只有微小差异的物质，在移动速度上产生了很大的差别，而使各组分相互分离，然后再对各组分进行个别分析。

样品加入色谱柱后，洗脱作用连续进行，直至各组分先后流出柱子，进入检测器，从而使各组分浓度的变化转变成电信号，然后用记录仪记录，所得到的色谱图中每一个峰代表样品中的一个组分，峰面积代表该组分的含量。色谱法能分离结构相似的有机化合物或化学性质相近的无机化合物，在几分钟内可以完全分离一个含有 10～20 个组分的样品。图 9-1 为普析 G5 气相色谱仪原理框图。

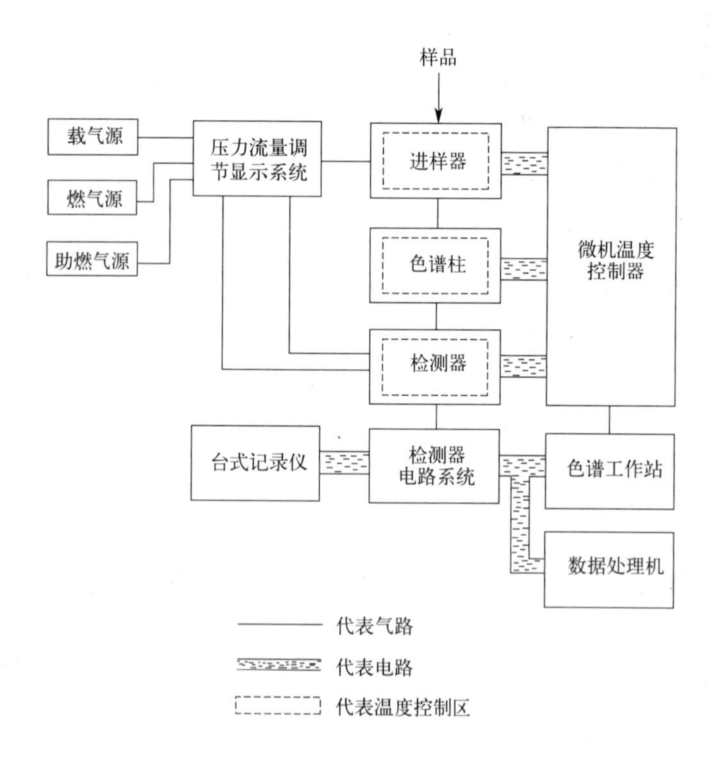

图 9-1　普析 G5 型气相色谱仪原理框图

1. 色谱法分类

色谱法种类很多，通常按照以下几种方式分类。

（1）按两相状态分类　流动相为气体的称为气相色谱（GC），流动相为液体的称为液相色谱（LC）。

根据固定相的状态，是活性固体（吸附剂）还是液体或是在操作温度下呈液体（固定液），气相色谱又分为气液色谱和气固色谱，液相色谱又分为液液色谱和液固色谱。

（2）按固定相的形式分类　固定相装在柱内的称为柱色谱，柱色谱有填充柱色谱和开管柱色谱。固定相填充在玻璃管中的称为填充柱色谱；固定相涂敷在管内壁的称为开管柱色谱或毛细管柱色谱。

2. 气相色谱的特点及应用

气相色谱法具有高效能、高选择性、高灵敏度、分析速度快和应用范围广等特点。高效能是指气相色谱法能分析极为复杂的混合物。高选择性是指气相色谱能分析结构极为相近的物质。高灵敏度是指气相色谱能分析 10^{-14}g 物质。分析速度快是指气相色谱一般只需要几分钟或几十分钟便可完成一个分析周期，如果采用自动化操作，不仅更为方便，而且可以缩短分析周期。应用范围广是指气相色谱既可以分析气体，也可以分析易挥发的或可转化为易挥发的液体和固体，既可以分析有机物也可以分析无机物。一般来说只要沸点在 500℃以下，热稳定性良好，分子量在 400 以下的物质，原则上都可以采用气相色谱法进行分行。

气相色谱法由于具有上述的一些特点，故目前已广泛地用于石油工业、化学工业、冶金工业、高分子材料、食品工业及生物、医学、卫生、农业、商品检验和环境保护等方面，成为解决问题最有效的方法之一。

气相色谱法也有一定的局限性，主要是样品需要被汽化，所以分子量大、受热易分解的样品不能够使用气相色谱法进行测定。

3. 色谱流出曲线和术语介绍

（1）色谱流出曲线　在色谱洗脱法中，采用比任何组分对固定相的亲和力都要弱的气体或液体为流动相。当样品加入后，样品中各组分随着流动相的不断向前移动而在两相间反复进行溶解、挥发或吸附、解吸的过程。如果各组分在固定相中的分配系统（表示溶解或解吸的能力）不同，它们就有可能被分离。分配系数大的组分，滞留在固定相的时间长，在柱内移动的速度慢，后流出柱子。分离后各组分的浓度经检测器转换成电信号，并用记录仪记录下来，得到一条信号随时间变化的曲线，称为**色谱流出曲线**，也称为**色谱峰**，如图 9-2 所示。**典型的色谱流出曲线应该是正态分布曲线**。

（2）术语

① **基线**　操作条件稳定后，无样品通过时检测器所反映的信号-时间曲线称为基线。稳定的基线是一条水平直线。

② **死时间 t**　不被固定相吸附或溶解的组分，即非滞留组分（如空气或甲烷）从进样开始到色谱峰顶（即浓度极大）所对应的时间称为死时间。死时间与柱前后的连接管道和柱内空隙体积的大小有关。

③ **保留时间 t_R**　组分从进样开始到出现色谱峰顶所需要的时间称为保留时间。

④ **调整保留时间 t'_R**　扣除死时间后组分的保留时间称为组分保留时间，它表示该组分因吸附或溶解于固定相后，比非滞留组分在柱内多滞留的时间（$t'_R=t_R-t_0$）。

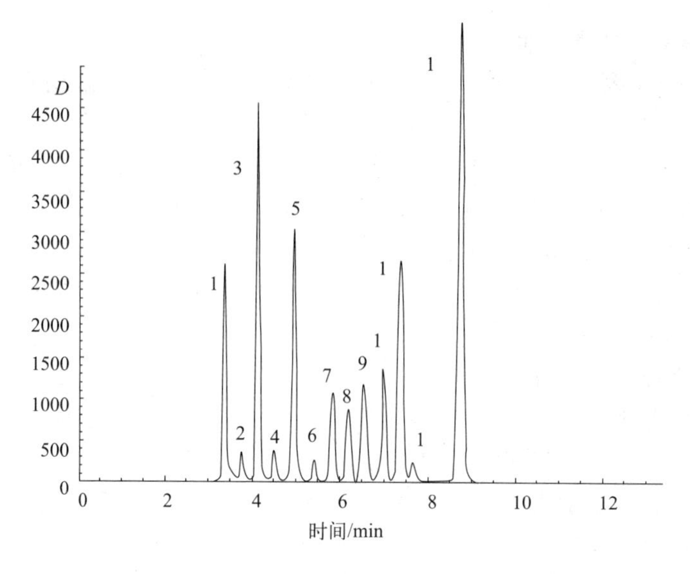

图 9-2　典型色谱流出曲线

⑤ **峰高 h**　色谱峰顶到基线的垂直距离称为峰高。

⑥ **区域宽度**　区域宽度是组分在色谱柱中展宽因素的函数，是一种动力学参数。从色谱分离考虑，区域宽度越窄越好。

利用色谱柱流出曲线可以实现以下目的：

① 依据色谱峰的保留值进行定性分析。

② 依据色谱峰的面积或者峰高进行定量分析。

③ 依据色谱峰的保留值以及区域宽度评价色谱柱的分离效能。

4. 色谱分离基本原理

色谱分离是一个非常复杂的过程，它是色谱体系热力学和动力学过程的综合表现。热力学过程是指与体系分配平衡有关的过程；动力学过程是指组分在该体系两相间扩散和传质的过程。组分、流动相和固定相三者的热力学性质使不同组分在流动相和固定相中具有不同的分配系数或吸附性能，分配系数的大小反映了组分在固定相中的溶解-挥发或吸附-解吸能力。分配系数大的组分在固定相中的溶解或吸附能力强，因此在柱内的移动速度慢，反之，分配系数小的组分在固定相中的溶解或吸附能力弱，在柱内的移动速度快。经过一定时间后，由于分配系数的差别，各组分在柱内形成差速移动，达到分离的目的。

（1）**分配过程**　在色谱分配过程中，假设考虑柱内极小一段的情况。在一定的温度、压力条件下，该组分在该一小段柱内发生的溶解-挥发或溶解-吸附的过程称为分配过程。当分配达到平衡时，组分在两相间的浓度之比为一常数，该常数称为分配系数（或分布系数），见式(9-1)。

$$K=\frac{\text{组分在固定相中的浓度}}{\text{组分在流动相中的浓度}}=\frac{c_S}{c_M} \tag{9-1}$$

分配系数决定于组分和两相的热力学性质，在一定温度下，若分配系数为 K 的组分在流动相中浓度大，则先流出色谱柱；反之，则后流出色谱柱。K 值相差较大，是获得良好色谱分离效果的关键。

柱温是影响分配系数的一个重要参数。分配系数与温度成反比，提高温度，分配系数变小。在气相色谱分离中，柱温是一个很重要的操作参数，温度的选择对分离影响很大。

（2）**保留值** 保留值是色谱分离过程中的组分在柱内滞留行为的一个指标。它可以用保留时间、保留体积和相对保留值等表示。保留值与分配过程有关，受热力学和动力学因素的控制。

（3）**塔板理论** 在色谱分离技术发展的初期，人们将色谱分离过程比作蒸馏过程，因而直接引用了处理蒸馏过程的概念、理论和方法来处理色谱过程，即将连续的色谱过程看作是许多小段平衡过程的重复。这个半经验理论把色谱柱比作一个分馏塔，这样，色谱柱可由许多假想的塔板组成（即色谱柱可分为许多小段），在每一小段内，一部分空间被涂在单体上的液相占据，另一部分空间充满着载气，载气占据的空间称为板体积。当欲分离的组分随载气进入色谱柱后，就在两相间进行分配。由于流动相在不停地移动，组分就在这些塔板间隔的气液两相间不断达到分配平衡，此即塔板理论。

5. 气相色谱仪的组成

气相色谱仪的型号和种类较多，但它们都是由气路系统、进样系统、色谱柱、温度控制系统、检测器和记录仪等部分组成，如图 9-3 所示，图 9-4 为 G5 型气相色谱仪的主机。

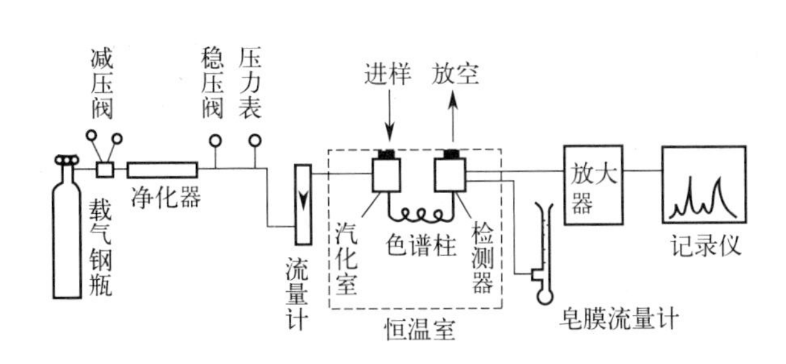

图 9-3 气相色谱仪的组成

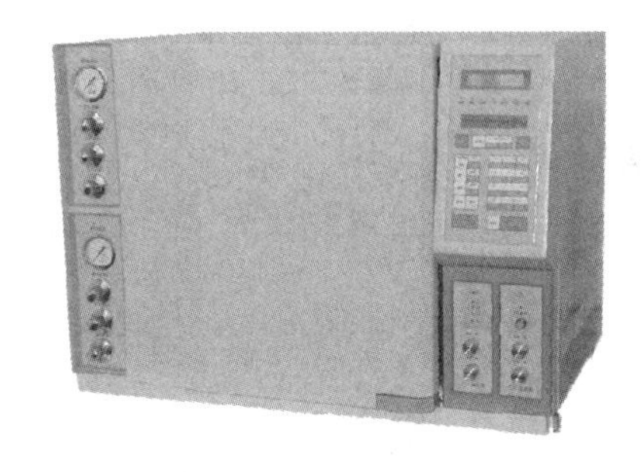

图 9-4 G5 型气相色谱仪的主机

气相色谱法中把作为流动相的气体称为载气。载气自钢瓶减压后输出，通过净化器、稳压阀、转子流量计后，以稳定的流量连续不断地流过汽化室、色谱柱、检测器，最后放空。被测物质在汽化室瞬间汽化后，随载气进入色谱柱，根据被测组分的不同分配性质，它们在柱内形成分离的谱带，然后在载气携带下先后离开色谱柱进入检测器，转换成相应的输出信号，由记录仪记录成色谱图。

（1）**气路系统** 气相色谱仪的气路是一个载气连续运行的密封系统，常见的气路系统有单柱单气路和双柱双气路。单柱单气路适用于恒温分析，双柱双气路适用于程序升温分析，它可以补偿由于固定液流失和载气流量不稳等因素引起的检测器噪声和基线漂移。气路的气密性、载气流量的稳定性和测量流量的准确性，对气相色谱的测定结果有重大影响。

气相色谱常用的载气为氮气、氢气和氦气等。载气的选择要根据仪器及分离要求所决定。载气在进入色谱仪前必须经过净化处理，载气中若含有微量水分会使聚酯类固定液解聚，载气中的氧气在高温下易使某些极性固定液氧化。对电子捕获检测器，载气纯度更是严重影响载气的稳定性和检测灵敏度。使用电子捕获检测器时，要求载气纯度大于 99.99%，否则灵敏度大大下降。某些检测器除载气外还需要辅助气体，如火焰离子化和火焰光度检测器需用氢气和空气作燃气和助燃气。各气路都应有气体净化管，常用的气体净化剂为分子筛、硅胶、活性炭等。

载气流量由稳压阀或稳流阀调节控制。稳压阀有两个作用，一是通过改变输出气压来调节气体流量的大小，二是稳定输出气压。恒温色谱中，整个系统阻力不变，用稳压阀便可使色谱柱入口压力稳定。在程序升温中，色谱柱内阻力不断增加，其载气流量不断减小，因此需要在稳压阀后连接一个稳流阀，以保持恒定的流量。色谱柱前的载气压力（柱入口压力）由压力表指示，压力表读数反映的是柱入口压力与大气压之差，柱出口压力一般为常压。柱前流量由转子流量计指示，柱后流量用皂膜流量计测量。

（2）**进样系统** 液体样品在进柱前必须在汽化室内变成蒸气，常见的分流进样口结构如图 9-5 所示。汽化室由绕有加热丝的金属块制成，温控范围 50～500℃。对汽化室的要求为热容量大，使样品能够瞬间汽化，并要求死体积小。对易受金属表面影响而发生催化、分解或异构化现象的样品，可在汽化室通道内置一玻璃衬管，避免样品直接与金属接触。

液体样品的进样通常采用微量注射器或自动进样器，气体样品的进样通常采用医用注射器或六通阀。

进样系统根据进样模式可分为分流进样和不分流进样。分流进样适合于未知样品测定，样品浓度较高的情况，而不分流进样主要适用于痕量检测，需要配合程序升温。一般常用的进样方式为分流进样方式。图 9-5 为一个分流模式的进样口结构。

（3）**色谱柱** 色谱柱是色谱仪的心脏，安装在温控的柱温箱内（见图 9-6）。色谱柱有填充柱和毛细管两大类，填充柱用不锈钢或玻璃等材料制成。根据分析要求填充合适的固定相。填充柱制备简单，填充要求均匀紧密，以保证良好的柱效。毛细管柱用玻璃或石英制成，其固定相涂布在毛细管内壁，或使某些固定相通过化学反应键合在管壁上；将固定相先

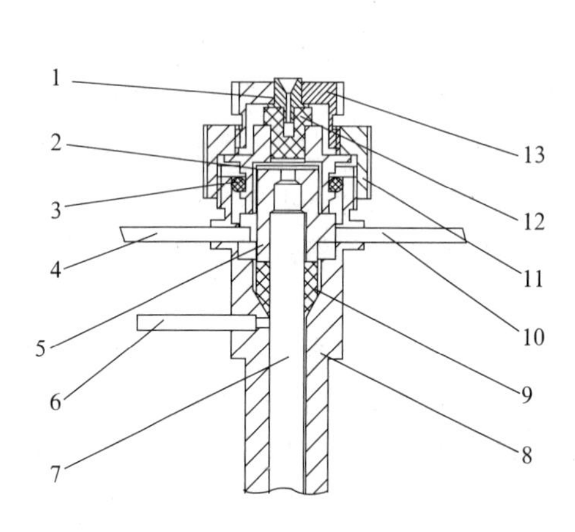

图 9-5 分流进样口结构

1—导向口；2—压帽；3—毛细管进样高温密封圈（GC0034）；4—隔膜吹扫出口；5—定位套；6—分流出口；7—分流石英衬管（GC0056）；8—毛细管进样管；9—石墨密封垫圈（GC0041）；10—载气进口；11—大散热帽；12—密封硅橡胶垫（GC0035）；13—小散热帽

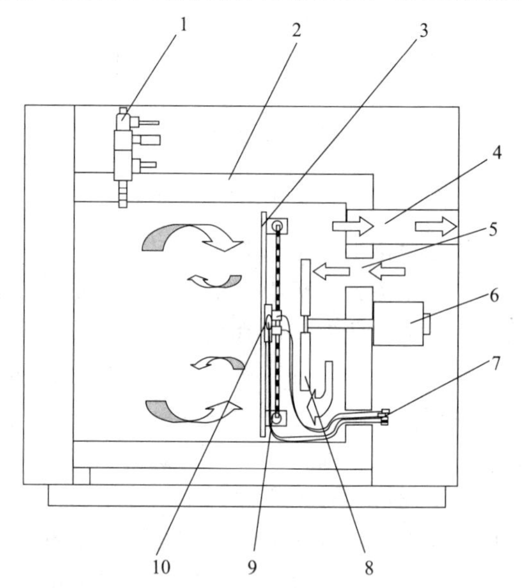

图 9-6 柱温箱结构（侧视）

1—检测器；2—保温层；3—网板；4—热空气排风口；5—冷却空气进风口；6—鼓风电机；7—柱箱加热丝铂电阻接线端；8—搅拌风扇；9—加热丝；10—铂电阻

装入玻璃或石英管，再拉制成毛细管，称毛细管填充柱，毛细管柱分离效率高，但允许进样量小，常采用分流装置。

(4) **温度控制系统** 温度控制系统用于设置、控制和测量汽化室、柱室和检测室等处的温度。汽化室温度应能使试样瞬间汽化但又不分解，通常选择试样的沸点或稍高于沸点。对热不稳定性样品，采用高灵敏度检测器。温控方式根据需要可以恒温，也可以程序升温。

检测室温度的波动影响检测器（火焰离子化检测器除外）的灵敏度或稳定性，为保证柱后流出组分不至于冷凝在检测器上，检测器温度必须比柱温高数十度，检测器的温度控制精度要求在±0.1℃以内。

(5) **检测器和记录仪** 检测器的作用是将经色谱柱分离后的各组分按其特性及含量转换为相应的电信号。因此检测器是检知测定试样的组分及各组分含量的部件，是气相色谱仪的主要组成部分。

根据检测原理的不同，可将检测器分为浓度型检测器和质量型检测器两种。

浓度型检测器：测量的是载气中某组分浓度瞬间的变化，即检测器的响应值和组分的浓度成正比，如热导池检测器和电子俘获检测器等。

质量型检测器：测量的是载气中某组分进入检测器的速度变化，即检测器的响应值和单位时间内进入检测器某组分的质量成正比，如氢火焰离子化检测器和火焰光度检测器等。

① **热导池检测器**（TCD） 结构简单，灵敏度适宜，稳定性好，对所有物质都有响应，因此是应用最广、最成熟的一种检测器。

② **氢火焰离子化检测器**（FID） 简称氢焰检测器，对含碳有机化合物有很高的灵敏度，一般比热导池检测器的灵敏度高几个数量级，能检测至 10^{-12}g/s 的痕量物质，故适宜于痕量有机物的分析。因其结构简单、灵敏度高、响应快、稳定性好、死体积小、线性范围宽（可达 10^6 以上），因此它也是一种较为理想的检测器。

③ **电子俘获检测器**（ECD） 电子俘获检测器是应用广泛的一种具有选择性、高灵敏度的浓度型检测器。它的选择性是指它只针对具有电负性的物质如含有卤素、硫、磷、氮、氧的物质有响应，电负性越强，灵敏度越高，能测出 10^{-14}g/mL 的电负性物质。

④ **火焰光度检测器**（FPD） 火焰光度检测器是对含磷、含硫的化合物有高选择性和高灵敏度的一种色谱检测器，且可以同时测定硫、磷和含碳有机物，即火焰光度检测器和氢焰检测器联用。

思考1： 四种气相色谱仪常用检测器各自的特点和适应范围分别是什么？填写表9-1。

表9-1 四种气相色谱仪常用检测器的特点和适应范围

检测器	类型	响应范围/测定对象	灵敏度	特点
TCD	浓度型			
FID		含碳有机物	高	响应快、稳定性好、破坏型
ECD			高	选择性强
FPD				

二、毛细管柱气相色谱法

毛细管柱气相色谱法是用毛细管柱作为气相色谱柱的一种高效、快速、高灵敏度的分离分析方法，是1957年由戈雷（Golay M. J. E.）首先提出的。他用内壁涂渍一层极薄而均匀的固定液膜的毛细管代替色谱柱，解决组分在填充柱中由于受到大小不均匀载体颗粒的阻碍而造成的色谱峰扩展、柱效降低的问题。这种色谱柱的固定液涂布在内壁上，中心是空的，故也称开管柱。毛细管柱由于具有相比大、渗透性好、分析速度快、总柱效高等优点，因此可以解决原来填充柱色谱法不能解决或很难解决的问题。毛细管柱的应用大大提高了气相色谱法对复杂物质的分离能力。

1. 毛细管色谱柱

毛细管色谱柱可由不锈钢、玻璃等制成，不锈钢毛细管柱由于惰性差，有一定的催化活性，加上不透明，不易涂渍固定液，现在已经很少使用了。玻璃毛细管柱表面惰性较好，表面易观察，因此得到广泛的使用，但其易折断且安装困难。直至1979年出现并使用熔融石英制作柱子，由于这种色谱柱具有化学惰性、热稳定性及机械强度好并具有弹性，因此现在石英柱已经占据主要地位。

2. 毛细管色谱柱的特点

毛细管色谱柱的特点主要有：渗透性好，可使用长色谱柱；相比大，有利于实现快速分析；柱容量小，允许进样量少；总柱效高，分离复杂混合物的能力大为提高。

3. 大口径厚液膜毛细管气相色谱柱

自从1983年10月HP公司推出一种大口径的毛细管柱，取名为“megbore”熔融二氧化硅毛细管柱，此后许多公司也相继出售这种大口径毛细管柱，所谓大口径毛细管柱主要是指内径为0.53mm的弹性石英毛细管柱。

（1）大口径厚液膜毛细管气相色谱柱的特点

① 可直接取代填充柱，即无须分流进样。

② 分析速度快，比填充柱分析速度快。

③ 吸附性小。

④ 在较低的载气流速下柱效大大优于填充柱。

⑤ 这种色谱柱多为交联型固定相，所以它的化学稳定性和热稳定性优于填充柱。

（2）大口径毛细管柱的主要柱参数　大口径毛细管柱涉及柱内径和液膜厚度，它们都与色谱柱的柱效、柱容量、分配容量和分析时间有关系。

① 柱内径　从毛细管色谱的理论可知，柱内径增加柱效会大幅度下降。大口径毛细管柱是牺牲柱效来增加柱容量、提高流量，以便适应代替填充柱的要求。

② 液膜厚度　液膜厚度对柱效的影响比较复杂，包括对固定相的传质阻力和容量因子的影响。液相传质阻力（GL）很小时，柱效高、分析时间短，这是薄液膜的两项优点，但是薄液膜也有三个缺点：

a. 薄液膜柱容量因子小，不利于高发挥性物质的分离。

b. 不利于痕量物质的分离。

c. 不足以掩蔽柱壁的活化点。

所以膜厚小于0.2μF的毛细管柱很少有人使用，过去用不锈钢毛细管柱时，膜厚常为0.5～0.6μF；用玻璃毛细管柱时，膜厚常为0.2～0.5μF，但是也常用膜厚为1μF的毛细管柱分离低沸点化合物。总之厚液膜柱可以增加柱容量、降低活性，适于低沸点化合物的分析。此外当固定相进行交联之后，可进一步提高液膜厚度到5～6μF，甚至可高达8μF，以便适应代替填充柱的要求。

4. 毛细管柱的色谱系统

毛细管柱和填充柱的色谱系统基本上是相同的，但由于毛细管柱内径小，如果柱两端连接管路的接头部件、进样器、检测器死体积大，就会使试样组分在这些部分扩散而影响毛细管系统的分离和柱效（柱外效应），所以毛细管柱色谱仪器对死体积的限制是很严格的。为了减少组分的柱后扩散，可在色谱系统中增加尾吹气，即在毛细管柱出口到检测器流路中增加一股叫尾吹气的辅助气路，以增加柱出口到检测器的载气流速，减小这段死体积的影响。又由于毛细管柱系统的载气氮气流速低（1～5mL/min），使氢焰电离检测器所需的N/H比过小而影响灵敏度，因此尾吹氮气还能增加N/H比从而提高检测器的灵敏度。

另外一个不同之处在于，由于毛细管柱的柱容量很小，用微量注射器很难准确地将小于0.01μL的液体试样直接送入，因此常采用分流进样方式。所谓分流进样，是将液体试样注入进样器使其汽化，并与载气均匀混合，然后让少量试样进入色谱柱，大量试样放空。放空的试样量与进入毛细管柱试样的比称为分流比，通常控制在10～100。分流后的试样组分能否代表原试样，与分流器的设计有关。分流进样器由于简便易行而得到广泛应用。然而它尚不能很好地满足痕量组分的定量分析要求，所以在其基础上进一步发展出了不分流进样、冷柱头进样等技术。

【任务实施】

请绘制气相色谱仪的结构图，标注其组成部分及功能，并用红笔标注样品和载气测定时经过的路径，用蓝笔标注燃气和助燃气经过的路径。

任务二　分析参数设置与检出限测定

【任务要求】

能正确进行气相色谱仪开关机操作和参数的设置，准确进行气相色谱法测定正十五烷检出限的测定。

【学习目标】

1. 掌握气相色谱仪基本开关机操作。
2. 掌握参数设置方法。
3. 正确、规范进行气相色谱仪检出限测定。
4. 及时、规范填写数据。
5. 正确计算检出限。

【任务支持】

一、气相色谱分离重要参数

1. 分流比

常用的分流模式，分流比对出峰峰形影响很大。分流比的定义为分流流量与柱流量之比。分流比越大，进入柱子的流量就越小，过高的分流比会使灵敏度下降，而过小的分流比会导致峰变宽且峰形拖尾。所以应该在进行样品检测之前进行测试，寻找该物质最佳的分流比范围，一般在(1∶10)～(1∶50)之间进行试验。

2. 载气和流速

气相色谱中，载气的选择首先应根据所用的检测器类型，如热导检测器要用氢气或氦气。火焰离子化检测器需用氮气或氢气。根据速率理论方程，在低流速时，分子扩散占主导地位，应采用分子量较大的载气，如氮气、氩气；高流速时，传质阻力占主导地位，应采用分子量较小的氢气或氦气。在最佳线速时柱效最高，但是分析速度较慢，为了缩短分析时间，可适当提高载气流量，一般流量选在20～80mL/min。

FID通常使用三种气体：氮气（载气）、氢气（燃气）和空气（助燃气）。它们的流速都对信号有影响，一般情况下，氢气流速/氮气流速＝1/1左右，空气流量应为氢气流量的10倍。

3. 柱温

气相色谱中，柱温是一个重要操作参数，它主要影响分配系数、分配以及组分在流动相和固定相中的扩散系数。提高柱温可以加快传质过程，有利于提高柱效，但是纵向扩散增加，柱选择性降低。柱温较低有利于提高柱选择性，但解吸时间增加。因此，柱温选择应综合考虑各方面因素。在保证分离良好的前提下，适当提高柱温以缩短分析周期，根据经验，沸点为100～200℃的物质，柱温应选择在所有待测组分平均沸点的2/3处，一般在100～200℃之内。

4. 柱压

柱压和柱温一样，也是一个重要的操作参数。气相色谱柱内的压力降是非线性的，一般要求柱入口压力和出口压力的比值越小越好，当比值趋向1.5时，线速趋于均匀，柱效高。

5. 汽化和检测室温度

汽化温度与样品性质和进样量有关，一般选择试样沸点或稍高于沸点的温度以达到瞬间汽化。对那些热稳定性差的高沸点样品，可减少样品量，采用高灵敏度检测器，汽化温度可选远低于其沸点的温度。为了保证瞬间汽化，要求进样速度更快。汽化很慢或汽化不完全会导致柱效降低，产生前伸峰。对热导检测器，检测室温度一般高于柱温20℃左右，以防止汽化的样品在检测器上冷凝。对火焰离子化和火焰检测器，检测室温度应高于100℃。

6. 进样量

进样量与柱容量、固定液配比、仪器的线性响应范围有关。柱径越粗，固定液配比越高，允许进样量越大，反之越小。最大允许进样量应在半峰宽不变的前提下，峰高与进样量呈线性关系的范围之内。

二、检出限测定

1. 检出限测定目的

在气相色谱法分析痕量样品时，由于样品测定值很小，常与基线噪声处于同一数量级，此时基线噪声对分析结果的精密度和分析方法的检测限都有很大影响。而化学试剂的纯度、玻璃容器的洁净度、分析仪器的精度和使用情况、实验室的环境污染状况以及分析人员的水平和经验等，都会对基线噪声造成影响，因此我们需要对谱图进行分析，测定其基线噪声并以其作为检测下限的依据。

2. 实验方法

具体对于某种物质而言其检测限测定应以该物质图谱基线作为空白进行分析，测定其基线最高值和最低值之差作为噪声值。一般以3倍噪声值作为定性依据，以10倍噪声值作为定量依据。

3. 合格要求

根据空白实验值的测定结果，按常规方法计算检测（出）限，该值如高于标准分析方法的规定值，则应找出原因予以纠正，然后重新测定，直至合格为止。

4. 检测（出）限的确定

在实际工作中，气相色谱检出下限的测定通常以以下两种方式进行：

（1）对标准样品进行稀释，直至其峰高为3倍/10倍基线噪声，此时的稀释液浓度即为定性/定量检出限。

（2）如检测器线性良好，也可直接将测定值峰高与噪声值峰高进行对比得出3倍/10倍基线噪声所对应的浓度，即为定性/定量检出限。

若是采用外标法进行定量或混合物质，应以其标准系列或混合物质中浓度最低的那一个样品谱图作为基线噪声分析依据。

三、气相色谱基本开关机操作

1. 开机前准备

（1）在使用前应检查使用登记记录，检查仪器应处于正常可用状态。

（2）检查标准、供试品溶液及所需试剂溶液应准备齐全。

（3）检查气瓶剩余气体应充足或发生器供气充分。

气体的打开与设置：逆时针打开钢瓶总阀，顺时针慢速打开 T 形减压阀，分别调整气体输出压力（一般仪器前氮气压力值为 0.5MPa、空气为 0.5MPa、氢气为 0.4MPa），打开气体净化器。如果使用的是气体发生器，则打开发生器，进行设置，等待发生器产气充分即可。

（4）点火成功、基线稳定

a. 启动气相色谱仪，启动计算机打开工作站（必须先打开载气并使其通入色谱柱后才能打开气相色谱仪的电源开关）。

b. 气相色谱工作站参数设置，升温，气相色谱仪点火、走基线。

2. 样品分析

（1）配制不同浓度的标准溶液，按照国标要求进行样品的前处理。

（2）按照国标要求进行气相色谱分析方法设置。

手动进样普析 G5 型气相色谱仪可以通过主机键盘设置各个参数，需要设置的参数有：汽化温度、柱温、检测器温度。可以通过流量调节旋钮调节氮气、氢气、空气流量。

（3）进样前后注射器需要先洗涤，再排除气泡。由于气相色谱注射器均为痕量进样器，若不及时洗涤容易导致堵塞，进而使得注射器打弯报废，所以注射器的洗涤非常重要。

（4）开始进样，包括标准溶液、空白和待测样品。进样时要求操作稳当、连贯、迅速。准确吸取待测样品，进样相对误差在 5%以内。

（5）停止进样，对出峰进行识别，积分定量，生成分析报告。

以普析 G5 型气相色谱仪为例，具体操作方法如下：

（1）接通电源，设置柱流量为 4.5 圈（约 3mL/min），有柱前压后，继续下一步。

（2）使用 FID 时，首先开启氮气（压力 0.4MPa），检查各压力表是否有变化，若无变化用肥皂水检查气瓶是否漏气，打开气相右下角的开关。再开氢气（压力 0.2MPa），最后开压缩空气（压力 0.4MPa）。使用毛细管柱，设置隔膜为 2.5 圈约 3mL/min，尾吹为 4.0 圈约 15mL/min，适当调节分流，使柱前压为 0.05～0.1MPa，在实验室可根据分离要求和灵敏度（一般为 10^{-9}）适当地调节分流和柱流量。

（3）开启相应气体净化器（气体净化器需要定期活化或者更换）。

（4）开机以后要等待机器进行自检，自检结束后再继续操作。

（5）进入主菜单进行参数设定：

① 点击 1 选择进样器，按被测样品选择进样器（FID 选择 1 进样器），并按被测样品的沸点选择设定合适的温度。点击下方右键打开加热开关。

② 点击 2 进入柱箱，按被测样品的沸点选择设定合适的温度。点击下方右键打开加热开关。

③ 点击 3 进入检测器，操作平面上的检测器后面标有“√”的是本机配备的检测器，后面标有“×”的是本机没有配备的检测器。按被测样品选择检测器（FID 选择 1 检测器），

并按被测样品的沸点选择设定合适的温度。点击下方右键打开加热开关。打开点火开关A路（B路为备用开关），当检测器温度升到100℃以上开始点火，第一次或长时间未用需要多点几次，如果多次点火不成功，需增大氢气流量，点火成功后再将流量调回原处。点火时在检测器上方放一个玻璃片，当玻璃片上有雾气出现说明点火成功。

（6）文件系统操作

① 打开桌面文件N2000在线工作站。

② 选择通道。

③ 把文件全屏，点击数据采集，设定电压信号及时间范围。

④ 待基线稳定后，用进样针吸取样品溶液（不大于1μL）进样，结束后，立即点击相应的信号采集器，等待出峰。观察图像，调整样品溶液的进样数量，直至图像清晰完整。

气相色谱仪基本开关机操作

⑤ 处理图像数据，打印所需文件。

3. 关机

先将检测器熄火，关闭气源，将柱温、进样口和检测器温度降至50℃以下，关闭载气。将工作站退出，然后关闭主机。用无水乙醇或甲醇清洗进样针，清理操作实验台。

4. 注意事项

（1）进样前后注射器需要先洗涤，再排除气泡。由于气相色谱注射器均为痕量进样器，若不及时洗涤容易导致堵塞，进而使得注射器打弯报废，所以注射器的洗涤非常重要。

（2）开始进样，包括标准溶液、空白和待测样品。进样时要求操作稳当、连贯、迅速。准确吸取待测样品，进样相对误差在5%以内。

【任务实施】

正确进行气相色谱仪开关机，正确设置参数，进行检出限的测定，完成实验报告。

气相色谱仪检出限测定实验报告

一、实验目的

1. 熟悉气相色谱仪的组成。
2. 了解气相色谱仪的基本工作原理。
3. 熟练掌握气相色谱软件的操作方法。

二、实验所需仪器

1. 气相色谱仪：普析G5型气相色谱仪（FID）。
2. 气源：氮气、氢气、空气发生器/气瓶。
3. 电脑及工作站。
4. 进样器：1μL进样器、10μL进样器。

三、实验步骤

（1）气相色谱仪开机：

(2) 请使用键盘设置如下参数（建议参数，仪器型号 G5)：进样口温度 180℃；柱温 160℃；色谱柱流速 4.5 圈；检测器（FID）温度 220℃；氢气流量 10mL/min；空气流量 100mL/min；氮气流量 40mL/min。

(3) 进样训练：重复打 3 针样品（正十五烷），进样量 1μL，考查结果再现性。

(4) 请阐述峰面积定量、保留时间定性的基本原理。

四、数据记录与处理

实验要求：三次进样出峰保留时间一致、峰面积 RSD≤5%，填写表 9-2。

表 9-2 进样训练数据记录表

序号	1	2	3		
峰面积					
保留时间					
平均值					
RSD					

五、贴图、图谱分析区

贴图区

六、气相色谱法测定甲醇中的正十五烷含量检出限测定

1. 基线噪声分析

谱图正十五烷含量：______，峰高：________，基线噪声值__________。

以 10 倍噪声值为定量检出限，则__号仪器对甲醇中正十五烷的检测下限值为：____。

2. 计算过程

任务三　标准样品的制备与标准曲线绘制

【任务要求】

制备正十五烷标准样品，使用气相色谱分析其含量、绘制标准曲线，并进行标准曲线的校验。

【学习目标】

1. 理解标准曲线法（外标法）定量的原理。
2. 正确、规范配制正十五烷标准系列样品。
3. 正确、规范使用进样针进样并用气相色谱仪测定。
4. 正确、规范使用气相色谱仪分析正十五烷峰面积。
5. 根据标准样品浓度和标样系列峰面积严谨、细致地绘制标准曲线。
6. 对标准曲线进行校验，判断其是否符合质量控制要求。

【任务支持】

正十五烷标准样品的制备

1. 正十五烷标准使用液

使用甲醇作为溶剂配制浓度为1g/L的正十五烷标准贮备液，称量正十五烷应使用液体称量法，使用容量瓶作为容器在天平中使用增量法称量，并记录准确数值，称量允许误差不超过±1%。

2. 标准样品系列的制备

通过预试验，根据峰高确定合适的标准曲线范围，标准曲线至少包含7个点。用甲醇在容量瓶中稀释使用液至设定的7个浓度。

【任务实施】

1. 标准系列溶液的制备与测定

制备标准系列溶液，使用气相色谱仪分别测定其峰面积，完成表9-3。

表9-3　校准曲线绘制原始记录表

曲线名称：＿＿＿＿＿＿　曲线编号：＿＿＿＿＿＿　标准溶液来源和编号：＿＿＿＿＿＿

标准试剂：＿＿＿＿＿＿　标准贮备液浓度：＿＿＿＿＿＿　标准使用液浓度：＿＿＿＿＿＿

适用项目：＿＿＿＿＿＿　仪器型号：＿＿＿＿＿＿　仪器编号：＿＿＿＿＿＿

方法依据：＿＿＿＿＿＿　比色皿：＿＿＿＿＿＿　绘制时间：＿＿＿＿＿＿

编号	标准溶液加入体积/mL	标准物质加入量/μg	仪器响应值(A)	空白响应值(A_0)	仪器响应值-空白响应值($A-A_0$)	备注

续表

编号	标准溶液加入体积/mL	标准物质加入量/μg	仪器响应值(A)	空白响应值(A_0)	仪器响应值 空白响应值($A-A_0$)	备注
回归方程：			$a=$ ____ $b=$ ____ $r=$ ____			

气相色谱分析参数：

请将标准试剂称量数据记录在表 9-4 中。

表 9-4 标准试剂称量数据记录表

样品名称	称量前质量	称量后质量	试样质量	误差
标准使用液				

2. 根据测定结果绘制标准曲线

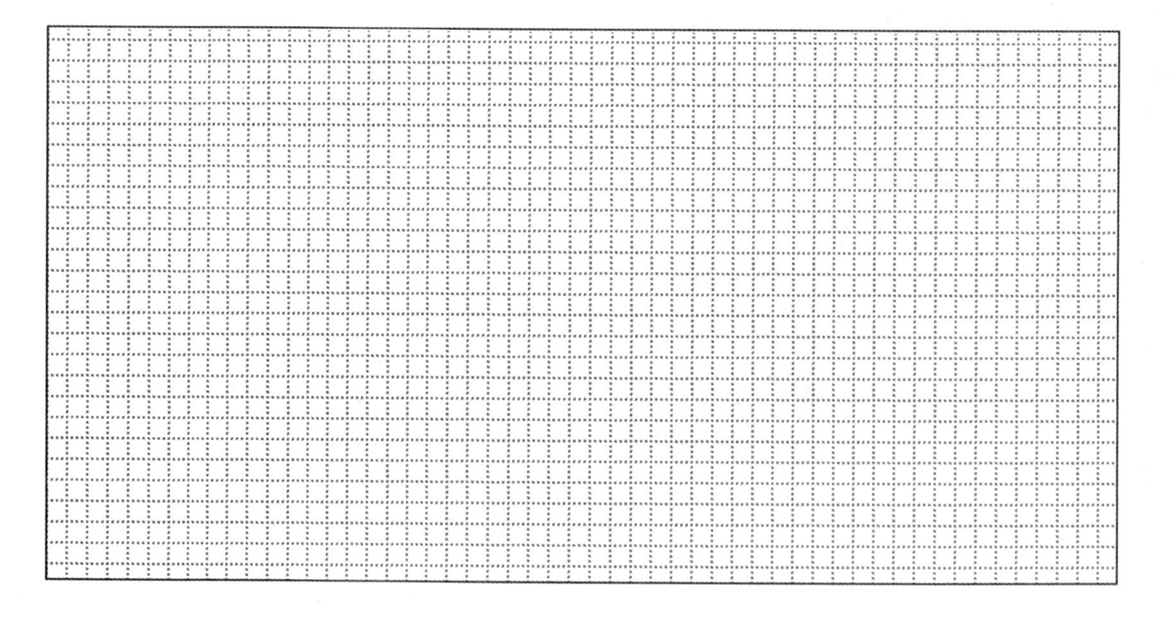

请将含 7 个点的图谱贴在此页。

3. 对标准曲线进行校验

请将标准曲线平行测定数据抄入表 9-5 中并进行标准曲线的校验。

表 9-5 标准曲线校验表

$n=$______，$f=$__________，$t_{0.05}$（f）$=t_{0.05}$（______）$=$__________

组号	截距 a_i	斜率 b_i	$\bar{a}$	$\bar{b}$	$(a_i-\bar{a})^2$		
1							
2							
3							
4							
5							
6							
7							
8							
9							
10							
Σ							

截距检验标准偏差 σ	截距检验 t $t=\frac{\lvert a-0\rvert}{S}\times\sqrt{n}$ $=$
斜率检验标准偏差 σ	斜率检验 t
控制样 1 配制浓度： 测定值： 误差： 校验日期：	控制样 2 配制浓度： 测定值： 误差： 校验日期：

任务四　定性与定量分析

【任务要求】

使用气相色谱仪对有机物样品进行定量和定性分析。

【学习目标】

1. 理解定性分析原理。
2. 掌握定性分析方法。
3. 理解定量分析方法。
4. 掌握外标法定量分析方法。
5. 选择合适的防护用具进行个人防护。
6. 使用废液缸收集有机废液。

子任务一　定性分析

【任务要求】

样品为某烷烃的甲醇溶液，该烷烃是正十四烷、正十五烷、正十六烷中的一种，请借助正十四烷、正十五烷、正十六烷标准样品，使用气相色谱进行样品定性分析。

【任务支持】

气相色谱定性方法

1. 根据色谱保留值进行定性分析

各种物质在一定的色谱条件下均有确定不变的保留值，因此保留值可作为一种定性指标，测定保留值是最常用的色谱定性方法。但由于不同的化合物在相同的色谱条件下往往具有近似或甚至完全相同的保留值，因此这种方法的应用有一定的局限性。其应用仅限于当未知物通过其他方面的考虑已被确定可能为某几个化合物或属于某种类型时作最后的确证；其可靠性不足以鉴定完全未知的物质。

这种方法的可靠性与色谱柱的分离效率有密切关系。只有在高的柱效下，其鉴定结果才可认为有较充分的根据。为了提高可靠性，应采用重现性较好和较少受到操作条件影响的保留值。一般采用仅与柱温有关而不受操作条件影响的相对保留值作为定性指标。

应注意，在一根色谱柱上用保留值鉴定组分有时不一定可靠，因为不同物质有可能在同一色谱柱上具有相同的保留值。所以应该采用双柱或多柱法进行定性分析，即采用两根或多根性质（极性）不同的色谱柱进行分离，观察未知物和标准试样的保留值是否重合。

2. 与其他方法结合的定性分析法

（1）与质谱、红外光谱等仪器联用　较复杂的混合物经色谱柱分离为单组分，再利用质谱、红外光谱或核磁共振等仪器进行定性鉴定。特别是气相色谱和质谱联用，是目前解决复杂未知物定性问题的最有效工具之一。

（2）与化学方法配合进行定性分析　带有某些官能团的化合物，经过一些特殊试剂处理，发生物理变化或化学反应后，其色谱峰将会消失或提前或退后，比较处理前后色谱图的差异，就可初步辨认试样含有哪些官能团。使用这种方法时可以直接在色谱系统中装上预处理柱。如果反应过程进行较慢或进行复杂的试探性分析，也可使试样与试剂在注射器内或者其他小容器内反应，然后将反应后的试样注入色谱柱。

3. 利用检测器的选择性进行定性分析

不同类型的检测器对各种组分的选择性和灵敏度是不同的，例如热导池检测器对无机物和有机物都有响应，但灵敏度较低；氢焰电离检测器对有机物灵敏度高，而对无机气体、水分、二硫化碳等响应很小，甚至无响应。利用不同检测器具有不同选择性和灵敏度可以对未知物大致分类定性。

【任务实施】

定性分析实验报告

一、实验目的

1. 熟练掌握气相色谱仪的开关机步骤。
2. 掌握气相色谱定性方法。

二、实验所需仪器

1. 气相色谱仪：普析 G5 型气相色谱仪（FID）。
2. 电脑及工作站。
3. 进样器：1μL 进样器。
4. 样品瓶：2mL 样品瓶。

三、建议操作条件（普析 G5 型气相色谱仪）

进样口温度 180℃；柱温 160℃；色谱柱流速 4.5 圈；检测器（FID）温度 220℃；氮气流量 40mL/min；氢气流量 10mL/min；空气流量 100mL/min。

四、实验要求

对待测样品（单一组分）中所含组分进行判断，要求待测样品和标准样品保留时间相差范围不超过 0.01min。

五、实验步骤

（1）开机、准备

参数设置：

（2）标准样品定性：

(3) 待测样品定性：

六、数据记录与处理

请将实验数据记录在表 9-6 中。

表 9-6 实验数据记录表

样品	正十四烷	正十五烷	正十六烷	样品
保留时间				
待测样品物质名称				

七、贴图、图谱分析区

贴图区

子任务二 定量分析

【任务要求】

样品（盲样）为正十五烷的甲醇溶液，请使用气相色谱法对样品进行外标法定量。

【任务支持】

气相色谱定量方法

在一定操作条件下，分析组分的质量或其在载气中的浓度是与检测器的响应信号（该组分峰面积）成正比的，此即色谱分析的定量依据。在定量分析中需要做到以下三点：

（1）准确测量组分的峰面积，可以借助计算机软件辅助完成。

（2）准确求出定量校正因子。

（3）选用定量计算方式，将测得组分的峰面积换算为质量分数。

下面就第二和第三点进行解释。

1. 定量校正因子

色谱定量分析是基于被测物质的量与其峰面积的正比关系。但是由于同一检测器对不同的物质具有不同的响应值，所以两个相等量的物质的峰面积往往不相等，这样就不能用峰面积来直接计算物质的含量。为了使检测器产生的响应信号能够真实地反映出物质的含量，就要对响应值进行校正，因此引入“定量校正因子”的概念。

在定量工作中我们使用的都是相对校正因子，即某物质与一标准物质的绝对校正因子之比值。常用的标准物质，对热导池检测器是苯，对氢焰检测器是正庚烷。

2. 几种常用的定量计算方法

（1）**归一化法** 当试样中各组分都能流出色谱柱，并在色谱图上显示色谱峰时，可用此法进行定量计算。

假设试样中有 n 个组分，每个组分的质量分别为 m_1，m_2，…，m_n，各组分含量的之和 m 为 100%，其中组分 i 的质量分数 w_i 可按式(9-2) 进行计算：

$$w_i=\frac{m_i}{m}\times 100\%=\frac{m_i}{m_1+m_2+\cdots+m_i+\cdots+m_n}\times 100\%$$

$$=\frac{A_i f_i}{A_1 f_1+A_2 f_2+\cdots+A_i f_i+\cdots+A_n f_n}\times 100\% \tag{9-2}$$

f_i 为质量校正因子，可得质量分数；如为摩尔校正因子，则得到摩尔分数或体积分数（气体）。若各组分的 f 值相近或相同，例如同系物中沸点接近的各组分，则上式可简化为式(9-3)。

$$w_i=\frac{A_i}{A_1+A_2+\cdots+A_i+\cdots+A_n}\times 100\% \tag{9-3}$$

对于狭窄的色谱峰，也有用峰高代替峰面积进行定量测定的。当各种操作条件保持严格不变时，在一定的进样量范围内，峰的半宽度是不变的，因此峰高就直接代表某一组分的量。这种方法快速简便，最适合工厂和一些具有固定分析任务的化验室使用。此时可用式(9-4) 进行计算。

$$w_i=\frac{h_i f''_i}{h_1 f''_1+h_2 f''_2+\cdots+h_i f''_i+\cdots+h_n f''_n}\times 100\% \tag{9-4}$$

式中，f''_i 为峰高校正因子，此值需要自行测定，测定方法同峰面积校正因子，不同的是用峰高来代替峰面积。

归一化法的优点是简便、准确，当操作条件如进样量、流速等变化时，对结果影响小。

（2）**内标法** 当只需要测定试样中某几个组分，而且试样中所有的组分不能全部出峰时，可采用此法。

所谓内标法是指将一定量的纯物质作为内标物，加入准确称取的试样中，根据被测物和内标物的质量及其在色谱图上相应的峰面积比，求出某组分的含量。

例如：要测定试样中组分 i 的质量分数 w_i，可于试样中加入质量为 m_s 的内标物，此时试样质量为 m。一般常以内标物为基准，设其峰面积为 1，则质量分数可按式(9-5) 计算。

$$w_i=\frac{A_i}{A_s}\cdot\frac{m_s}{m}\cdot f_i\times100\% \tag{9-5}$$

式中，A_i 为组分峰面积；A_s 为内标物峰面积。

由上述计算式可以看到，该方法是通过测量内标物及欲测组分的峰面积的相对值来进行计算的，因而由于操作条件变化（特别是进样技术导致的误差）而引起的误差，将被抵消，所以可得到较准确的结果。这是内标法的优点。

此外，内标法不像归一化法在使用上有限制，但每次分析都要准确称取试样和内标物的质量，因而它不宜做快速控制分析。

（3）**外标法**（定量进样-标准曲线法） 外标法是应用欲测组分的纯物质来制作标准曲线，这与在分光光度法分析中的标准曲线法是相同的。此时用欲测组分的纯物质加稀释剂（液体试样用溶剂稀释，气体试样用载气或空气稀释）配成不同质量分数的标准溶液，取固定量标准溶液进行进样分析，从所得色谱图上测出响应信号（峰面积或峰高等），然后绘制响应信号（纵坐标）对质量分数（横坐标）的标准曲线。分析试样时，取和制作标准曲线时同样量的试样（固定量进样），测得该试样的响应信号，由标准曲线即可查出其质量分数。

此法的优点是操作简单，计算方便；但结果的准确度主要取决于进样量的重现性和操作条件的稳定性。

当被测试样中各组分浓度变化范围不大时，可不必绘制标准曲线，可采用单点校正法，即配制一个和被测组分含量十分接近的标准溶液，定量进样，由被测组分和外标组分峰面积比或峰高比来求被测组分的质量分数。

【任务实施】

气相色谱仪操作训练——外标法定量

一、实验目的

进行烷烃样品的含量测定。

二、实验所需仪器

1. 仪器

气相色谱仪型号：________________ 毛细管柱型号：________________

检测器类型：________________ 微量进样器：________________

2. 试剂

请整理并列出实验所需试剂，并完成表 9-7。

表 9-7 试剂清单

序号	名称	配制体积	配制方法(含试剂用量)	保存要求	使用要求	其他
1						
2						
3						

3. 器皿及材料

请列出实验所需器皿及材料，填写表 9-8。

表 9-8　器皿清单

名称	规格	数量	名称	规格	数量

三、分析操作条件（普析 G5 型气相色谱仪）

1. 建议操作条件

柱温 160℃；进样口温度 180℃；检测器温度 220℃；载气流量 40mL/min；进样量：1μL。

2. 实际操作条件

____

____。

四、实验步骤

实验流程框图见图 9-7。

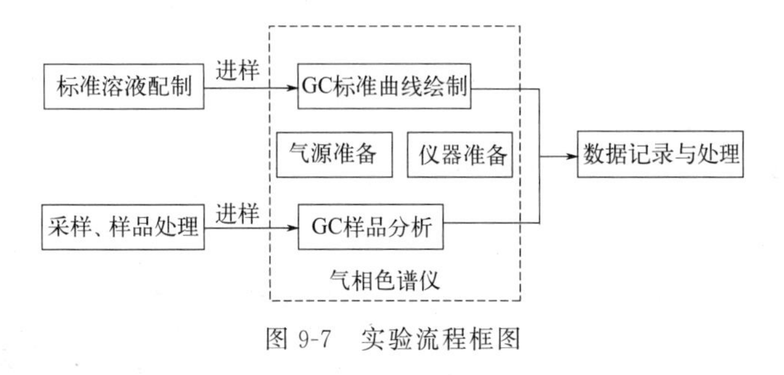

图 9-7　实验流程框图

五、实验数据

1. 样品稀释倍数确定

请通过预实验确定样品的稀释倍数，并将实验数据记录在表 9-9 中。

表 9-9　样品稀释倍数确定实验数据记录表

样品编号	稀释倍数	保留时间	峰面积	是否选取

2. 样品测定

进样并进行测定，将实验数据及时记录在表 9-10 中。

表 9-10　实验数据记录表

样品编号	稀释倍数	保留时间	峰面积 1	峰面积 2	峰面积 3	平均值

六、贴图、图谱分析区

贴图区

【任务评价】

请完成任务评价（见表 9-11）。

表 9-11　气相色谱操作评分表

步骤	评分要点	自评	互评	教师评
开机(20 分)	气体的打开与设置：____时针打开钢瓶总阀，____时针打开 T 形减压阀，调整气体输出压力，打开气体净化器			
	启动气相色谱仪，启动计算机打开工作站（必须先打开________并使其通入色谱柱后才能打开气相色谱仪的电源开关）			
	气相色谱工作站参数设置，________，气相色谱仪点火			
样品分析(30 分)	样品的前处理方法为________________			
	气相色谱分析方法为________________			
	进样前后注射器应先__________，再排除__________			
	开始进样，包括标准溶液、空白和待测样品。进样时要求操作稳当、连贯、迅速。准确吸取待测样品，进样相对误差在__________%以内			
	停止采样，生成分析报告			
关机(20 分)	将检测器熄火，关闭____、____，将柱温、进样口和检测器温度降至____℃以下，关闭载气。将工作站退出，然后先关闭______，再关闭______			
数据(20 分)	打开工作站进行数据查看和记录			
	绘制标准曲线			
	计算样品浓度			
	生成分析报告			
	做好使用登记			
文明操作(10 分)	实验过程台面、地面脏乱，一次性扣 3 分			
	实验结束未先清洗仪器或未归位，扣 4 分			
	仪器损坏，一次性扣 3 分			

任务五　数据处理与分析

【任务要求】

根据测定得到的数据，计算样品烷烃含量。

【学习目标】

1. 正确进行样品烷烃（盲样）含量的计算。
2. 计算测定样品含量与真实含量之间的误差，并了解误差产生的原因。

【任务实施】

1. 完成盲样中烷烃含量的计算，并填写表 9-12。

表 9-12　实验数据分析表

样品编号	稀释倍数	保留时间	峰面积 1	峰面积 2	峰面积 3	平均值
盲样中烷烃含量：			理论含量：		误差：	

2. 思考实验过程中可能引入误差的因素，并填写表 9-13。

表 9-13　误差分析表

序号	环节	因素	影响(偏大/偏小)

笔记

任务六　设备维护与排故

【任务要求】

阅读气相色谱仪维护手册和故障清单，完成设备仪器的维护，并填写维护记录。

【学习目标】

1. 掌握气相色谱仪的维护方法。
2. 对实验过程中常见的问题和故障进行分析、排除。

【任务支持】

一、气相色谱仪的日常维护

本部分主要介绍气相色谱仪的基本维护方法，包括老化、进样针维护、常用耗材更换。

1. 色谱柱的老化

色谱柱老化的目的是通过高温烧掉残留在气路中的污染。老化方法如下：

将色谱柱装好，接通载气，流速 5～10mL/min，在低于柱最高使用温度 20℃左右老化数小时，以便把残存溶剂、低沸点杂质、低分子量固定液等赶走，使记录器基线平直。

【注意】 *老化时柱子要和检测器断开，以免污染检测器。*

进样口和检测器也同时进行老化，温度设置方法同上。

2. 进样针维护

（1）标准活塞分别安装在针筒内被密封，活塞不可以互换。

（2）当注射器干燥时，避免不必要的推杆。

（3）清洁方法如下：

① 注射器清洁剂通常取决于污染材料，但一般使用甲醇、二氯甲烷、乙氰、丙酮。

② 每次注射样品后总是立即用干净的溶剂冲洗注射器。

③ 在存储一夜或更长时间之前，用清洁剂彻底清洁至少 10 次。用溶剂（丙酮）填充注射器很短的一段时间，然后风干。

3. 常用耗材更换

经常需要更换的耗材有隔垫、衬管（含衬管密封圈）、色谱柱。

（1）进样口　进样口需要经常更换的是隔垫、衬管。

隔垫每进 50 针样品就需要更换，否则容易导致进样口漏气，使得峰面积减小。

衬管长时间使用会导致污染残留，基线不平。此时应更换衬管中的白色玻璃棉，将衬管用甲醇浸泡清洗（不可用水清洗，也不可超声）。

（2）柱温箱　柱温箱中需要进行的操作通常是更换色谱柱或者是更换进样口和检测器。此时需要将色谱柱安装到进样口和检测器上。

依据图 9-8 进行进样口色谱柱安装。

① 将螺帽（示图序号 3）和石墨密封垫圈（示图序号 2）直接依次装入填充柱（不用过渡接头）。

② 尽可能深地将柱插入进样器出口接头内。

③ 保持住这个位置，先用手使螺帽与进样器出口接头旋紧，然后再用 17 号扳手拧紧及密封。

警告：安装玻璃时，螺帽拧得过紧可能使柱破碎。

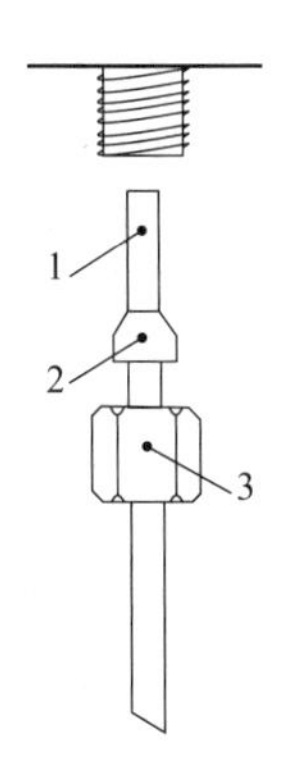

示图序号	名称	规格	
1	填充柱	ϕ6金属柱	ϕ5.7玻璃柱
2	石墨密封垫圈	ϕ6 (GC0042)	ϕ6 (GC0042)
3	螺帽	M12×1, ϕ6.2 (GC0046)	M12×1, ϕ6.2 (GC0046)

图 9-8　进样口色谱柱安装

用图 9-9 作检测器端色谱柱安装指南：

① 将螺帽（示图序号 3）和石墨密封垫圈（示图序号 2）直接依次装入填充柱的另一端（不用过渡接头）。

② 把柱头推入 FID 进口，触到根部。

③ 保持这个位置，先用手使螺帽（M12×1，ϕ6.2）与 FID 进口接头旋紧，然后再用 17 号扳手拧紧及密封。

警告：柱安装结束后，应对所有接头及螺帽处分别于室温和柱箱、进样器、检测器运行温度下检漏。必要时，用扳手再旋紧，以防漏气。

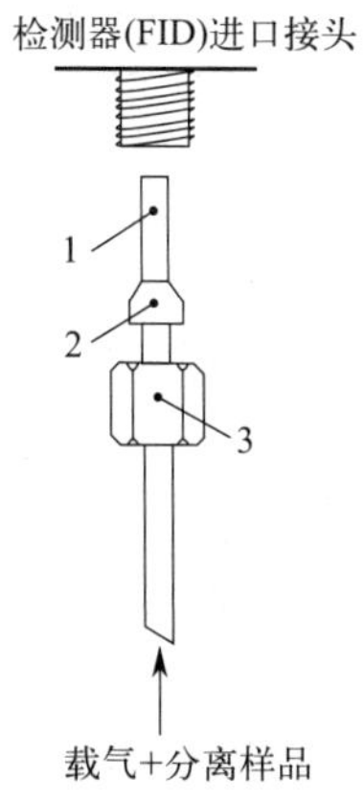

示图序号	名称	规格		
1	填充柱	ϕ5金属柱	ϕ6金属柱	ϕ5.7玻璃柱
2	石墨密封垫圈	ϕ5 (GC0041)	ϕ6 (GC0042)	ϕ6 (GC0042)
3	螺帽	M12×1, ϕ5.2 (GC0045)	M12×1, ϕ6.2 (GC0046)	M12×1, ϕ6.2 (GC0046)

图 9-9　检测器色谱柱安装

二、气相色谱常见故障排除

色谱分析中故障的分析主要考虑分析条件、操作技术、样品和仪表等四大因素。故障有时由某一方面因素所造成，有时也可能同时由几方面因素所造成。若能正确选择和控制好分析条件，掌控好操作技术，注意了解样品性质，以及精心使用和保养好仪器，则可减少故障的发生。气相色谱常见故障的可能原因和排除方法列于表 9-14。

表 9-14 气相色谱常见故障及排除一览表

现象	可能的原因	解决方法
基线波动	1. 电源电压波动	1. 加稳压电源
	2. 载气漏气	2. 检漏
	3. 检测器污染	3. 拆开清洗
	4. 柱污染或固定液流失	4. 更换或老化柱管
	5. 汽化室污染	5. 用溶剂清洗
	6. 气路调节阀有问题	6. 检查各调节阀,维修或更换
	7. 衬管污染	7. 清洗衬管
不出峰	1. 火焰熄灭	1. 重新点燃
	2. 漏气	2. 检漏
	3. 汽化室温度太低,样品不能汽化	3. 升高汽化温度
峰托尾	1. 汽化室温度过高或过低	1. 调节至合适温度
	2. 汽化室污染	2. 溶剂清洗
	3. 柱温太低	3. 提高温柱
	4. 柱选择不当	4. 换柱
	5. 杂质峰干扰	5. 改变分离条件
平顶峰	1. 进样量过大	1. 减少进样量
	2. 检测器污染	2. 清洗检测器
鬼峰	1. 上次进样的高沸点物流出	1. 加长进样的时间间隔
	2. 样品分解	2. 降低进样口温度或更换柱子
	3. 进样隔垫污染	3. 更换隔垫
	4. 衬管污染	4. 清洗衬管
峰变宽	1. 载气流量低	1. 增大流量
	2. 柱温低	2. 提高温柱
	3. 存在死体积	3. 检查柱接头
	4. 柱污染	4. 更换或老化柱管
	5. 柱选择错误	5. 更换柱子
	6. 样品汽化室或检测器温度低	6. 升温

下面将详细对以上异常进行分析。

1. 点火失败的原因排查及解决

造成点火失败的原因主要有供气不足、管路泄漏、点火器损坏，另外供气位置与点火位置不匹配以及点火温度过低也会导致点火失败。

首先应该判断点火是否成功，用一片载玻片放置于点火器正上方，若有水蒸气则表示点火成功。点火时应先有“啪”一声，接着点火线圈变红，若无以上现象则表示点火器损坏，应联系工程师进行更换。

接着排除气源问题，气源气不足时位于仪器侧面的氢气和空气压力表数值会低于正常值（氢气为 0.1MPa，空气为 0.15MPa）。若使用的是气瓶则表示气瓶中气不足，应更换气瓶，若使用的是气体发生器，则应等待一会直到发生器供气充分，或者检查发生器是否发生故障。若仍无法使氢气和空气压力恢复正常值，则有可能是管路泄漏，应找工程师进行检修。

若气源没有问题，则应检查点火位置是否和供气位置相匹配。为了简化操作，请将色谱柱进样口端、检测器端接在同一路上（同前或同后，最好不要进样口接前路、检测器接后路或进样口接后路、检测器接前路）。这样点火位置和检测器位置一致，即载气、燃气、助燃气均使用同一条路线，在调节流量时也使用的是同一模块。

若供气位置与点火位置匹配则检查点火温度是否达到要求，一般为了防止检测器积水，要求检测器温度到达 150℃之后才能进行点火。

最后喷嘴堵塞也会导致点火失败，可通过两种方法解决，一是疏通；二是老化。前者应使用细铜丝或细针灸针从点火器下方接色谱柱处深入进行疏通；后者需要色谱柱检测器一端放空，设置检测器温度为 200℃进行老化，持续老化 1h。

2. 基线不平的原因排查及解决

造成基线不平的原因主要有管路、气路被污染或者电压不稳定。主要分析前者，并考虑解决方法。

管路和气路包括以下几种。

（1）载气和进样管路　氮气气源、进样隔垫、衬管、色谱柱、检测器。

（2）燃气和助燃气管路　氢气和空气气源、管线。

最容易被污染的部分从前往后分别为进样隔垫、衬管、色谱柱、检测器。在解决基线不平问题时应从前往后逐一排查，对污染部件进行更换。若色谱柱和检测器被污染，应该对气相色谱柱进行老化，老化方法为下掉色谱柱检测器一端，放空，开机老化，老化温度应低于各部件极限温度 20℃，高于常用检测温度，老化数小时即可。

3. 保留时间漂移

保留时间漂移指在同样的色谱条件下，同一物质在平行测定时出峰时间不一致的情况。如果发生保留时间漂移，可能的原因有：隔垫或色谱柱的连接处发生了泄漏；分流管路堵塞；色谱柱受到污染。如果是第一种情况应更换隔垫，重新安装色谱柱汽化室一端；如果是第二种情况通常可以通过更换衬管或用超声清洗分流平板（如有）来解决。色谱柱受污染可以通过老化解决，方法同前所述。

4. 不出峰的原因排查及解决

发现不出峰应首先检查软件通信通道是否和点火位置一致。接着应判断是否为检测器损坏，检查方法为用注射完未洗的进样针对着检测器打一针空针，若检测器有响应，谱图表现为即刻出峰，证明检测器正常，应该考虑是否为进样量过小、管路泄漏或者是汽化温度不够，也有可能是色谱柱对该样品不响应，此时应更换色谱柱。若谱图依然不出峰，则表明是火焰熄灭，或者是检测器故障。前者应重新点火，后者应联系工程师检修。

5. 峰形异常的原因排查及解决

常见的异常峰形主要有拖尾峰、前伸峰、平顶峰、响应值变小、两种物质分离度差、鬼峰、峰形展宽等。下面将针对峰形异常进行详细分析，并给出解决方法。

三、气相色谱分离条件优化

由于气相色谱仪和色谱柱差异，按照标准进行某一种物质的检测时，经常会发现出峰效果并不能达到要求。此时需要进行谱图分析，并相应地对分离条件进行优化，以获得有利于积分的典型气相色谱峰形，见图 9-10。下面针对常见的几种异常峰形进行分析，并探讨分离条件的优化。

气相色谱仪常见问题及分析

1. 拖尾峰

根据色谱柱分离原理，如果出现拖尾峰[见图 9-11(a)]则表示管路某一个部位对样品有吸附，导致部分样品被吸附后再汽化，延迟进入检测器。

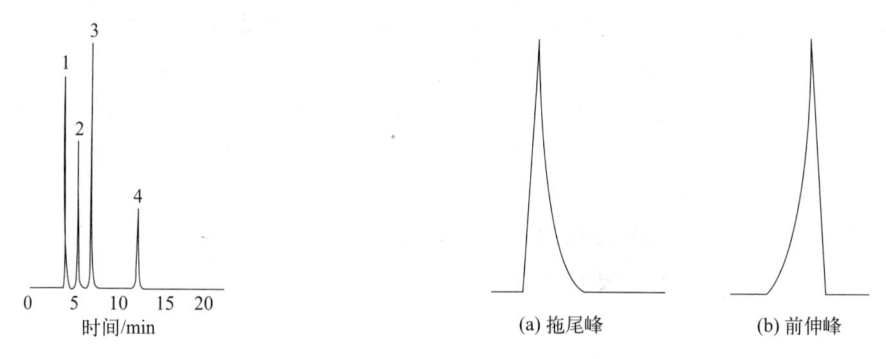

图 9-10　典型气相色谱峰形　　　　图 9-11　拖尾峰和前伸峰

硬件方面最有可能吸附样品的部位有衬管（尤其是分流衬管中的玻璃棉）、分流平板。另外，色谱柱柱端切割不平整以及色谱柱损坏（惰性层被破坏）也会导致吸附，出现这种情况应更换衬管和重新切割色谱柱，如果色谱柱损坏（一般表现为出异常峰、有规律）应及时更换。

设置方面，进样口温度太高或者太低，会对最早流出或最后流出的峰有影响，这种情况主要出现在样品中物质沸点范围较宽时。此时汽化温度比较适合的是中间段沸点物质的分离，早流出组分沸点较低，容易分解，造成峰面积偏小或保留时间偏离；而后流出组分沸点较高，温度不足以瞬间完全将其汽化，导致拖尾峰。此时柱温箱应采用程序升温，使得各组分在合适的温度下分离，能有效改善峰形。

最后，不恰当的进样技术也会导致峰拖尾。手动进样讲究快速推针、快速拔针，拔针过慢会导致针尖溶液被汽化进入色谱柱，导致进样量偏大和峰拖尾。

2. 前伸峰

导致前伸峰[见图 9-11(b)]的常见原因为色谱柱过载，应减小进样量，对样品进行稀释，或者增加分流比。另外，注射时推杆压力不稳定也会导致前伸峰。

这里需要注意的是不同物质对于同一根色谱柱来说过载量是不同的，可能某一种物质低浓度就会前伸，而另一种物质浓度较高也不会出现前伸。

另外，两种物质没有完全分开也有可能表现为前伸峰，此时可适当调低汽化温度，使高沸点物质（后出峰物质）出峰延迟一些，增加两物质的分离度。

3. 平顶峰

其实在典型的气相色谱图中也有平顶峰/平头峰（见图 9-12），就是溶剂峰。出现平顶峰的原因是该物质浓度太大。如果待测物质出现平顶峰应对样品进行稀释。

4. 响应值变小

出现响应值变小时应首先判断是所有峰响应值都变小还是只有个别峰响应值变小。

(1) 个别峰响应值降低　若只有个别峰响应值变小则可能是由于进样口的歧视效应导致的。歧视效应通常出现在样品组分沸点较宽的情况下，主要表现为低沸点组分（先出峰）出峰正常而高沸点组分峰面积较小，这是样品进入汽化室后，不同沸点组分汽化速度不同造成的误差。

解决方法有以下几种：第一应该尽量提高汽化室温度，提高柱箱初始温度，或采用程序

图 9-12 平顶峰

升温；第二毛细管柱进入玻璃衬管位置必须合理，毛细管要正好位于衬管中心；第三是在玻璃衬管中加能够增加比表面积、有利于汽化的玻璃棉。但玻璃棉通常会对样品有吸附作用，应先进一针待测物质的高浓度样品，使玻璃棉达到吸附饱和之后再进样，然后进行测定。

（2）所有峰响应值降低 可能的原因有：检测器响应能力改变、分流比或进样量变化、注射器泄漏或堵塞。

检测器污染通常是导致响应能力变化的原因，应将基线和最早使用时的基线进行对比，若出现基线偏高则为检测器污染，此时应对检测器进行老化，具体方法前面已有介绍。

5. 分离度差

分离度是评价气相色谱分离效率的重要指标。导致分离度差（见图 9-13）的原因是两种物质出峰时间过于靠近，通常沸点相近或极性相似的物质容易出现分离度差的情况。

出现分离度差的原因是色谱柱对这两种或几种物质的选择性不强。当出现这种情况时可以通过优化参数条件提高分离度，以下参数对提高分离度有一定帮助：

（1）适当降低汽化温度，柱温采用程序升温，并尽可能降低升温速度。

（2）在不影响检测的情况下，尽可能增大分流比。

（3）如果条件允许，采用氦气或氢气作为载气，尤其是氢气作为载气能获得最佳的分离效果，但应保证尾吹气为氮气。

（4）如果是峰较宽导致的分离度差，可适当增加柱流量，参考峰形展宽解决方法。

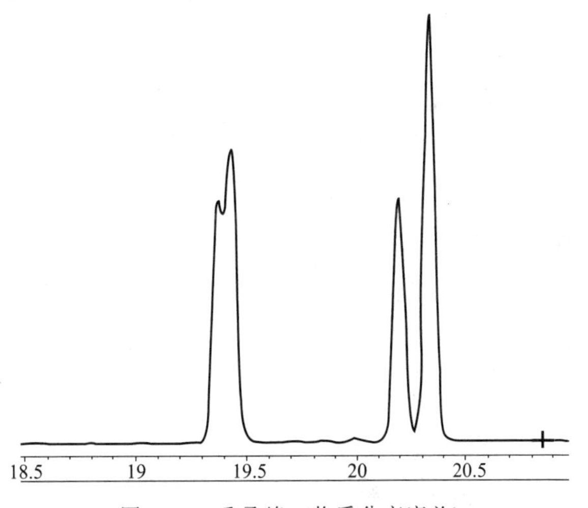

图 9-13 重叠峰（物质分离度差）

如果通过优化参数不能增大分离度，则只能根据两种或几种待测组分的性质差异选择合适的色谱柱，比如两种物质沸点非常接近，但是一个为极性一个为中性，则应选择极性色谱柱。

另外，增加色谱柱长度或选择内径更小、液膜厚度更厚的色谱柱也能改善分离度。

6. 鬼峰

鬼峰是指在图中出现了未进样组分，通常鬼峰的出现是由于管路中的残留样品或者是汽化温度过高造成的样品分解。

所以要定期更换耗材（进样隔垫、衬管等），进样口、色谱柱和检测器也应定期进行老化。若是前一样品的高沸点物质未流出导致的鬼峰则应增加进样间隔。另外，要对样品组分的沸点有了解，合理设置汽化温度，防止样品分解导致的鬼峰。

不合格的进样技术也可能会导致鬼峰，如拔针过慢。此时表现为在目标物出峰之后，会出现一个小峰，这个小峰其实也是目标组分，只不过由于针管中残留的待测组分汽化较晚，导致出峰较晚，量也很小。

7. 峰形展宽

峰形展宽可能的原因有色谱柱柱头压偏小，此时应调小分流比（增加柱流量）或者采用程序升温的方式，低温时先让物质在色谱柱柱头冷凝，高温时瞬间通过，改善峰形。设置程序升温时，柱温箱初始温度应低于溶剂沸点 20℃左右，保证汽化后的样品在柱头冷凝。

导致峰形展宽的原因还有可能是管路中存在死体积，应检查色谱柱接头，按要求安装色谱柱，尽可能减少死体积。

另外，色谱柱被污染、柱温低、汽化温度过低和检测器温度过低均会导致峰形展宽，应逐一进行排查，调整参数。

如仍不能解决，可能是色谱柱选择不恰当，不能对待测组分进行有效分离，此时应更换色谱柱。

【任务实施】

请进行气相色谱仪的维护与检查，并填写设备维护、保养记录表（见表 9-15）。

表 9-15 气相色谱仪维护、保养记录表

仪器型号：__________ 仪器编号：__________

类别	项目	检查	措施/备注
气源	气源完好/气瓶压力正常	□是 □否	
	气路完好、气路开关/阀门关闭	□是 □否	
	气体干燥剂有效	□是 □否	
外观	设备外表无残留溶液或污渍	□是 □否	
	进样口完好	□是 □否	
内部	色谱柱完好、接口牢固	□是 □否	
	内部无杂物	□是 □否	
	排风口附近无阻碍物	□是 □否	
环境	外部湿度、温度适宜	□是 □否	湿度： 温度：
通电检查	显示屏正常显示	□是 □否	
	自检正常	□是 □否	
	温控控制正常	□是 □否	
	流量仪表正常	□是 □否	
	点火正常	□是 □否	
	信号正常	□是 □否	
校验	内检：检查样测试	□是 □否	
	外检：定期进行计量	□是 □否	

详细维护、保养记录：

维护人：__________ 维护日期：__________

拓展任务　内标法定量

【任务要求】

在理解内标法定量原理的基础上，进行正十四烷内标法定量实验的设计。

【学习目标】

1. 理解内标法定量原理。
2. 合理设计内标法定量实验。
3. 正确进行加标样品的制备。
4. 正确、规范使用气相色谱仪进行样品测定。
5. 正确计算响应因子和正十四烷含量。

【任务支持】

内标法定量

当只需要测定试样中某几个组分，而且试样中所有的组分不能全部出峰时，可采用此法。

所谓内标法是指将一定量的纯物质作为内标物，加入准确称取的试样中，根据被测物和内标物的质量及其在色谱图上相应的峰面积比，求出某组分的含量。

例如：要测定试样中组分 i 的质量分数 w_i，可于试样中加入质量为 m_s 的内标物，此时试样质量为 m。一般常以内标物为基准，设其峰面积为 1，按式(9-5) 计算质量分数。

$$w_i=\frac{A_i}{A_s}\cdot\frac{m_s}{m}\cdot f_i\times100\% \tag{9-5}$$

式中，A_i 为组分峰面积；A_s 为内标物峰面积。

由上述计算式可以看到，该方法是通过测量内标物及欲测组分的峰面积的相对值来进行计算的，因而由于操作条件变化（特别是进样技术导致的误差）而引起的误差，将被抵消，所以可得到较准确的结果。这是内标法的优点。

此外，内标法不像归一化法在使用上有限制，但每次分析都要准确称取试样和内标物的质量，因而它不宜做快速控制分析。

【任务实施】

气相色谱法测定正十四烷——内标法定量实验报告

尝试设计正十四烷内标法测定（以正十一烷为内标物）实验报告（实验目的、所需仪器、耗材清单、实验步骤、数据记录与处理、质控与实验反思），并进行参数摸索、盲样测定，完成实验报告。

【项目评价汇总】

请完成项目评价（见表 9-16）。

表 9-16　项目评价汇总表

认识气相色谱仪	检出限测定	标准曲线	定性分析	定量分析	数据处理与分析	设备维护与排故	拓展任务
10%	20%	20%	10%	20%	10%	10%	+20%
总分：							

【项目反思】

请就本项目完成过程中的困难部分或对数据影响较大的步骤进行总结和反思。

项目十

液相色谱法测定雪碧中的苯甲酸钠

【项目介绍】

高效液相色谱仪是广泛应用于环境、食品、医药检测等行业的常规大型仪器。在环境检测中主要用于水质和土壤中沸点较高有机物的检测。本项目以雪碧饮料中苯甲酸钠的测定为载体，运用液相色谱仪对其进行定性和定量分析。

【学习目标】

1. 掌握液相色谱法的基本原理。
2. 掌握液相色谱仪的结构及功能。
3. 掌握液相色谱仪的基本操作。
4. 正确、规范进行液相色谱仪检出限的测定。
5. 正确、规范使用液相色谱仪进行有机物的定性和定量分析。
6. 及时记录数据并进行数据分析。
7. 正确收集和处理“三废”，并在实验过程中减少“三废”产生。
8. 进行液相色谱仪的日常维护与简单故障的判断。

任务一　认识液相色谱法和液相色谱仪

【任务要求】

理解液相色谱法的基本原理，绘制液相色谱仪结构简图，标明每个部位的名称及功能，并根据分离原理画出样品及流动相经过的路线。

【学习目标】

1. 掌握液相色谱法的分离原理及类型。
2. 掌握色谱法专业用语。
3. 掌握高效液相色谱仪的结构和功能。

【任务支持】

一、液相色谱法的基本原理

高效液相色谱法是以液体为流动相进行有机物分离和检测的方法。它是在经典液相色谱的基础上，引入气相色谱的理论和技术而发展起来的，因此气相色谱的很多理论与技术同样适用于高效液相色谱。

高效液相色谱法与气相色谱法的主要差别在于流动相和操作条件，不同于气相使用惰性气体作为流动相，高效液相中流动相和组分间还存在一定的亲和力，流动相的性质也会影响分离效果。在操作条件上，高效液相色谱法可在室温下进行，由于采用颗粒极细的固定相，柱内压降很大，加上流动相黏度高，必须采用高入口压力才能保证流动相一定的线速。

由于固定相颗粒细而规则，能承受高压，加上使用高压输液设备和高灵敏度的检测器，其分离效率、分析速度和灵敏度都远远高于经典液相色谱法。

原则上，只要能溶解在流动相中的物质都可以使用高效液相色谱法进行分析，尤其是那些不适宜采用气相色谱分析的难挥发物质、热不稳定物质、离子型物质和生物大分子等。在目前已知的有机化合物中，80%能用高效液相色谱法分析，且此法不破坏样品，可方便地制备纯样。

二、液相色谱法的分离模式

根据固定相的不同，可将液相色谱法分为液-固色谱法和液-液色谱法。

1. 液-固色谱法

液-固色谱法适用的固定相为固体吸附剂，利用各组分在固定相上吸附能力的不同将它们分离，又称液-固吸附色谱法。常用的固定相有碳酸钙、硅胶、三氧化二铝、氧化镁、活性炭等。尤其是硅胶，不仅可以直接用作液固色谱法的固定相，还是液-液色谱法和键合相色谱法固定相的主要基体材料。

液-固色谱法填料便宜，对样品负载量大，在 pH 为 3～8 范围内固定相的稳定性好，是大多数制备色谱分离中优先选用的方法。

2. 液-液色谱法

液-液色谱法又称为分配色谱法。其流动相和固定相都是液体，它的固定相是在惰性载体表面涂布一层固定液，而此固定液不溶于流动相。当组分随流动相进入色谱柱后，很快地在两相间达到分配平衡，根据各组分在两相间的分配系数的差别而实现分离。高效液-液色谱法使用的载体材料多为多孔性或薄壳型（表面多孔）微粒硅胶吸附剂。由于涂渍固定液的种类繁多，因此液-液色谱法已发展成为能分离多种类型样品的方法，包括水溶性和油溶性样品、极性和非极性化合物、离子型和非离子型化合物等。此外，液-液色谱法还具有色谱柱再生方便、样品负载量高、重现性好、分离效果好等优点。

根据固定相和流动相的极性不同，液-液色谱可分为正相和反相分配色谱。若流动相是非极性溶剂，固定相是极性化合物，或流动相极性远小于固定相，称为正相分配色谱；反之，流动相是极性的，固定相是非极性的，或者固定相的极性远小于流动相，称为反相分配色谱。因此在正相分配色谱中，极性弱的物质先出峰，而在反相分配色谱中，极性强的物质先出峰。

液-液色谱法最大的缺点是固定液易流失，分离的稳定性和重现性差，不适合梯度洗脱。为了减小固定液的流失，可在柱前加一前置柱。前置柱的载体上涂布高含量的与分析柱相同的固定液，使流动相流经色谱柱前先被固定液饱和，减少色谱柱中固定液的流失。

三、化学键合相色谱法

化学键合相色谱法是由液液分配色谱发展起来的，可以很好地解决分配色谱法存在的固定液流失的问题，提高色谱柱寿命和稳定性，提高固定相选择性。

化学键合固定相是通过化学反应将有机分子键合在载体表面所形成的柱填充剂。这种固定相的分离既不是单一的吸附作用，也不是单一的液液分配机理。一般认为吸附和分配两种机理兼有，键合相的表面覆盖度大小决定何种机理起作用。对多数键合相来说，以分配机理为主。

根据键合固定相与流动相相对极性的强弱，可以将键合相色谱法分为正相键合相色谱法和反相键合相色谱法。在正相键合相色谱法中，键合固定相的极性大于流动相的极性，适用于分离油溶性或水溶性的极性和强极性化合物。在反相键合相色谱法中，键合固定相的极性小于流动相的极性，适于分离非极性、极性或离子型化合物，其应用范围比正相键合相色谱法更广泛。据统计，在高效液相色谱法中，约 70%～80%的分析任务皆由反相键合相色谱法来完成。

通常，化学键合相的载体是硅胶，硅胶表面的硅羟基能与合适的有机化合物反应，使具有不同极性官能团的有机分子键合在表面而获得不同性能的化学键合相。

但在制备过程中硅胶表面残留的硅羟基会影响溶质的保留机理，产生吸附效应，引起色谱峰的拖尾或不对称，影响色谱柱的稳定性和保留行为的重复性。

在流动相中加入适量的盐类，如碳酸铵、四烷基铵盐等可以减少拖尾，加入盐类是为了减少组分通过离子交换与键合相表面残留的硅羟基作用，盐类的浓度一般为千分之几。

四、高效液相色谱仪（HPLC）的组成

以岛津 LC-16 型高效液相色谱仪为例介绍仪器组成，如图 10-1 所示。其基本工作流程如下：

① 流动相从贮液器中排出（经过滤），由泵通过管路送液。

② 泵将流动相经手动进样器、色谱柱、检测器的顺序，最后送至废液瓶。

③ 样品通过手动进样器用注射器注入系统。

④ 在色谱柱中，通过流动相和色谱柱（固定相）的相互作用，成分被分离，按序流出。

⑤ 检测器检测从色谱柱中洗脱的成分，然后将信号数据发送至电脑数据处理系统。

⑥ 流动相从检测器中排出，流到废液瓶中。

以下分别针对每个组成部分进行详细介绍。

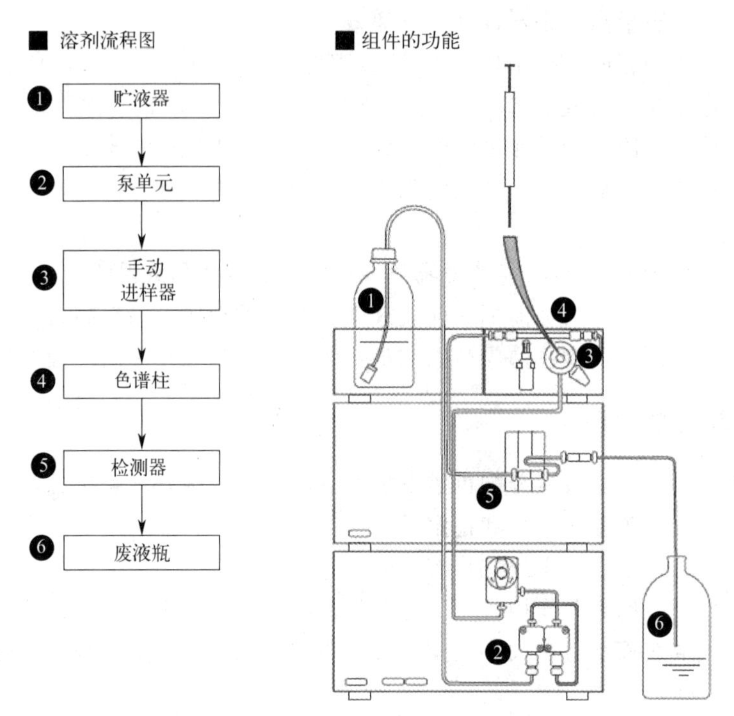

图 10-1 岛津 HPLC 简易（等度）系统组成

1. 贮液器

贮液器用于存放溶剂，即流动相。贮液器一般采用玻璃、不锈钢、氟塑料等耐腐蚀材料，容积约为 0.5～2.0L。贮液器一般放置在泵体以上，便于保持一定的输液静压差。

需要注意的是，为防止流动相中的颗粒进入泵内产生阻塞现象，所有溶剂在放入贮液器之前必须经过 0.45μm 滤膜过滤。此外，在输出流动相的连接管路上，插入贮液器的一端通常装有多孔不锈钢过滤器或由玻璃制成的专用膜过滤器。

另外，溶于流动相的空气会影响液相色谱的性能：使泵中产生气泡造成流速不稳、增加检测器噪声、降低响应甚至信号消失。所以在流动相进入泵之前必须经过脱气，以除去其中溶解的气体。常用的方法是超声脱气法和在线真空脱气法，前者只需要将流动相置于超声清洗器中，振荡 10～15min 即可，操作简单，但效果有限；在线真空脱气法把真空脱气器串联到贮液系统中，并结合膜过滤器，实现了流动相在进入输液泵之前的连续真空脱气，效果优于超声脱气法，且适用于多元溶剂系统。

2. 高压输液泵

高压输液泵用于输送流动相，其压力一般为几兆帕到数十兆帕。这是因为液体的黏度比气体大约 10^2 倍，同时固定相的颗粒极细，柱内压降大，为保证一定的流速，必须借助高压迫使流动相通过色谱柱。

泵有恒压泵和恒流泵两种，目前常用的为恒流泵，典型的有往复柱塞泵。使用时应注意泵使用完之后需要用缓冲液将泵清洗干净，否则会加速泵中密封垫圈的损坏，引起渗漏，造成流速不稳，且流动相渗透到泵内会腐蚀轴承和机件，垫圈的碎片堆积在柱头也会阻塞管道，引起柱性能下降。

为了保证泵输出平稳，泵上还装有压力传感器，用来调节流速；为了补偿流动相的可压缩性，还装有流速调节器和马达转速测量系统。在泵与进样器之间还有卸液阀，用于排除气泡或更换流动相时加大流速，将管道和泵腔快速洗净。

3. 梯度洗脱装置

梯度洗脱装置是在分离过程中通过逐渐改变流动相的组成来提高洗脱能力的一种装置。通过梯度洗脱装置可以将两种、三种、四种溶剂按一定的比例混合进行二元、三元、四元梯度洗脱。

梯度洗脱有两种形式，即低压梯度和高压梯度。低压梯度系统如图 10-2 所示，采用低压混合设计，只需一个高压泵，在常压下将两种或两种以上溶剂按一定比例混合后，再由高压泵输出，梯度改变可呈线性、指数型或阶梯型。高压梯度系统如图 10-3 所示，采用两个高压泵，由梯度控制器控制两个泵的输出流量，两种不同的溶剂按不同比例在高压下混合，可以得到各种类型的梯度，之后再由另一个高压泵输送至色谱柱。

梯度洗脱类似于气相色谱中的程序升温。

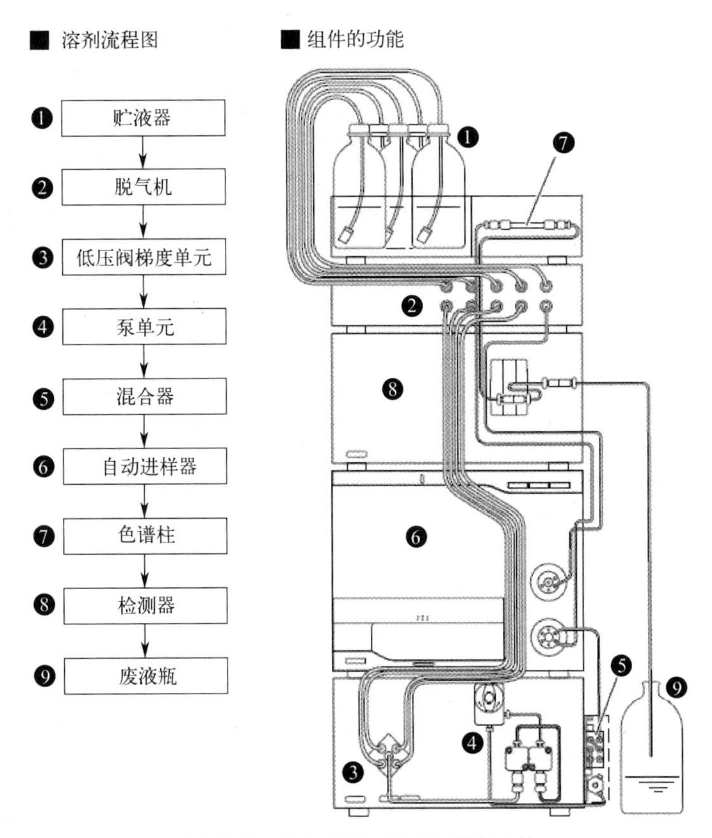

图 10-2　岛津 HPLC 低压梯度系统

4. 进样器

高效液相色谱法进样普遍使用高压进样阀。现一般使用耐高压、低死体积的六通阀进样，如图 10-4 所示。阀体用不锈钢制成，旋转密封部分由合金陶瓷材料或聚四氟乙烯制成，既耐磨密封性能又好。

当进样阀手柄置于充样位置时，高压泵将流动相直接输送至色谱柱，此时使用液相色谱特制的平头针吸取比定量样品环体积稍多的样品，从 4 号孔即进样孔注入，此时过量于进样

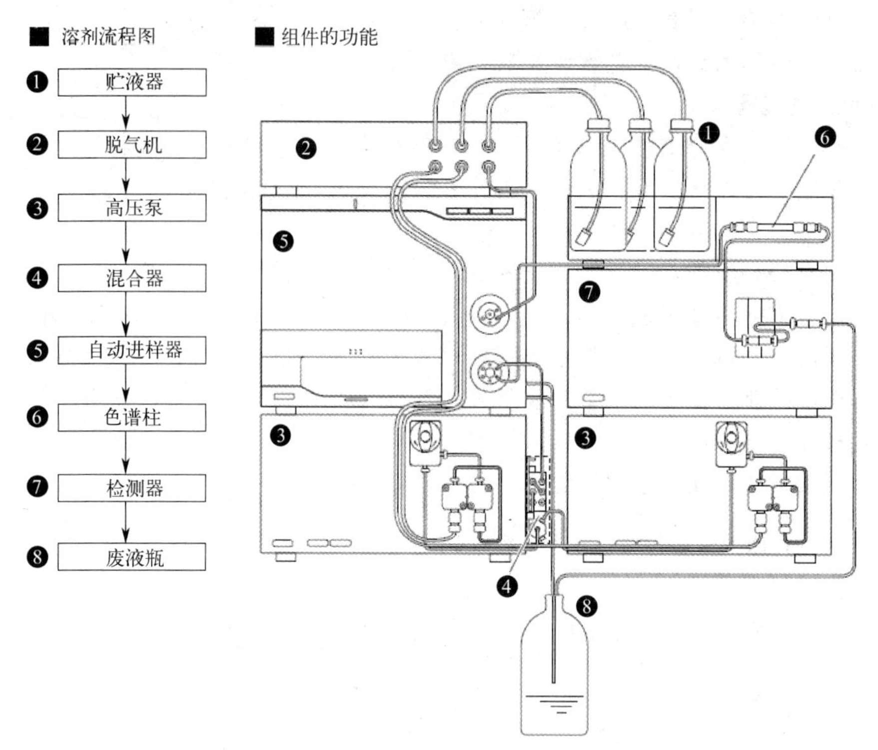

图 10-3　岛津 HPLC 高压梯度系统

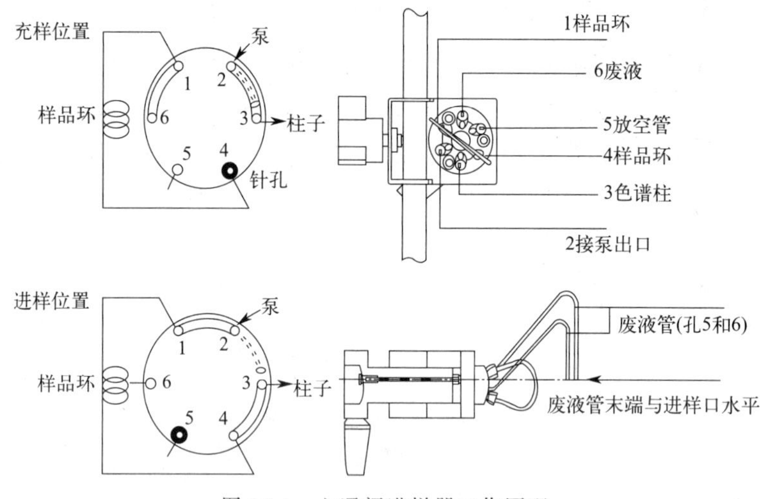

图 10-4　六通阀进样器工作原理

量的样品将进入 4 号孔连接的旁路上，多余的样品将从 6 号废液口排出，保证旁路中样品量即为进样量（通过定量样品环控制，定量样品环有不同的规格，可按分析要求选用）。再将进样阀手柄置于进样位置，此时泵会将流动相送至旁路将充满其中的定量样品带入色谱柱，完成定量进样过程。

在分析实验室中也经常使用配有自动进样器的高效液相色谱仪，其进样器由计算机自动控制定量阀，按照预先编制注射样品的操作程序工作，自动进样器的样品量可连续调节，进样重复性高，适合作大量样品分析，节省人力，可实现自动化操作。

5. 色谱柱

色谱柱是整个色谱系统的心脏，它的质量优劣直接影响分离效果的好坏。色谱柱通常采用优质不锈钢管制成。柱内壁要求光洁平滑，否则内壁的纵向沟痕和表面的孔洞也会引起谱带展宽，柱接头的死体积也应尽可能小。用于常规分析的色谱柱柱长一般为 15～25cm，内径为 4～5mm。

6. 检测器

高效液相色谱仪常用的检测器有紫外吸收检测器（UVD）、折光指数检测器（RID）、荧光检测器（FD）和电导检测器（ECD）等。在环境污染物检测中最常用的是紫外吸收检测器。

（1）紫外吸收检测器　紫外吸收检测器是一种选择性浓度型检测器，它仅对那些在紫外波长下有吸收的物质有响应。它分为固定波长、可变波长和二极管阵列检测三种类型。

① 固定波长紫外吸收检测器　固定波长紫外吸收检测器由低压汞灯提供固定波长（$\lambda=245nm$ 或 $\lambda=280nm$）的紫外光。它结构紧凑、造价低、操作维修方便、灵敏度高，适于梯度洗脱。

② 可变波长紫外吸收检测器　可变波长紫外吸收检测器可以在 190～600nm 范围内调节波长。在某一时刻只能采集某一特定的单色波长的吸收信号。由于可选择的波长范围很大，既提高了检测器的选择性，又可选用组分的最灵敏吸收波长进行测定。

③ 光电二极管阵列检测器（DAD）光电二极管阵列检测器是 20 世纪 80 年代发展起来的一种新型紫外吸收检测器，它与普通紫外吸收检测器的区别在于进入流通池的不再是单色光，获得的检测信号也不是在单一波长上的，而是全波长范围内的色谱信号，因此它不仅可以进行定量检测，也可以进行组分的光谱定性分析。

（2）折光指数检测器　折光指数检测器也称示差折光检测器，它是通过连续监测参比池和测量池中溶液的折射率之差来测试试样浓度的检测器。由于每一种物质都具有与其他物质不同的折射率，因此 RID 检测器是一种通用型检测器。

溶液的折射率等于溶剂及其中所含溶质组分的折射率与其各自的摩尔分数的乘积和。当样品浓度低时，样品在流动相中流经测量池时的折射率与纯流动相流经参比池时的折射率之差，作为样品的定量依据。

此类检测器一般不适用于梯度洗脱，因为流动相组分的任何变化都对其检测结构有明显影响，会干扰被测样品的检测。

RID 检测器的普及程度仅次于紫外吸收检测器，它对温度变化敏感，使用时温度变化应保持在±0.001℃范围内，其灵敏度较低，不宜用于痕量分析。

（3）电导检测器　电导检测器是一种选择性检测器，用于检测阳离子或阴离子，在离子色谱中获得广泛应用。它利用流动相中含有的离子通过流通池时引起电导率的改变来检测样品浓度。由于电导率随温度变化，因此测定需要保持恒温。它不适用于梯度洗脱。

此类检测器具有较高的灵敏度，但当使用缓冲液作流动相时，其灵敏度会下降。

（4）荧光检测器　荧光检测器是利用某些溶质在受紫外光激发后，能发射可见光（荧光）的性质来进行检测的。它是一种具有高灵敏度和高选择性的检测器。对不产生荧光的物质，可使其与荧光试剂反应，制成可发生荧光的衍生物再进行检测。

荧光检测器的灵敏度比紫外吸收检测器高 100 倍，当要对痕量组分进行选择性检测时，它是一种有力的检测工具。但它的线性范围较窄，不宜作为一般的检测器来使用，可用于梯度洗脱，测定中不能使用会熄灭、抑制或吸收荧光的溶剂作流动相。

【任务实施】

1. 绘制高效液相色谱仪结构图，标注其组成部分及功能，并用红笔标注样品经过路径。

2. 请绘制六通阀进样器充样和进样示意图（工作原理）。

任务二　溶液配制

【任务要求】

液相色谱法的流动相、标准试剂和标准系列溶液均需要提前进行配制。此外，为了获得合适浓度的样品、避免样品中的杂质堵塞管路，还需要对样品进行稀释和预处理。

【学习目标】

1. 理解液相色谱法的分离原理。
2. 正确使用、理解色谱分析法专业用语。
3. 掌握液相色谱仪流动相的选择原则与配制方法。
4. 合理设置标准系列溶液的浓度。

【任务支持】

一、液相色谱流动相的选择

当进行高效液相色谱分析时，如不了解样品的性质和组成，选用何种 HPLC 分离模式就会成为一个难题。为了解决此问题，应首先了解样品的溶解性质，判断样品分子量的大小以及可能存在的分子结构及分析特性，最后再选择高效液相色谱的分离模式，以完成对样品的分析。

1. 样品的溶解度

通常优先考虑的是样品不必进行预处理，就可经溶样来进行分析，因此样品在有机溶剂和水溶液中的相对溶解性是样品最重要的性质。

通过样品在有机溶剂中溶解度试验，可初步判定样品是非极性化合物还是极性化合物。若样品溶于非极性溶剂，为非极性化合物，可选用正相键合相色谱法进行分析。反之，若样品为极性化合物，则可选用反相键合相色谱法进行分析。

若样品溶于水相，可首先检查水溶液的 pH 值，若呈中性为非离子型组分，常可采用反相或正相键合相色谱法进行分析。

2. 流动相

高效液相色谱中，流动相对分离起极其重要的作用，在色谱柱选定之后，流动相的选择是最关键的。用作流动相的溶剂应满足以下要求：

（1）纯度高　溶剂的纯度极大地影响色谱系统的正常操作和分离效果。溶剂中的杂质会污染色谱柱、损坏泵或堵塞输液通道，造成压力升高，基线漂移。

（2）黏度低　若溶剂黏度高，为了保证一定的流速，则必须升高压力，太大的压力会使色谱柱性能降低，降低泵的使用寿命。

（3）化学稳定性好　流动相不能与固定相或组分发生任何化学反应。

（4）溶剂沸点要高于55℃　低沸点溶剂挥发度大，容易使流动相浓度或组分发生变化，也容易产生气泡。

（5）溶剂要能完全浸润固定相　溶剂对所测定的组分要有合适的极性，最好选择样品的溶剂作流动相。

（6）溶剂要与检测器匹配　采用紫外吸收检测器时，所选择的溶剂在检测器的工作波长下不能有紫外吸收。

液相色谱常用的流动相有乙腈-水溶液、乙腈-醋酸水溶液、甲醇-水溶液、乙腈-磷酸水溶液等。

二、液相色谱流动相缓冲盐的配制

1. 流动相中加入缓冲盐的目的和常用缓冲盐

若样品本身pH值较高或较低，或样品中物质有离子化倾向时，容易对液液分离体系造成影响，导致峰形异常。为了增强流动相的缓冲能力，避免体系受到样品酸碱性的干扰，同时优化峰形（尖锐对称）、抑制某些物质的解离，通常会在流动相中加入具有缓冲作用的盐溶液，如甲酸盐、乙酸盐、磷酸盐。

（1）甲酸盐　通常在液相色谱中常用的甲酸盐都是甲酸铵，这类盐的溶解度好，对色谱柱的伤害也比较小，但是缺点是离子强度比较低，另外就是甲酸盐比较容易吸潮，称量的时候比较困难，在流动相里还可能挥发。与甲酸配合，可以得到甲酸-甲酸铵缓冲体系，缓冲能力大概在pH 3～4.5的范围之内，只要调节两者浓度的比例即可。

（2）乙酸盐　常见的乙酸盐为乙酸铵，在使用上，和甲酸盐十分类似，离子强度也不高，与乙酸配合的乙酸-乙酸铵缓冲体系pH可控制在4～5.5左右。

（3）磷酸盐　常用的是磷酸的钠盐和钾盐，二者对pH的控制能力十分接近，只是离子强度稍有差异，绝大多数情况下是可以互换使用的，磷酸由于是多元酸，能够形成一氢盐和二氢盐，所以使用磷酸缓冲体系调节pH组合比较多，跨度比较大，并且可以提供较高的离子强度，可惜磷酸盐流动相体系无法兼容质谱，并且对色谱柱损伤较大。以磷酸的钠盐为例，可以有以下两种组合的缓冲体系：磷酸-磷酸二氢钠，pH可以达到1.2～3.1左右；磷酸二氢钠-磷酸氢二钠，pH可以达到6.5～8左右。

2. 流动相中缓冲盐的正确使用

（1）使用前处理　先用不含缓冲盐的流动相冲洗色谱柱，直至基线平稳，再进含缓冲盐的流动相。原则上，用于冲洗的流动相与分析时所用的流动相含水比例相同（或含水更多），不同的是冲洗用的流动相中不含缓冲盐。

这么做是因为缓冲盐通常易溶于水，难溶于有机溶剂。用含缓冲盐的（特别是作流动相的水为饱和的缓冲盐溶液时）流动相进行分析时，如果分析前色谱柱中用于保存色谱柱的流动相中含水的比例相对较小，不先冲洗，如分析用的流动相中有机溶剂含量大，且含水比例又不足以溶解该缓冲盐时，缓冲盐将会在色谱柱柱体中析出、沉积，破坏色谱柱。

（2）使用后处理　用于分析时用含水比例相同的流动相（与分析用流动相唯一的区别是，用于冲洗的流动相不含缓冲盐）冲洗约30min，直至基线平稳。如该色谱柱在接下来很长一段时间内不使用，要长期保存，则需再用纯的有机溶剂冲洗一遍，直至基线平稳。

（3）缓冲液使用注意事项

① 避免使用盐酸盐，盐酸盐对钢质品有腐蚀作用。

② 缓冲液最好现配现用，因为缓冲液是良好的菌类培养液，隔天或放置长时间会导致细菌滋生，堵塞色谱柱。

③ 实验后不可用有机溶剂直接过渡，有机溶剂会使盐类析出，造成液路或色谱柱堵塞，可用 95∶5 的水-甲醇冲洗。

④ 使用缓冲液要及时掌握 pH 范围，做到心中有数。

⑤ 清洗液路和柱子时，有温控的可加热到 30℃，更易冲洗。

⑥ 长时间用缓冲溶液要注意观察接头处有无析出，若有白色盐类析出，可考虑用 10% 硝酸冲洗液路（拆下柱子，走 30mL，再用 5 倍水冲洗），避免液路堵塞。

⑦ 用过缓冲盐的柱子，先用水冲再用有机溶剂冲比较好，水冲至少要 40min，否则连续使用柱压必定会升高。

三、饮料中苯甲酸钠测定标准溶液的配制及样品前处理

1. 标准溶液的配制

（1）苯甲酸钠标准溶液　使用苯甲酸钠基准物质、去离子水配制浓度为 1mg/mL 的苯甲酸钠标准贮备液。临用前稀释 1000 倍成为使用液，该使用液每毫升含 1μg 苯甲酸钠。

（2）苯甲酸钠标准系列溶液　临用前，使用去离子水将苯甲酸钠标准使用液进行稀释，获得适宜浓度的标准系列溶液，浓度在 0.02～2.50ng/mL 之间，设置不少于 7 个点，要求标准曲线相关系数不低于 0.999。

2. 样品前处理

（1）汽水类　准确称取 5.00～10.00g 试样，精确至 0.0001g，放入小烧杯中，微温搅拌除去其中溶解的二氧化碳气体，用氨水（1+1）溶液调 pH 约为 7，用玻璃棒小心将样品转移至 25mL 容量瓶中，并用少量水清洗烧杯内壁，清洗液一并转移至容量瓶中，并加水定容至刻度，摇匀，经 0.45μm 水系滤膜过滤（可使用针筒过滤器），待测。

（2）饮料类　准确称取 5.00～10.00g 试样，精确至 0.0001g，用氨水（1+1）调 pH 约为 7，用玻璃棒小心将样品转移至 25mL 容量瓶中，并用少量水清洗烧杯内壁，清洗液一并转移至容量瓶中，并加水定容至刻度，摇匀，经 0.45μm 水系滤膜过滤（使用针筒过滤器），待测。

3. 流动相准备

使用前应按待检样品的检验方法准备所需流动相（水使用去离子水，其他有机溶剂要求色谱纯，无机盐缓冲液浓度一般低于 20mmol/L），用合适的微孔滤膜过滤（有机相和水相应分别选用各自的专用滤膜，一般有机相用尼龙滤膜，水相用再生纤维素滤膜。有机相切不可用水相滤膜过滤，会导致滤膜溶解），超声脱气 20min 以上待用。

测定苯甲酸钠建议使用的流动相为乙酸铵（0.02mol/L）/甲醇（V/V=95/5）。

（1）乙酸铵溶液（0.02mol/L）称取 1.54g 乙酸铵，加入适量去离子水溶解，用去离子水定容至 1000mL，经 0.22μm 水相微孔滤膜过滤后备用。

（2）色谱纯甲醇使用 0.45μm 有机相滤膜过滤后备用。

（3）将过滤后的乙酸铵溶液和甲醇按 95%（体积分数）和 5%（体积分数）混合。

【任务实施】

1. 根据流动相和标准溶液配制方法，梳理所需领用试剂，填写领用记录表（见表 10-1）。

表 10-1 试剂领用记录

序号	试剂名称	取用前/g	取用后/g	取用量/g	取用目的	取用人	取用时间

审核员：______ 监督员：______

2. 请根据要求设计标准曲线系列配制方法，填写表 10-2。

表 10-2 标准系列溶液配制表

贮备液浓度：______ 使用液浓度：______ 液相色谱定量环体积：20μL

序号	1	2	3	4	5	6	7
贮备液加入量							
定容体积							
标准溶液浓度							
标准溶液含量/ng							

3. 请配制苯甲酸钠测定所需要使用的流动相，并写出配制方法。

流动相：乙酸铵（0.02mol/L）/甲醇（$V/V=95/5$）。

（1）流动相配制方法：

（2）流动相的过滤：

流动相所使用的溶液应先分别使用微孔滤膜过滤，然后再混合，其中需要使用 0.22μm 水相微孔滤膜过滤的是______，需要使用 0.45μm 有机相微孔滤膜过滤的是______。样品可以使用______微孔滤膜过滤。

（3）分别装入流动相瓶 A 和 B 中：

任务三　液相色谱仪参数设置与检出限测定

【任务要求】

能正确进行高效液相色谱仪开关机操作和参数的设置，能进行液相色谱法测定苯甲酸钠检出限的测定。

【学习目标】

1. 掌握高效液相色谱仪的基本开关机操作。
2. 使用工作站正确进行高效液相色谱仪参数设置。
3. 正确、规范进行液相色谱仪检出限测定。
4. 及时、规范填写数据。
5. 正确计算检出限。

【任务支持】

高效液相色谱仪的基本操作步骤

以苏州岛津 LC-16 型液相色谱仪为例，说明高效液相色谱基本操作。

1. 准备工作

(1) 色谱柱准备　根据待检样品的需要选用合适的色谱柱，柱进口方向应与流动相流向一致（检查柱上“FLOW”流向）。

(2) 仪器和安全检查

① 检查仪器各种部件的电源线、数据线和输液管道连接是否正常。

② 检查通风装置是否打开，检查废液瓶是否有效接地。

③ 由于液相色谱使用有机溶剂较多，所以仪器室需通风良好，且严禁一切明火。

2. 开机、参数设定及系统平衡

(1) 开机　接通电源，依次开启稳压电源、泵、柱箱、检测器，待泵和检测器自检结束后，打开电脑显示器、主机、启动工作站软件。LC-16 外置溶剂输送面板见图 10-5。显示面板和键盘上各键的功能见表 10-3。

(2) 排气泡　排气泡或更换流动相时滤头必须完全浸入流动相中，否则可能带入气泡。更换流动相时应先关闭泵，等柱压为零时再拿出滤头更换。

① 将泵的吸滤器放入装有准备好的流动相的贮液器中。

② 逆时针转动泵的排液阀 180°，打开排液阀。

③ 按 purge 键，pump 指示灯亮，泵大约以 9.9mL/min 的流速冲洗，3min（可设定）后自动停止。

④ 将排液阀顺时针旋转到底，关闭排液阀。

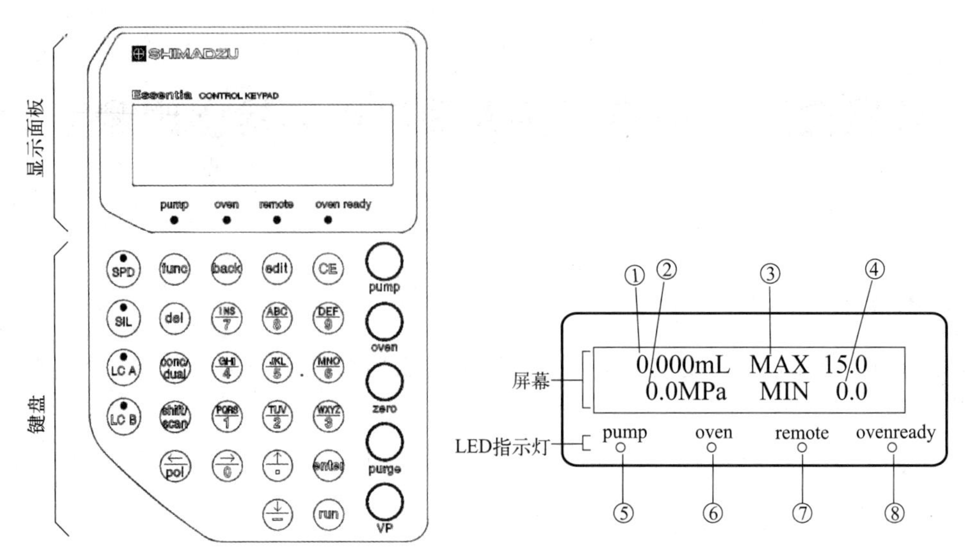

图 10-5　LC-16 溶剂输送系统面板

表 10-3　LC-16 溶剂输送系统面板和键盘上各键的功能

编号/键	显示/名称	功能
①	流量/压力	显示在恒定流量送液模式中的设定流速(mL/min),以及恒定压力送液模式中的设定压力
②	实际压力	显示压力传感器的读取值
③	压力报警上限	显示压力上限
④	压力报警下限	显示压力下限
⑤	pump	当泵运行时点亮
⑥	oven	当有柱温箱被使用时点亮
⑦	remote	受控制(外控)模式指示灯 当仪器被系统控制器控制时点亮
⑧	oven ready	有柱温箱工作时达到设定温度值点亮
pump 键	泵开关键	启动和停止泵
oven 键	柱温箱开关键	打开和关闭柱温箱的控温功能
zero 键	自动归零键	将调节压力传感器的显示压力值归零
purge 键	排液键	启动和停止排液 在开始清洗 3 分钟后会自动停止 也可通过 purge 键停止排液 可以使用清洗定时[P-TIMER]辅助功能更改清洗的持续时间
VP 键	VP 键	从初始屏幕切换到 VP 模式
run 键	程序开关键	启动和停止时间程序
edit 键	编辑键	激活时间程序编辑模式(从初始屏幕)
conc/dual 键	浓度/双波长键	浓度键:设定梯度分析中的液体浓度(用于 LC-16) 双波长键:在双和单波长模式之间切换(用于 SPD-16)
pol 键	极性键	切换记录仪输出的极性
shift/scan 键	上档/扫描键	上档键:使用键盘按键横线以上的功能前使用 扫描键:激活波长扫描功能
0～9 键	数字键	输入数字
enter 键	输入键	确认输入

编号/键	显示/名称	功能
CE 键	清除键	返回初始屏幕 取消自按下 enter 键前所输入的值 清除错误信息并取消报警
del 键	删除键	删除显示屏幕上的时间程序的单独行(编写时间程序时)
func 键	功能键	向前滚动辅助功能,重复按直至出现期望的参数 编辑时间程序时,滚动时间变成功能列表
back 键	返回键	向后滚动辅助功能,重复按直至出现期望的参数 编辑时间程序时,向后滚动时间变成功能列表
一键	减号键	输入负值
SPD 键	SPD 键及指示灯	控制 SPD-16 检测器时指示灯点亮
LCA 键	LCA 键及指示灯	控制 LC-16A 泵时指示灯点亮
LCB 键	LCB 键及指示灯	控制 LC-16B 泵时指示灯点亮

⑤ 如管路中仍有气泡，则重复以上操作直至气泡排尽。

⑥ 如用以上方法仍不能排尽气泡，从柱入口拆下连接管，放入废液瓶中，设流速为5mL/min，运行一段时间后按 pump 键停泵，重新接上柱子并将流速重设定为规定值。

（3）参数设定　需要设定的参数有波长、流速、流动相比例和梯度（进行梯度洗脱时设置），设定既可以使用键盘也可以使用工作站进行，后者更为常用。

（4）系统平衡

① 打开工作站，输入实验信息并建立检测方法，输入各项参数。

② 等度洗脱方式系统平衡

a. 按 pump 键启动泵，用检测方法规定的流动相冲洗系统，一般最少使用 6 倍柱体积的流动相。

b. 检查各管路连接处是否漏液，如漏液应予以排除。

c. 观察泵控制屏幕上的压力值，压力波动应不超过 1MPa，如超过则可初步判断为柱前管路仍有气泡，需排气泡。

d. 观察基线变化，冲洗至基线漂移＜0.01mV/min，噪声＜0.001mV 时，可认为系统达平衡，可以进样。

③ 梯度洗脱方式系统平衡

a. 以检测方法规定的梯度初始条件，按上述方法平衡系统。

b. 在进样前运行 1～2 次空白梯度。方法为：按 pump 键启动泵，prog. run 指示灯亮起，梯度程序运行；程序停止时，prog. run 指示灯灭。

c. 如果使用前色谱柱中保存的流动相为纯甲醇或纯乙腈，而新流动相中含有缓冲盐时，应先用纯水冲洗色谱柱 10min 左右再使用流动相，以免盐析出，损坏系统。

d. 如系统为正相或反相交换使用，应先将所有管路用异丙醇清洗后再更换新流动相。

3. 分析

（1）进样前按 zero 键调零。

（2）用试样溶液清洗进样器，并排除气泡后抽取试样，抽取量应为注样量的 3 倍以上，以保证准确定量的进样环被充满。

（3）在进样阀处于“inject”档时，插入进样器，迅速旋转至“load”档，注入样品，拔出进样器，旋回“inject”档，完成进样。

（4）至样品检测结束，在工作站上记录和分析数据，或生成报告。

4. 清洗系统、关机

（1）手动进样器清洗　用注射器吸 20mL 超纯水后套上冲洗头，将冲洗头轻轻顶在进样口上（不宜用力过大，否则容易损坏进样口），使进样阀保持在“load”位置，慢慢将水推入，水将通过注射针导入口、引导管和注射针密封圈，由样品溢出管排出。

（2）色谱柱清洗　继续以分析中使用的流动相冲洗 10min 以上，待基线平稳后关闭检测器，冲洗色谱柱方法如下：

① 如流动相中不含缓冲盐，可用甲醇∶水＝70∶30（或用纯甲醇）冲洗 30min 以上，流速设零后再关闭所有仪器设备，顺序为：先退出工作站软件，再依次关闭系统控制器、检测器、自动进样器（如有）、柱温箱、泵。

② 如流动相含缓冲盐，可先用纯水冲洗 20～30min 后再用甲醇∶水＝70∶30（或纯甲醇）冲洗 30min 以上，流速设零后再关闭仪器各部分，然后关闭总电源结束实验。

【任务实施】

正确进行气相色谱仪开关机，正确设置参数，进行检出限的测定，完成实验报告。

液相色谱仪检出限测定实验报告

一、实验目的

1. 熟悉液相色谱的组成。
2. 了解液相色谱基本工作原理。
3. 熟练掌握液相色谱工作站软件操作方法。
4. 熟练掌握参数设置方法。
5. 熟练掌握检出限测定方法。

二、实验所需仪器

1. 液相色谱：LC-16（紫外检测器）。
2. 电脑及工作站。
3. 抽滤装置。

三、实验所需器皿

请将实验所需器皿及其材料填入表 10-4。

表 10-4　器皿清单

序号	名称	规格	序号	名称	规格

四、实验步骤

（1）液相色谱仪开机：

(2) 使用工作站设置如下参数（建议参数）：

色谱柱 C_{18}（250mm × 4.6mm，5μm）；流动相甲酸-乙酸铵（0.002mol/L 甲酸 + 0.02mol/L 乙酸铵）/甲醇（V/V＝95/5）；流速 1.0mL/min；柱温 30℃；检测波长 230nm；定量环 10μL。

(3) 进样训练　重复进样三次，考查结果再现性。

(4) 峰面积定量、保留时间定性。

五、数据记录

实验要求：三次进样出峰保留时间一致、峰面积 RSD≤5%。数据及时记录至表 10-5 中。

表 10-5　实验数据记录表

序号	1	2	3		
峰面积					
保留时间					
平均值					
RSD					

六、贴图、图谱分析区

贴图区

七、液相色谱法测定雪碧中的苯甲酸钠含量检出限测定

1. 基线噪声分析

谱图苯甲酸钠含量：______，峰高________，基线噪声值__________。

以 10 倍噪声值作为定量检出限，则____________号仪器对苯甲酸钠的检测下限值为____________。

2. 计算过程

笔记

任务四　标准曲线绘制

【任务要求】

制备苯甲酸钠标准样品和标准系列溶液，使用液相色谱仪分析其含量、绘制标准曲线，并进行标准曲线的校验。

【学习目标】

1. 理解标准曲线法（外标法）定量的原理。
2. 正确、规范配制苯甲酸钠标准系列样品。
3. 正确、规范使用定量环进样。
4. 正确、规范使用液相色谱仪分析样品中的苯甲酸钠。
5. 根据标准样品浓度和标样系列峰面积严谨、细致地绘制标准曲线。
6. 对标准曲线进行校验，判断其是否符合质量控制要求。

【任务支持】

雪碧中苯甲酸钠含量的测定实验指导

参考标准：《食品安全国家标准 食品中苯甲酸、山梨酸和糖精钠的测定》(GB 5009.28—2016)。

一、实验目的

1. 掌握高效液相色谱仪的基本操作步骤。
2. 了解高效液相色谱分离检测原理。
3. 掌握饮料中苯甲酸钠检测的预处理、检测和数据分析方法。
4. 掌握高效液相色谱质量控制方法——标准曲线校验。

二、实验原理

液相色谱分离，紫外检测器检测，外标法定量。

三、试剂和材料

1. 流动相

甲酸-乙酸铵（0.002mol/L 甲酸＋0.02mol/L 乙酸铵）/甲醇（V/V＝95/5）。

2. 配制标准样品和试剂预处理使用的试剂和材料

（1）甲醇（色谱纯）：使用前经 0.45μm 微孔滤膜（有机相）过滤脱气处理。

（2）去离子水。

（3）乙酸铵溶液。

（4）甲酸-乙酸铵溶液。

(5) 色谱标准物质：苯甲酸钠标准品，纯度≥99.0%。

(6) 水相微孔滤膜：0.22μm 水相微孔滤膜。

3. 仪器

(1) 高效液相色谱仪。

① 检测器：紫外检测器。

② 色谱柱：C_{18}（250mm×4.6mm，5μm）。

(2) 定量环：10μL 定量环。

(3) 针筒过滤器。

(4) 电子分析天平：精度为 0.0001g。

4. 标准溶液

(1) 苯甲酸钠标准贮备液（1000mg/L） 准确称取苯甲酸钠 0.118g（精确到 0.0001g），用水溶解并定容至 100mL，于 4℃贮存，保存期为 6 个月。

(2) 苯甲酸钠标准使用液（200mg/L） 准确吸取苯甲酸钠标准贮备液 10mL 于 50mL 容量瓶中，用水定容，于 4℃保存，保存期为 3 个月。

(3) 苯甲酸钠标准系列溶液 按表 10-6 配制标准系列溶液。

表 10-6 标准系列溶液表

编号	0	1	2	3	4	5	6	7
移取工作液体积	0mL	0.05mL	0.25mL	0.50mL	1.00mL	2.50mL	5.00mL	10.0mL
定容体积	10mL	10mL	10mL	10mL	10mL	10mL	10mL	10mL
浓度	0.00mg/L	1.00mg/L	5.00mg/L	10.0mg/L	20.0mg/L	50.0mg/L	100mg/L	200mg/L

5. 流动相

(1) 乙酸铵溶液（0.02mol/L） 称取 1.54g 乙酸铵，加入适量去离子水溶解，用去离子水定容至 1000mL，经 0.22μm 水相微孔滤膜过滤后备用。

(2) 甲酸-乙酸铵溶液（0.002mol/L 甲酸＋0.02mol/L 乙酸铵） 称取 1.54g 乙酸铵，加入适量去离子水溶解，再加入 75.2μL 甲酸，用去离子水定容至 1000mL，经 0.22μm 水相微孔滤膜过滤后备用。

(3) 甲醇 色谱纯甲醇使用 0.45μm 有机相滤膜过滤后备用。

四、水样预处理

准确称取 5.00～10.00g 试样，精确至 0.0001g，放入小烧杯中，微升温搅拌除去其中溶解的二氧化碳气体，用氨水（1＋1）溶液调 pH 约为 7，用玻璃棒小心将样品转移至 25mL 容量瓶中，并用少量水清洗烧杯内壁，清洗液一并转移至容量瓶中，并加水定容至刻度，摇匀，经 0.22μm 水相滤膜过滤，待测。

五、分析步骤

1. 仪器参数设置

(1) 检测波长 230nm。

(2) 流速 1.0mL/min。

(3) 流动相 乙酸铵（0.02mol/L）/甲醇（V/V＝95/5）。

若存在干扰峰或需要辅助定性时，可以采用加入甲酸的流动相来测定，如甲醇加甲酸-乙酸铵溶液（V/V＝8/92）。

2. 标准曲线绘制

将标准系列溶液分别注入液相色谱仪后，测定相应的峰面积，以标准系列溶液的质量浓度为横坐标，以峰面积为纵坐标，绘制标准曲线。

3. 样品测定

将样品溶液注入液相色谱仪后，测定相应的峰面积，以保留时间定性，峰面积定量。

六、分析结果表述

$$\rho(C_7H_5NaO_2)=\frac{\rho\times V}{m\times 1000}(g/kg)$$

式中 ρ——从标准曲线上查出的苯甲酸钠的质量浓度，mg/L；

V——试样定容体积，mL；

m——试样质量，g。

七、精密度和准确度

在重复性条件下获得的两次独立测定结果的绝对差值不超过算术平均值的10%。

八、其他

按取样量2g，定容50mL时，苯甲酸钠的检出限为0.005g/kg，定量限为0.01g/kg。

【任务实施】

1. 制备标准系列溶液，使用液相色谱仪分别测定其峰面积，完成表10-7。

表10-7 校准曲线绘制原始记录表

曲线名称：________ 曲线编号：________ 标准溶液来源和编号：________

标准试剂：________ 标准贮备液浓度：________ 标准使用液浓度：________

适用项目：________ 仪器型号：________ 仪器编号：________

方法依据：________ 比色皿：________ 绘制时间：________

编号	标准溶液加入体积/mL	标准物质加入量/μg	仪器响应值(A)	空白响应值(A_0)	仪器响应值-空白响应值($A-A_0$)	备注

回归方程： $a=$______ $b=$______ $r=$______

液相色谱分析参数：

标准试剂称量数据记录于表 10-8 中。

表 10-8　标准试剂称量记录表

样品名称	称量前质量	称量后质量	试样质量	误差
苯甲酸钠				

2. 根据测定结果绘制标准曲线。

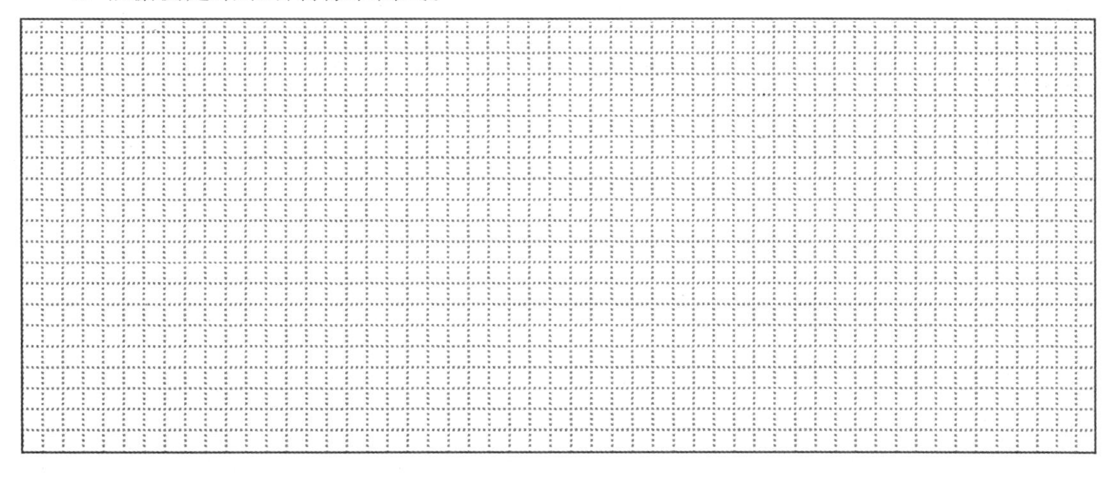

请将包含 7 个点的图谱贴在此页。

3. 对标准曲线进行校验

将标准曲线平行测定数据抄入表 10-9，并对标准曲线进行 t 值校验。

表 10-9　标准曲线校验表

$n=$______，　$f=$__________，$t_{0.05}(f)=t_{0.05}($____$)=$____________

组号	截距 a_i	斜率 b_i	$\bar{a}$	$\bar{b}$	$(a_i-\bar{a})^2$		
1							
2							
3							
4							
5							
6							
7							
8							

续表

组号	截距 a_i	斜率 b_i	$\bar{a}$	$\bar{b}$	$(a_i-a)^2$		
9							
10							
$\sum$							

截距检验标准偏差 σ	截距检验 t ——$t=\frac{\lvert a-0\rvert}{S}\times\sqrt{n}$ $=$
斜率检验标准偏差 σ	斜率检验 t
控制样 1 配制浓度：　　测定值： 误差：　　校验日期：	控制样 2 配制浓度：　　测定值： 误差：　　校验日期：

笔记

任务五　定性与定量分析

【任务要求】

使用液相色谱仪对雪碧中的苯甲酸钠进行定量和定性分析。

【学习目标】

1. 理解定性分析原理。
2. 掌握定性分析方法。
3. 理解定量分析方法。
4. 掌握外标法定量分析方法。
5. 熟练掌握液相色谱仪的基本操作。
6. 理解测定质量控制原理和方法——盲样。
7. 使用废液缸收集有机废液。

子任务一　定性分析

【任务要求】

样品为雪碧，对其进行合适的预处理，并使用液相色谱仪对苯甲酸钠进行定性分析。

【任务支持】

采用 C_{18} 柱对雪碧样品进行分离，并用紫外检测器进行分析，其中的有机添加剂与苯甲酸钠结构类似的有柠檬酸钠（及柠檬酸），应借助苯甲酸钠标准溶液确定其保留时间，进行样品中苯甲酸钠的定性分析。具体原理和方法在气相色谱法测定正十五烷项目中已有介绍，这里不再赘述。

【任务实施】

定性分析实验报告

一、实验目的

1. 熟练掌握液相色谱仪的开关机步骤。
2. 掌握液相色谱定性方法。

二、实验所需仪器

1. 液相色谱：LC-16（紫外检测器）。
2. 电脑及工作站。

3. 定量环：20μL 定量环。

4. 针筒过滤器（0.45μm 水相滤膜）。

三、建议操作条件（LC-16）

色谱柱 C_{18}（250mm×4.6mm，5μm）；流动相 0.02mol/L 乙酸铵/甲醇（V/V=95/5）；流速 1.0mL/min；柱温 30℃；检测波长 230nm。

四、实验要求

对待测样品中所含组分进行判断，要求待测样品和标准样品保留时间相差不超过 0.01min。

五、实验步骤

（1）开机、准备（含工作站操作）：

（2）参数设置（工作站设置）：

（3）进样：

（4）检测结果记录：

六、数据记录

请将实验数据记录在表 10-10 中。

表 10-10　实验数据记录表

样品	标准样品	样品峰 1	样品峰 2	样品峰 3	
保留时间					
结论	样品中峰____为苯甲酸钠，保留时间为________				

七、贴图、图谱分析区

贴图区

子任务二　定量分析

【任务要求】

对样品进行合适的预处理，并使用液相色谱仪对样品中的苯甲酸钠进行定量分析。

【任务支持】

使用外标法确定苯甲酸钠含量。

【任务实施】

液相色谱法测定雪碧中的苯甲酸钠含量——外标法定量

一、实验目的

进行雪碧中苯甲酸钠含量的测定。

二、实验所需仪器

1. 仪器

液相色谱仪型号：________________　色谱柱种类：________________

检测器类型：________________　定量环规格：________________

2. 试剂

请将实验所需试剂及相关配制要求进行整理，填写表10-11。

表 10-11　试剂清单

序号	名称	配制体积	配制方法(含试剂用量)	保存要求	使用要求	其他
1						
2						
3						

3. 器皿及其他

请将实验所需器皿及材料填入表10-12。

表 10-12　器皿清单

名称	规格	数量	名称	规格	数量

三、分析操作条件（LC-16）

1. 建议操作条件

色谱柱 C_{18}（250mm×4.6mm，5μm)；流动相0.02mol/L 乙酸铵/甲醇（V/V=95/5)；流速 1.0mL/min；柱温 30℃；检测波长 230nm。

2. 实际操作条件：____

____。

四、实验步骤

实验流程见图10-6。

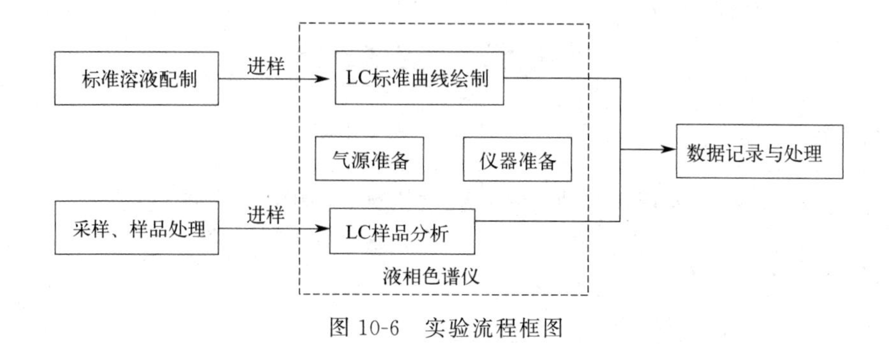

图 10-6 实验流程框图

其中样品处理具体步骤为：

五、实验数据

1. 样品稀释倍数确定

请进行预实验，确定合适的样品稀释倍数，并将实验数据及时记录在表 10-13 中。

表 10-13 样品稀释倍数确定实验数据记录表

样品编号	稀释倍数	保留时间	峰面积	是否选取

2. 样品测定

进行样品测定，并将实验数据及时记录在表 10-14 中。

表 10-14 数据记录表

样品号	空白	平行样品 1	平行样品 2	盲样
峰面积				
保留时间				

六、贴图、图谱分析区

贴图区

【任务评价】

请完成任务评价（见表 10-15）。

表 10-15　液相色谱操作评分表

项目	评分要求	自评	互评	教师评
仪器准备（10 分）	了解仪器组成，液相色谱仪由______、______、______、______、______组成			
	液相色谱仪开机前应检查______			
	流动相在使用前应先______			
标样配制（20 分）	标样的配制必须使用______定容，操作符合规范操作要求			
	明确误操作对结果的影响，比如润洗不充分会导致溶液浓度______			
	会根据称量结果计算标样准确浓度，计算公式为______			
标样和样品分析（30 分）	标样进样顺序应为从______浓度到______浓度			
	样品的前处理方法______			
	进样前后注射器应先______，再排除______			
	走基线，当______认为可以开始进样			
	开始进样，包括标准溶液、空白和待测样品。进样时要求操作稳当、连贯、迅速。进样量需要大于______。由______精确控制输入量			
关机（10 分）	关机要求为______关机方法参数为：______			
数据（20 分）	打开工作站进行数据查看和记录			
	绘制标准曲线			
	计算样品浓度			
	生成分析报告			
	做好使用登记			
文明操作（10 分）	实验过程台面、地面脏乱，一次性扣 3 分			
	实验结束未先清洗仪器或未归位，扣 2 分			
	仪器损坏，一次性扣 5 分			

笔记

任务六　数据处理与分析

【任务要求】

根据测定得到的数据，计算样品和盲样中苯甲酸钠的含量，并通过盲样测定误差判断分析水平。

【学习目标】

1. 正确进行样品（盲样）中苯甲酸钠含量的计算。
2. 计算盲样测定含量与真实含量之间的误差，并了解误差产生的原因。

【任务实施】

1. 完成盲样中苯甲酸钠含量的计算，并填写表 10-16。

表 10-16　实验数据分析表

样品号	空白	平行样品 1	平行样品 2	盲样
峰面积				
保留时间				
浓度				
样品浓度				相对误差：

注：盲样浓度书写规范为实测浓度/盲样标准浓度。

2. 反思实验过程中可能引入误差的因素，并填写表 10-17。

表 10-17　实验误差分析表

序号	环节	因素	影响(偏大/偏小)

笔记

任务七　“三废”收集与处理

【任务要求】

按要求收集和处理本项目实验过程中产生的“三废”，并规范填写投放表。

【学习目标】

1. 了解环境实验室常见的“三废”，及其对环境的影响和危害。
2. 掌握实验室常见“三废”的收集、处理方法。

【任务实施】

完成洗涤操作废液、固废的分类收集与处理，并填写废液、固废投放表（见表 10-18）。

登记表编号

表 10-18　实验室危险废物投放登记表

实验室：　　　　　　责任人：　　　　　　容器编号：　　　　　　入库日期：

<table>
<tr><td>有机废液</td><td>☐含卤素有机废液
☐其他有机废液</td><td colspan="2">体积/L</td><td colspan="2"></td></tr>
<tr><td rowspan="2">无机废液</td><td rowspan="2">☐含汞废液
☐含重金属废液(不含汞)
☐废酸
☐废碱
☐其他无机废液</td><td colspan="2">入库时 pH 值
(液态废物收集容器)</td><td colspan="2"></td></tr>
<tr><td colspan="2">入库核验签字</td><td colspan="2"></td></tr>
<tr><td rowspan="2">固态废物</td><td rowspan="2">☐废固态化学试剂
☐废弃包装物、容器
☐其他固态废物</td><td colspan="4">危害特性</td></tr>
<tr><td>☐毒性</td><td>☐易燃性</td><td>☐腐蚀性</td><td>☐反应性</td></tr>
<tr><td>序号</td><td>投放日期</td><td colspan="3">主要有害成分</td><td>投放人</td></tr>
<tr><td></td><td></td><td colspan="3"></td><td></td></tr>
<tr><td></td><td></td><td colspan="3"></td><td></td></tr>
<tr><td></td><td></td><td colspan="3"></td><td></td></tr>
<tr><td></td><td></td><td colspan="3"></td><td></td></tr>
</table>

注：1. 登记表编号应与容器编号对应，如有多张登记表时，应以容器标号为主字段编号。

2. “pH 值”指液态废物收集容器中废液入库贮存时的最终 pH 值，入库时需有关责任人核验签字确认。

3. “类别”只能选择一种，主要有害成分应按生态环境部《中国现有化学物质名录》中的化学物质中文名称或中文别名填写，可以是简称，禁止使用俗称、符号、化学式代替。

4. 暂存危险废物最大暂存量不宜超过存储设施装满的 3/4，暂存时间最长不应超过 30 天，必须进行贮存。

任务八　设备维护与排故

【任务要求】

阅读液相色谱仪维护手册和故障清单，完成设备仪器的维护，并填写维护记录。

【学习目标】

1. 掌握液相色谱仪的维护方法。
2. 对实验过程中常见的问题和故障进行分析、排故。

【任务支持】

高效液相色谱仪日常维护及常见故障排除

1. 日常保养

液相色谱仪的日常保养十分重要，遵循一定的使用规则可以避免或减少故障的发生。

（1）贮液器　保持流动相贮器的清洁是关键，尽可能使用色谱级溶剂和试剂。含有缓冲盐和非色谱级流动相时一定要通过 0.5μm 的过滤器过滤以除去微粒物质。此外，贮液器上要松松地盖上盖子，输液管端接烧结不锈钢沉子，既防止在贮液器内形成真空，又防止灰尘和其他杂质掉进去。

（2）泵　泵的密封垫圈是最易磨损的部件，泵密封垫圈损坏可引起系统的许多故障。采用以下措施可以延长垫圈的寿命：

① 每天要把泵中的缓冲液冲洗干净，防止盐沉积，泵要浸在无缓冲液的溶液或有机溶剂中。

② 使用色谱级试剂。

③ 用烧结不锈钢沉子，要注意泵阻塞造成压力过高而损坏柱塞杆或烧坏电机。

（3）进样器　停机后要用溶剂冲洗干净进样器内残留在样品盒中的缓冲盐，防止无机盐沉积和样品微粒造成阀转子表面磨损或阻塞，另外应使用平头针进样。

（4）色谱柱　防止色谱柱受损的措施如下：

① 溶剂的化学腐蚀性不能太强。

② 避免微粒在柱头沉降。

③ 泵上要装压力限制器，防止压力过高冲击过大。

④ 流动相 pH＞7 时，用大粒度同种填料作预柱。

⑤ 柱头加烧结不锈钢滤片，或加保护柱，防止化学污染物沉积到分析柱柱头。

⑥ 定期清洗色谱柱，用正确的方法制备样品。

⑦ 色谱柱不用时应先洗去缓冲液，并用有机溶剂充满，盖紧两端，保持填料润湿。

（5）检测器　要保持检测器清洁，每天用后应连同色谱柱仪器冲洗。提倡不定期用强溶剂反向冲洗检测池，强溶剂包括浓硝酸、1mol/L 硫酸、2mol/L 磷酸等。用脱过气的流动相，防止空气泡卡在池内。检测灯也有一定的寿命，不用时不要打开灯。

（6）操作极限　每台泵都有压力上限，系统达到预定值时会自动停泵，能保护色谱柱和其他硬件。根据经验设定压力上限在15～20MPa，压力下限在0.5～1MPa。

2. 常见故障及排除方法

液相色谱仪常见故障及排除方法见表10-19。

表10-19　HPLC常见故障及排除方法

现象	可能的原因	解决办法
基线漂移	1. 贮液器污染 2. 前次分离样品中的强吸附组分从柱上洗脱 3. 由微粒造成柱入口、进样阀堵塞 4. 溶剂分层 5. 泵输出缓慢改变 6. 检测器污染 7. 柱污染或“流失” 8. 检测器温度变化 9. 光源污染	1. 清洗贮液器，装入新流动相冲洗柱子 2. 分离前用强流动相从柱子中洗脱残留成分 3. 清洗进样系统和柱入口过滤片 4. 采用合适的溶剂 5. 检查流量，如果泵的输出随温度变化，应控制温度 6. 清洗检测器 7. 再生或更换柱子；使用预柱 8. 使系统恒温 9. 更换光源灯
基线噪声	1. 柱污染 2. 检测器中有气泡 3. 色谱系统未达平衡 4. 环境温度变化大	1. 冲洗柱、净化样品、使用色谱纯溶剂 2. 排除检测池内气泡 3. 延长色谱系统流动相平衡时间 4. 采取恒温措施
柱压高于正常值	1. 泵出口过滤器堵塞 2. 柱部分堵塞 3. 流动相黏度过高	1. 拆下过滤器用5%硝酸超声并用蒸馏水洗净、流动相充分润洗 2. 更好地净化样品，使用保护柱；清洗或更换柱入口过滤片；更换柱子 3. 使用低黏度溶剂或升温
柱压低于正常值	1. 某连接处泄漏 2. 柱塞密封处泄漏	1. 高压查找泄漏处，拆下柱子适当拧紧或衬聚四氟乙烯薄膜 2. 更换新柱塞密封圈
压力渐增	微粒积聚，缓冲液沉淀	过滤样品；过滤流动相，检查缓冲液-有机混合物，确保相容性
泵不吸液	1. 泵头内有气泡积聚 2. 入口单向阀堵塞 3. 出口单向阀堵塞	1. 排除气泡 2. 检查更换 3. 检查更换
压力波动	1. 泵密封口漏 2. 单向阀被污染 3. 泵腔中有气泡	1. 更换密封垫 2. 清洗或更换单向阀 3. 在泵出口接一注射器，将气泡吸出
保留时间不断变动	1. 柱温不断变化 2. 平衡时间不足 3. 缓冲液容量不够 4. 污染积聚 5. 最初进样吸附在活性部位	1. 柱恒温 2. 延长平衡时间 3. 用较浓的缓冲液 4. 冲洗色谱柱 5. 用浓样品进样
出现无规律色谱峰	长期进样，滞留在柱中的组分被洗脱出来	先用强极性溶剂冲洗，再用流动相平衡
负峰	1. 流动相不纯净 2. 溶解样品的溶剂与流动相不能互溶或pH不同	1. 使用纯净的流动相 2. 更换溶剂，最好使用流动相作为溶剂
鬼峰	1. 上次进样残留 2. 柱污染 3. 样品中有不明干扰物 4. 转子针头密封垫及进样针导管污染 5. 尖峰，溶剂中有气泡	1. 运行结束后，用强溶剂冲洗色谱柱 2. 冲洗色谱柱 3. 样品净化或预分离 4. 清洗阀的样品通路 5. 溶剂脱气

续表

现象	可能的原因	解决办法
平顶峰	1. 色谱柱超载 2. 记录仪灵敏度过高 3. 检测池污染	1. 减少进样量 2. 适当降低记录仪灵敏度 3. 清洗检测池
峰分裂（同物质）	1. 进样量太大,柱超载 2. 进样溶剂太强 3. 样品中可能有异构体 4. 样品不稳定,有部分分解 5. 柱子中有空隙	1. 减少进样量 2. 使用较弱的进样溶剂或流动相 3. 按异构体特征选择分离条件 4. 采取措施,防止试样组分分解 5. 更换柱子
峰展宽	1. 进样量太大 2. 流动相黏度太大 3. 保留时间过长 4. 样品过载	1. 减少进样量或降低进样溶剂强度 2. 提高柱温,采用低黏度流动相 3. 采用梯度洗脱或使用更强的流动相 4. 稀释样品,或使用小体积样品
峰拖尾	1. 双峰 2. 存在未扫死体积 3. 进样器内有污染或不干净 4. 试样与固定相相互作用 5. 进样量太大	1. 调整分离条件 2. 减少接头数量,保证接头位置适中 3. 清洗进样器 4. 向流动相中加盐增加缓冲液浓度,或调解 pH 值抑制衍生溶质,或更换色谱柱 5. 减少进样量
分离度变差	1. 柱端固定相板结 2. 柱端床层塌陷 3. 进样量过大 4. 样品浓度过大 5. 柱污染	1. 修补、重填固定相 2. 修补柱端 3. 减少进样量 4. 减小配样浓度 5. 冲洗柱子

【任务实施】

请完成液相色谱仪的日常维护和保养，并完成表 10-20。

表 10-20　液相色谱仪维护、保养记录表

仪器型号：____________　　仪器编号：____________.

类别	项目	检查	措施/备注
管路	管路接口处无漏液痕迹	□是　□否	
	六通阀完好,档位为“inject”	□是　□否	
	进样口完好,有堵头	□是　□否	
外观	设备外表无残留溶液或污渍	□是　□否	
	流动相瓶数量为 2 个,线路连接正常	□是　□否	
内部	色谱柱完好、接口牢固	□是　□否	
	内部无杂物	□是　□否	
环境	外部湿度、温度适宜	□是　□否	湿度：　温度：
检查	显示屏正常显示	□是　□否	
	工作站连接正常	□是　□否	
	温控控制正常	□是　□否	
	压力仪表正常	□是　□否	
	基线平稳	□是　□否	
	信号正常	□是　□否	
校验	内检:检查样测试	□是　□否	
	外检:定期进行计量	□是　□否	

详细维护、保养记录：

维护人：__________　　维护日期：__________

【项目评价汇总】

请完成项目评价（见表10-21）。

表10-21　项目评价汇总表

认识液相色谱仪	溶液配制	检出限测定	标准曲线	定性分析	定量分析	数据处理与分析	“三废”收集与处理	设备维护与排故
10%	10%	10%	10%	10%	20%	10%	10%	10%
总分：								

【项目反思】

请就本项目完成过程中的困难部分或对数据影响较大的步骤进行总结和反思。

笔记

项目十一

离子法测定自来水中的阴离子

【项目介绍】

离子色谱法是一种特殊的液相色谱法，是20世纪70年代发展起来的一种新型离子交换液相色谱法。该方法广泛应用于阴、阳离子、简单的无机金属离子混合物、有机和生物物质的检测和分离。该方法在环境检测中主要用于水中阴、阳离子的测定，如氨氮、钙离子、硝酸根、氯离子、氟离子等，使用离子色谱法比使用化学分析法更为方便快捷，同时精密度更高、检出限更低，可以同时测定多种离子。本项目以自来水中Cl^-、F^-、SO_4^{2-}、NO_3^-等阴离子的测定为载体，学习离子色谱定性和定量分析方法。

【学习目标】

1. 掌握离子色谱法的基本原理。
2. 掌握离子色谱仪的结构及功能。
3. 掌握离子色谱仪的基本操作。
4. 正确、规范进行离子色谱仪检出限的测定。
5. 正确、规范使用离子色谱仪进行有机物的定性和定量分析。
6. 及时记录数据并进行数据分析。
7. 正确收集和处理“三废”，并在实验过程中减少“三废”产生。
8. 进行离子色谱仪的日常维护与简单故障的判断。

任务一　认识离子色谱法和离子色谱仪

【任务要求】

理解离子色谱法的基本原理，绘制离子色谱仪的结构简图，标明每个部位的名称及功能，并根据分离原理画出样品及流动相经过的路线。

【学习目标】

1. 掌握离子色谱法的分离原理及类型。
2. 正确使用色谱分析法专业用语。
3. 掌握离子色谱仪的结构和功能。

【任务支持】

离子色谱法与离子色谱仪

1. 工作原理

离子交换液相色谱法的基本工作原理是：流动相将组分离子带到分离柱，根据不同组分离子对离子交换剂（固定相）亲和力的差异而达到分离，流出的各种离子用电导检测器检测。但是由于流动相几乎都是强电解质，其电导率比被测组分约高两个数量级，这种强背景电导率会完全掩盖被测组分离子的信号。

离子色谱法的出现很好地解决了这个问题，它在普通离子交换色谱法色谱柱之后增加了一个抑制柱，因而也称为抑制型离子色谱法或双柱离子色谱法。其原理如下：

（1）若样品为阳离子，用无机酸作为流动相，抑制柱为高容量的强碱性阴离子交换剂。当组分离子经填充柱阳离子交换剂分离之后，随流动相进入抑制柱，在抑制柱中使得流动相中的酸生成 H_2O，大大降低了流动相电导率，同时使样品阳离子从原来的盐转变成相应的碱，由于 OH^- 的淌度大于流动相酸中的阴离子（如 Cl^-），因此提高了组分电导率检测的灵敏度。

其中离子的淌度指的是单位场强下离子迁移的速率。

思考1：决定不同电解质溶液导电能力的因素有哪些？

(2) 若样品为阴离子，用 NaOH 溶液作为流动相，分离柱为阴离子交换剂，抑制柱为高容量的强酸性阳离子交换剂。当流动相进入抑制柱时，碱性流动相会生成 H_2O，降低背景电导率，样品中的阴离子生成相应的酸，由于 H^+ 淌度比 Na^+ 大得多，因此提高了组分电导率检测的灵敏度。

2. 离子色谱仪器组成

以青岛盛瀚 CIC-D120 型离子色谱仪为例进行仪器组成的介绍，其仪器组成如图 11-1 所示。

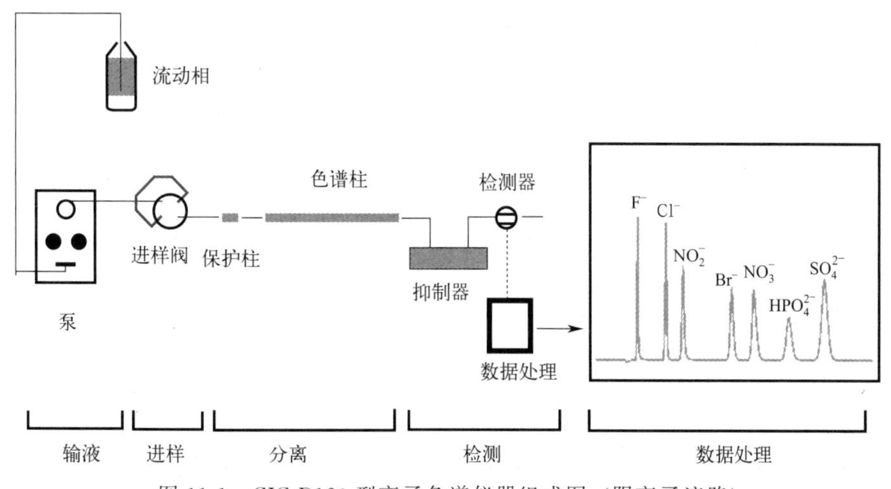

图 11-1 CIC-D120 型离子色谱仪器组成图（阴离子流路）

(1) 流动相输送系统　与 HPLC 类似，包括贮液器、脱气器、梯度洗脱装置和输液泵。

离子色谱中所用流动相多为电解质水溶液，配制流动相所用水应是经过蒸馏的去离子水。配制好的流动相应用 0.45μm 以下孔径的滤膜过滤，防止流动相中有固体小颗粒堵塞流路。流动相放置一段时间后可能会因微生物的作用而出现絮状物，因此流动相不能一次配制太多，还应经常清洗贮液器和过滤头。

脱气器、梯度洗脱装置和高压泵与 HPLC 基本一致。

(2) 进样器　和 HPLC 一样，离子色谱常采用六通阀进样器完成准确定量进样。

(3) 色谱柱　离子色谱的色谱柱类似于高效液相色谱柱，内径 4～8mm，典型内径为 4mm、4.6mm、8mm，柱长 50～100mm，填充 5～10μm 粒径的球形颗粒填料。内径为 1～2mm 的色谱柱通常称为半微柱。内径在 1mm 以下的色谱柱通常称为微型柱。另外，与 HPLC 色谱柱不同的是，离子色谱的色谱柱是有使用方向的，即流动相的方向应与柱的填充方向（装柱时填充液的流向）一致。

此外，离子色谱需配柱温箱，保证分离的恒温条件。这是因为离子交换柱和抑制器中所进行的离子交换反应、电导柱流出物中离子的迁移率都对温度很敏感，有时温度对分离也会产生很大的影响。

(4) 检测器　因电导检测器对水溶液中的离子具有通用性，所以它是离子色谱中最主要的检测器。

(5) 抑制器　抑制器能够降低背景电导，提高待测离子测定灵敏度。抑制器需用酸或碱定期再生。再生液从另一端流入抑制器，分析阴离子时通常用稀硫酸（10～20mmol/L）作再生液，分析阳离子时通常用稀氢氧化钠溶液作再生液。一个输液泵专门用于将再生液输送至抑制器。

目前最先进的抑制器是自动再生电解抑制器。

【任务实施】

请对照设备绘制离子色谱仪的结构图，标注其组成部分及功能，并用红笔标注样品经过的路径。

笔记

任务二　溶液配制

【任务要求】

离子色谱法的淋洗液、标准试剂和标准系列溶液均需要提前进行配制。此外，为了获得合适浓度的样品，避免样品中的杂质堵塞管路，还需要对样品进行稀释和预处理。

【学习目标】

1. 理解离子色谱法的分离原理。
2. 正确使用、理解色谱法专业用语。
3. 掌握离子色谱仪法淋洗液的配制方法。

【任务支持】

离子色谱淋洗液的配制及样品前处理

1. 淋洗液（流动相）准备

（1）水质要求　电导率控制在 1.0μS/cm 以下。

（2）淋洗液的脱气　CIC-D120 型离子色谱仪可选配在线脱气机。配备这种脱气装置后，只需将淋洗液按照色谱柱要求（查阅色谱柱说明书）配制好，直接存放在流动相瓶中，直接运行即可。

（3）淋洗液配制举例　分别配制 0.024mol/L 的碳酸钠和 0.03mol/L 的碳酸氢钠水溶液作为淋洗液（注：碳酸钠称取 2.54g、碳酸氢钠称取 2.55g，用去离子水配制成 1000mL 的溶液）。

思考 2: 请按上述描述，写出该淋洗液配制和准备的具体步骤。

2. 样品准备

（1）样品的选择和保存　样品保存在用去离子水清洗干净的聚四氟乙烯瓶中。不要用强酸或者洗涤液清洗该容器，以防止在该容器上残留大量阴离子，影响分析结果的准确性。

如果样品不能在采集当天分析使用完，应用 0.22μm 或 0.45μm 的过滤膜过滤，否则其中的细菌可能使样品的浓度随时间而改变。

（2）样品预处理　对于酸雨、饮用水和大气烟尘的滤出液等较为干净的样品可以直接进样分析。而废水和地表水等含较多其他杂质的样品则需要根据需求对其进行预处理，然后才能进样分析。

（3）样品稀释　不同样品中离子浓度的差别很大，因此无法给定一个确定的稀释系数。大多数情况下，低浓度的样品不需要稀释即可进样。

【任务实施】

1. 根据淋洗液配制方法，梳理所需领用试剂，填写领用记录表（见表 11-1）。

表 11-1　试剂领用记录表

序号	试剂名称	取用前/g	取用后/g	取用量/g	取用目的	取用人	取用时间

审核员：__________　　监督员：__________

2. 请查阅色谱柱说明书，确定淋洗液配制方法，填写表 11-2。

淋洗液：____________________。

（1）淋洗液配制方法：____________________。

表 11-2　淋洗液配制表

试剂	质量(增量法)	体积	浓度

（2）流动相的过滤与脱气：____________________。

笔记

任务三　液相色谱仪的参数设置与检出限测定

【任务要求】

能正确进行离子色谱仪的开关机操作和参数的设置，能利用离子色谱法测定水中阴离子。

【学习目标】

1. 掌握离子色谱仪的基本开关机操作。
2. 使用工作站正确进行离子色谱仪参数设置。
3. 正确、规范进行离子色谱仪检出限测定。
4. 及时、规范填写数据。
5. 正确计算检出限。

【任务支持】

离子色谱仪的基本操作（以青岛盛瀚 CIC-D120 型离子色谱仪为例）

1. 工作站功能介绍

（1）软件主界面　双击桌面快捷图标后，启动软件，软件会自动连接仪器，如图 11-2 所示。仪器连接成功后，可以通过软件对仪器的各部件进行操作，操作结果显示在信息窗口中，如图 11-3 所示。

（2）菜单栏　菜单栏中包含“文件”“配套设备”“数据管理”“配置”“仪器管理”菜单。

（3）配置　菜单“配置”中包含子菜单“配置通讯参数”“设置采样频率”“设置检测器信号精度”。

（4）仪器管理　仪器管理中包含子菜单“定时关机”，可实现设置或取消定时关机功能。

（5）工具栏

① 配置通讯参数　操作同“配置”中的“配置通讯参数”。

② 连接设备　点击该按钮，软件使用已保存参数自动连接仪器，连接成功后信息窗口会显示仪器型号。

③ 停止采集　点击该按钮，反控软件将不再向工作站传输采集数据，工作站停止数据采集。

④ 查询设备故障　点击该按钮，弹出“设备查询”对话框，可查看设备状态。

（6）主部件

① 泵设置　点击“泵设置”按钮，主窗口会显示和泵操作相关的界面，如图 11-4 所示。

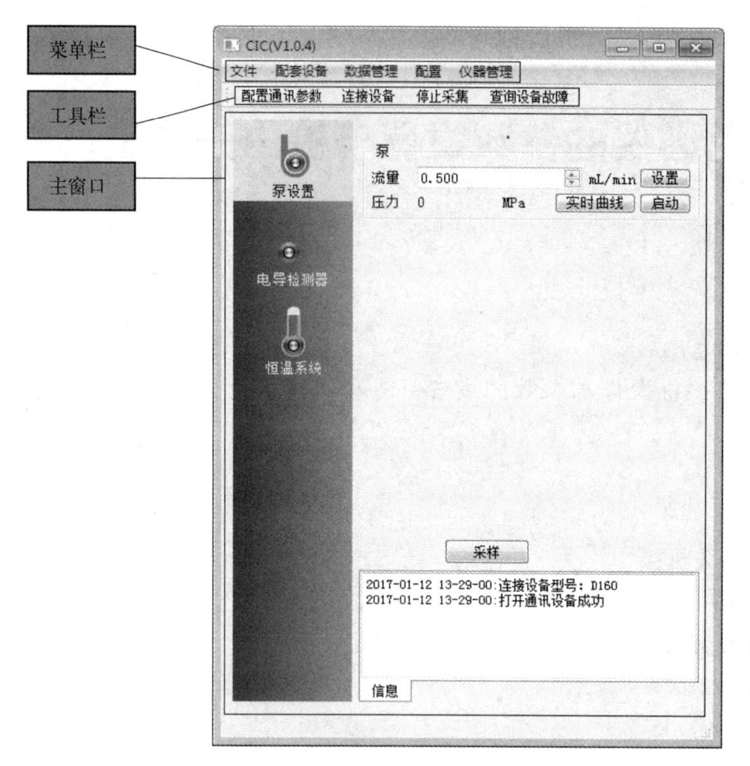

图 11-2 软件主界面

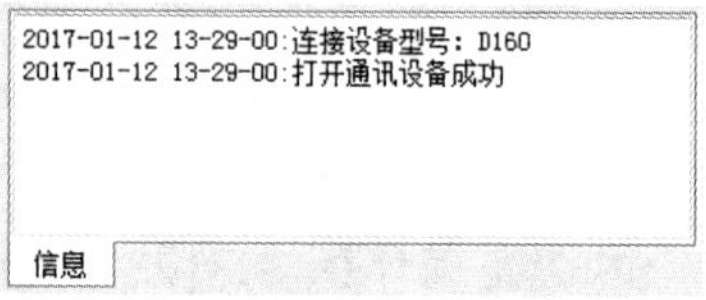

2017-01-12 13-29-00:连接设备型号：D160
2017-01-12 13-29-00:打开通讯设备成功
信息

图 11-3 信息窗口

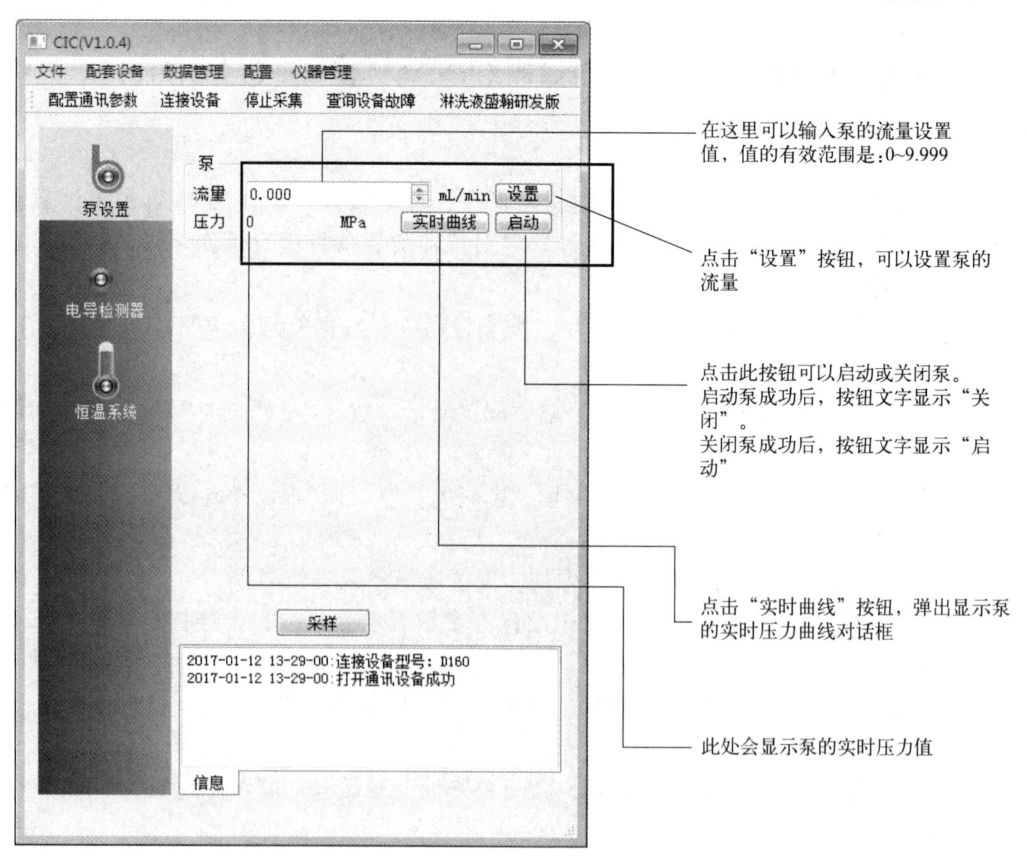

图 11-4 泵设置界面

② 电导检测器　点击“电导检测器”按钮，主窗口会显示和电导检测器操作相关的界面，如图 11-5 所示。

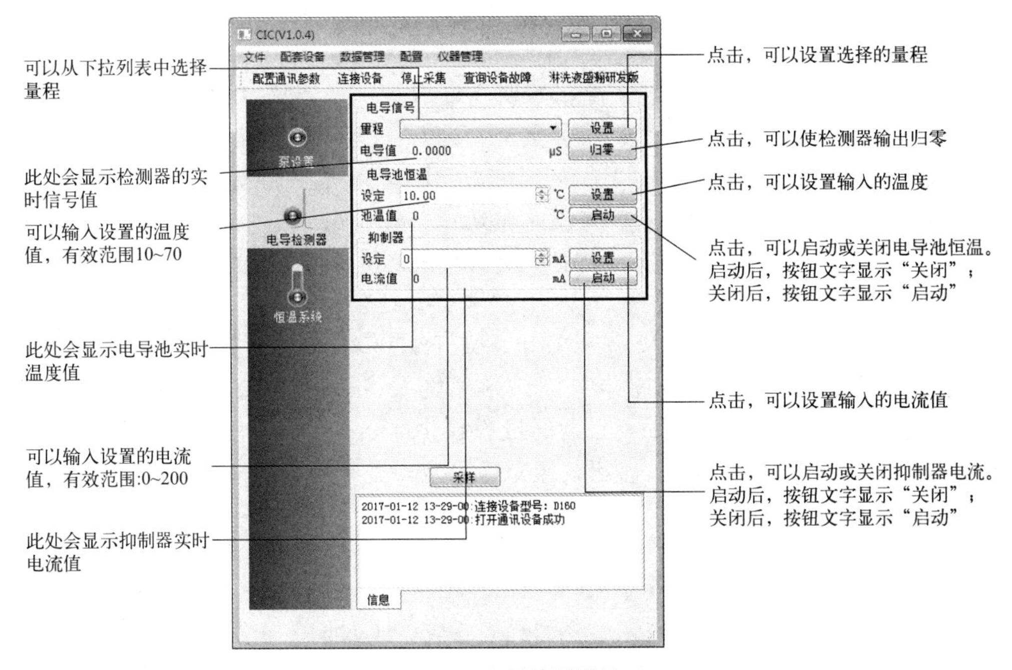

图 11-5　电导检测器界面

③ 恒温系统　点击“恒温系统”按钮，主窗口中会显示和柱温箱恒温系统操作相关的界面，如图 11-6 所示。

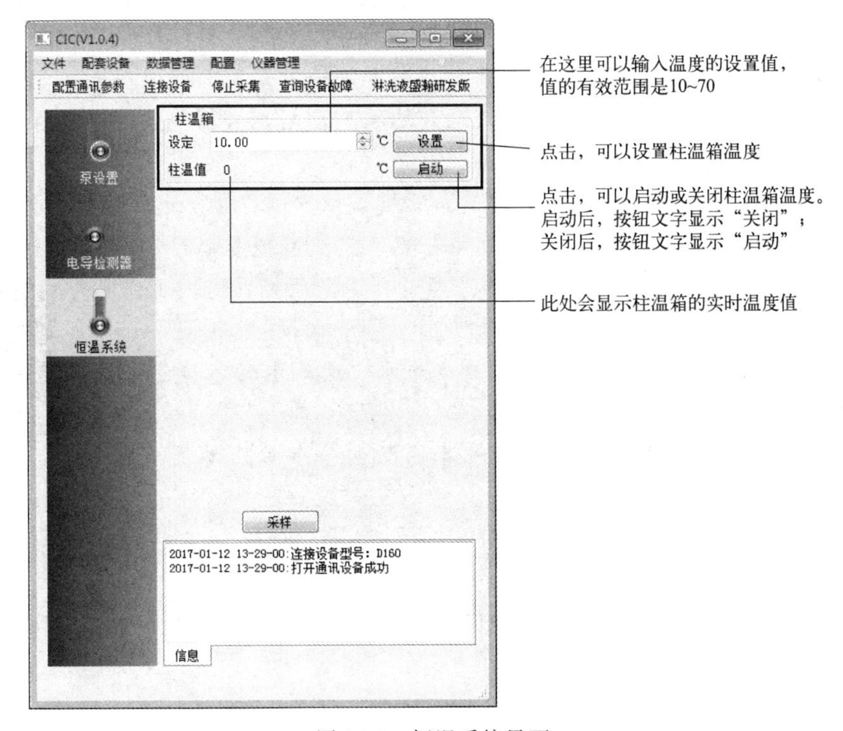

图 11-6　恒温系统界面

2. CIC-D120 系列离子色谱仪的操作规程

（1）开启电脑显示器、主机、离子色谱仪和自动进样器的电源开关。

（2）更换新的淋洗液（淋洗液需要抽滤并且脱气），将滤头放入淋洗液中（注意不要将气泡带入流路）。

（3）双击反控软件，打开后将柱温箱的温度设为 35℃，点击“设置”，点击“启动”，将电导池的温度设为 35℃，点击“设置”，点击“启动”，等待柱温箱温度升至设定温度后，将泵流量设置为 0.3mL/min，点击“设置”，点击“启动”，然后将流量从 0.3mL/min 增加到 0.5mL/min（中间间隔 15s），最后将流速加到 0.7mL/min 以上，一般不超过 1mL/min（中间间隔 15s）。点击抑制器，设定抑制器电流为 50mA，点击“设置”，点击“启动”，然后等待 30min 稳定仪器。

（4）点击反控软件上电导池“归零”按钮，打开 HW-2000 离子色谱工作站，然后单击工具栏中的“谱图采集”（绿色按钮），让工作站采集 10min 左右的数据，观察基线是否稳定（稳定要求：基线噪声＜5nS/cm，且满屏量程在 10000μS/cm 下基线为一条直线，等待加采集信号时间大约需要 40min），查看仪器是否稳定，若符合稳定要求，则点击“手动停止”（红色按钮），停止采集信号，准备进样。

（5）准备测试

① 设置好保存目录（点视图“选项”→“操作”→“保存时的特定目录”）。

② 设置谱图采集时间（反控-系统-参数设置-谱图软件设置-采集时间）。

（6）样品检测

① 若无自动进样器，用纯水将注射器以及进样口和进样管路清洗 3 次，确保没有残留的离子，然后用样品润洗注射器 1～2 次，之后吸取 1～2mL 样品，注入样品后，迅速掰阀由“load”位置至“inject”位置，此时工作站自动开始采集信号，分析完成后存盘保存样品分析数据。其他样品按照此程序依次进样分析。

② 若有自动进样器，更换进样器洗针水，设置进样器采集时间（一般大于等于谱图分析时间 1 分钟），点击进样，此时工作站自动开始采集信号，分析完成后存盘保存样品分析数据。其他样品按照此程序依次进样分析。

（7）分析完毕，关闭抑制器电流，将流量缓慢调低至 0.7mL/min（中间间隔 10s），然后将流量缓慢调低至 0.5mL/min（中间间隔 10s），将流量缓慢调低至 0.3mL/min（中间间隔 10s），关闭泵，关闭柱温箱，关闭电导池温度，退出反控，退出工作站，关闭仪器电源开关，关闭电脑。

CIC 系列离子色谱仪操作规程

【注意】（1）仪器每周至少通淋洗液或者纯水（通纯水时不接色谱柱）一次，每次一小时。

（2）如果色谱柱拆下来了，则保证色谱柱至少一个月用淋洗液维护一次。

【任务实施】

正确进行离子色谱仪开关机，能正确设置参数，进行检出限的测定，完成实验报告。

离子色谱仪检出限测定实验报告

一、实验目的

1. 熟悉离子色谱仪的组成。
2. 了解离子色谱仪的基本工作原理。
3. 熟练掌握离子色谱工作站软件操作方法。
4. 熟练掌握参数设置方法。
5. 熟练掌握检出限测定方法。

二、实验所需仪器

1. 液相色谱仪：CIC-D120（电导检测器）。
2. 电脑及工作站。
3. 抽滤装置。

三、实验所需器皿

请将实验所需器皿和材料填写至表 11-3 中。

表 11-3　器皿清单

序号	名称	规格	序号	名称	规格

四、实验步骤

（1）离子色谱仪开机：

（2）请使用工作站设置参数（建议参数）。

阴离子分析柱柱温 30℃，流速 1.0mL/min；抑制型电导检测器。

（3）进样训练　重复进样三次，考查结果再现性。

（4）峰面积定量、保留时间定性。

五、数据记录与处理

实验要求：三次进样出峰保留时间一致、峰面积 RSD≤5%。数据及时记录在表 11-4 中。

表 11-4　实验数据记录表

序号	峰 1	峰 2	峰 3	峰 4	
样品 1 峰面积					
样品 2 峰面积					
样品 3 峰面积					
峰保留时间					
对应离子					
平均值					
RSD					

六、贴图、图谱分析区

贴图区

七、离子色谱法测定自来水中的阴离子（Cl^-、F^-、SO_4^{2-}、NO_3^-）检出限测定

1. 基线噪声分析

谱图氟离子含量：______，峰高：________，基线噪声值：__________。

谱图氯离子含量：______，峰高：________，基线噪声值：__________。

谱图硝酸根离子含量：______，峰高：________，基线噪声值：__________。

谱图硫酸根离子含量：______，峰高：________，基线噪声值：__________。

以 10 倍噪声值作为定量检出限，则____号仪器对氟离子的检测下限值为__________；氯离子的检测下限值为__________；硝酸根离子的检测下限值为__________；硫酸根离子的检测下限值为：__________。

2. 计算过程

笔记

任务四　标准曲线绘制

【任务要求】

制备 Cl^-、F^-、SO_4^{2-}、NO_3^- 混合标准样品和标准系列溶液，使用离子色谱分析其含量、绘制标准曲线，并标准曲线的校验。

【学习目标】

1. 理解标准曲线法（外标法）定量的原理。
2. 正确、规范配制混合标准系列样品。
3. 正确、规范使用定量环进样。
4. 正确、规范使用离子色谱仪分析标准样品。
5. 根据标准样品的浓度和标样系列样品的峰面积严谨、细致地绘制标准曲线。
6. 对标准曲线进行校验，判断其是否符合质量控制要求。

【任务支持】

Cl^-、F^-、SO_4^{2-}、NO_3^- 混合标准系列溶液配制指导

1. 试剂准备

无水碳酸钠与碳酸氢钠为优级纯或基准试剂，氟化钠、氯化钠、氯化钾、亚硝酸钠、磷酸二氢钠、溴化钠、硝酸钠、硫酸钠、氯化铵、硼酸为分析纯以上。

2. 1000mg/L 标准溶液的配制

1000mg/L 各标准贮备液的配制方法见表 11-5。

表 11-5　常见标准溶液配制表

序号	名称	浓度	配制方法	备注
1	F^- 标准溶液	1000mg/L	称取 0.2210g 氟化钠，用去离子水定容至 100mL	用聚乙烯瓶在冰箱保存备用
2	BrO_3^- 标准溶液	1000mg/L	称取 0.1180g 溴酸钾，用去离子水定容至 100mL	用聚乙烯瓶在冰箱保存备用
3	Cl^- 标准溶液	1000mg/L	称取 0.1651g 氯化钠，用去离子水定容至 100mL	用聚乙烯瓶在冰箱保存备用
4	NO_2^- 标准溶液	1000mg/L	称取 0.1500g 亚硝酸钠，用去离子水定容至 100mL	用聚乙烯瓶在冰箱保存备用
4-1	NO_2^--N 标准溶液	1000mg/L	称取 0.4929g 亚硝酸钠，用去离子水定容至 100mL	用聚乙烯瓶在冰箱保存备用

续表

序号	名称	浓度	配制方法	备注
5	Br^-标准溶液	1000mg/L	称取0.1287g溴化钠，用去离子水定容至100mL	用聚乙烯瓶在冰箱保存备用
6	NO_3^-标准溶液	1000mg/L	称取0.1371g硝酸钠，用去离子水定容至100mL	用聚乙烯瓶在冰箱保存备用
6-1	NO_3^--N标准溶液	1000mg/L	称取0.6071g硝酸钠，用去离子水定容至100mL	用聚乙烯瓶在冰箱保存备用
7	$H_2PO_4^-$标准溶液	1000mg/L	称取0.1237g磷酸二氢钠，用去离子水定容至100mL	用聚乙烯瓶在冰箱保存备用
8	SO_4^{2-}标准溶液	1000mg/L	称取0.1480g硫酸钠，用去离子水定容至100mL	用聚乙烯瓶在冰箱保存备用
9	Na^+标准溶液	1000mg/L	称取0.2541g氯化钠，用去离子水定容至100mL	用聚乙烯瓶在冰箱保存备用
10	$NH_4{}^+$标准溶液	1000mg/L	称取0.2972g氯化铵，用去离子水定容至100mL	用聚乙烯瓶在冰箱保存备用
11	K^+标准溶液	1000mg/L	称取0.1907g氯化钾，用去离子水定容至100mL	用聚乙烯瓶在冰箱保存备用
12	Mg^{2+}标准溶液	1000mg/L	称取0.1667g氧化镁，用4%盐酸刚好溶解，用去离子水定容至100mL	用聚乙烯瓶在冰箱保存备用
13	Ca^{2+}标准溶液	1000mg/L	称取0.2502g碳酸钙，用4%盐酸刚好溶解，用去离子水定容至100mL	用聚乙烯瓶在冰箱保存备用

3. 标准溶液的配制

（1）标准使用液　分别移取10.0mL氟离子标准贮备液、200.0mL氯离子标准贮备液、100.0mL硝酸根标准贮备液、200.0mL硫酸根标准贮备液于1000mL容量瓶中，用水稀释定容至标线，混匀。配制成含有10mg/L的F^-、200mg/L的Cl^-、100mg/L的NO_3^-、200mg/L的SO_4^{2-}的混合标准使用液。

（2）标准系列溶液　分别准确移取0.00mL、1.00mL、2.00mL、5.00mL、10.0mL、20.0mL混合标准使用液置于一组100mL容量瓶中，用水稀释定容至标线，混匀。配制成6个不同浓度的混合标准系列溶液，标准系列溶液质量浓度见表11-6。可根据被测样品的浓度确定合适的标准系列浓度范围。按其浓度由低到高的顺序依次注入离子色谱仪，记录峰面积，以各离子质量浓度为横坐标，峰面积或峰高为纵坐标，绘制标准曲线。

表11-6　阴离子标准系列溶液质量浓度

离子	标准系列溶液质量浓度/(mg/L)					
	样品0	样品1	样品2	样品3	样品4	样品5
F^-	0.00	0.10	0.20	0.50	1.00	2.00
Cl^-	0.00	2.00	4.00	10.0	20.0	40.0
NO_3^-	0.00	1.00	2.00	5.00	10.0	20.0
SO_4^{2-}	0.00	2.00	4.00	10.0	20.0	40.0

【任务实施】

1. 制备标准系列溶液，使用离子色谱仪分别测定其峰面积，完成表11-7。

表 11-7　校准曲线绘制原始记录表

曲线名称：__________ 曲线编号：__________ 标准溶液来源和编号：__________
标准试剂：__________ 标准贮备液浓度：______ 标准使用液浓度：__________
适用项目：__________ 仪器型号：__________ 仪器编号：__________
方法依据：______________ 比色皿：______ 绘制时间：__________、

编号	标准溶液加入体积/mL	标准物质加入量/μg	仪器响应值（A）	空白响应值（A_0）	仪器响应值-空白响应值（$A-A_0$）	备注

回归方程（F^-）：	$a=$ ______ $b=$ ______ $r=$ ______
回归方程（Cl^-）：	$a=$ ______ $b=$ ______ $r=$ ______
回归方程（NO_3^-）：	$a=$ ______ $b=$ ______ $r=$ ______
回归方程（SO_4^{2-}）：	$a=$ ______ $b=$ ______ $r=$ ______

离子色谱分析参数：

标准试剂称量数据记录于表 11-8。

表 11-8　标准试剂称量记录表

样品名称	称量前质量	称量后质量	试样质量	误差

2．根据测定结果绘制标准曲线。

（1）Cl^-

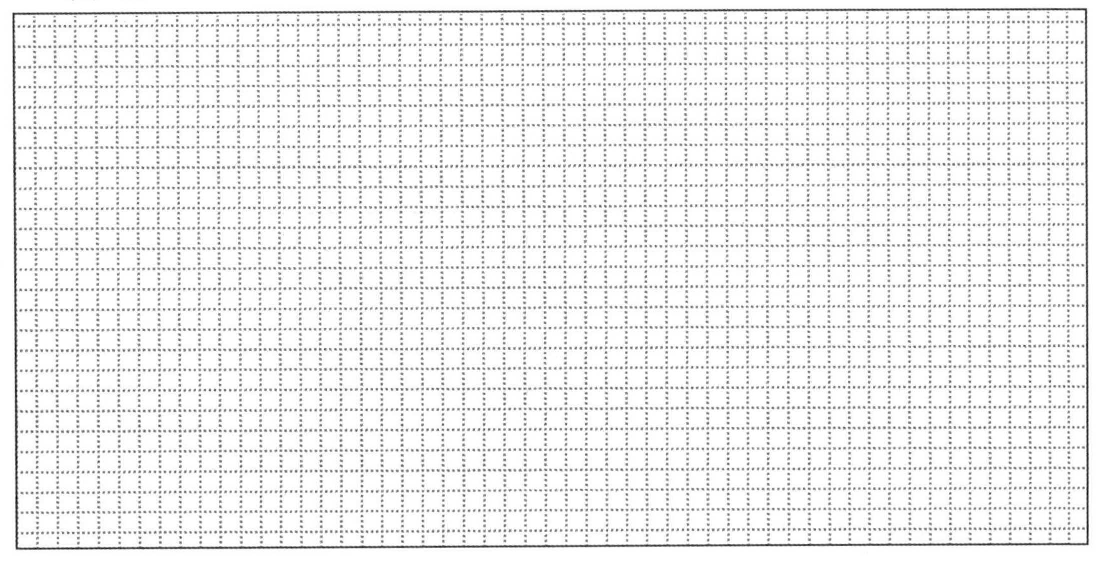

(2) F^-

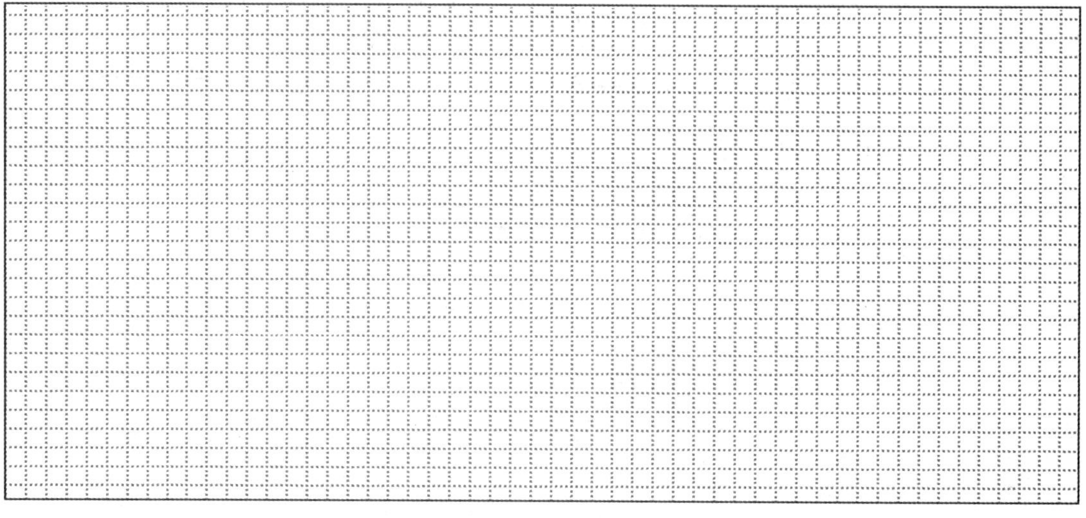

(3) NO_3^-

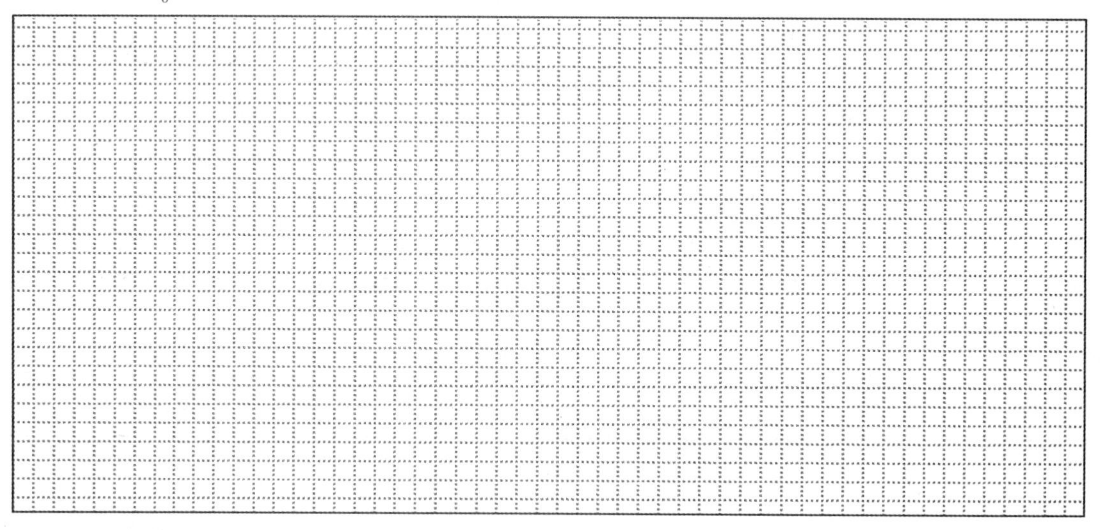

(4) SO_4^{2-}

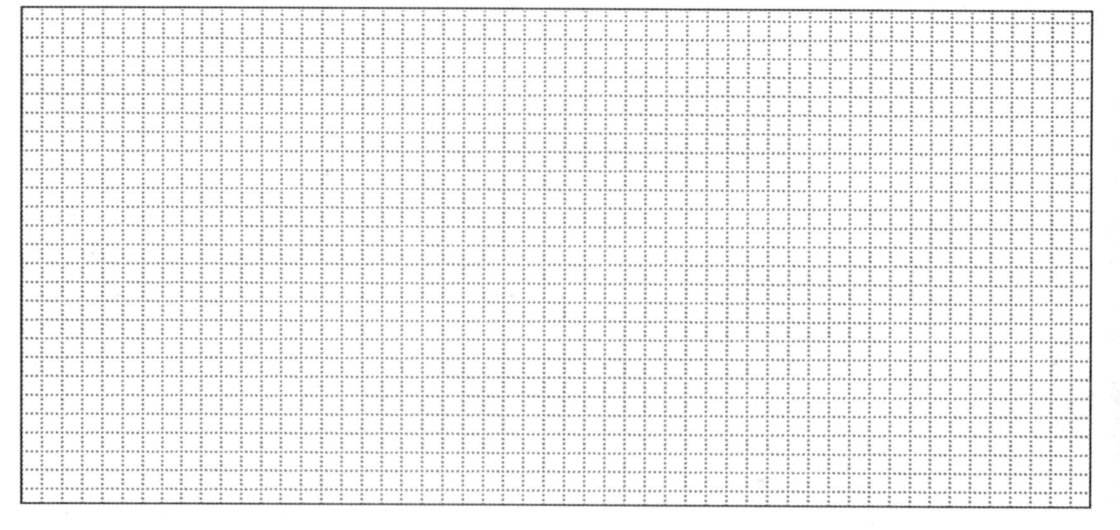

3. 对标准曲线进行校验（以 Cl^- 测定标准曲线计算为例），填写表 11-9。

表 11-9　标准曲线校验表

n=______，　f=__________，$t_{0.05}(f)=t_{0.05}$(____)=____________

组号	截距 a_i	斜率 b_i	$\bar{a}$	$\bar{b}$	$(a_i-\bar{a})^2$		
1							
2							
3							
4							
5							
6							
7							
8							
9							
10							
Σ							

截距检验标准偏差 σ	截距检验 t $t=\frac{\lvert a-0\rvert}{S}\times\sqrt{n}$ $=$
斜率检验标准偏差 σ	斜率检验 t
控制样 1 配制浓度：　　　　测定值： 误差：　　　　校验日期：	控制样 2 配制浓度：　　　　测定值： 误差：　　　　校验日期：

笔记

任务五　定性与定量分析

【任务要求】

使用离子色谱仪对自来水中的四种阴离子（Cl^-、F^-、SO_4^{2-}、NO_3^-）进行定量和定性分析。

【学习目标】

1. 理解定性分析的原理。
2. 掌握定性分析的方法。
3. 理解定量分析的方法。
4. 掌握外标法定量分析方法。
5. 熟练掌握离子色谱仪的基本操作。
6. 理解测定质量控制的原理和方法——盲样。
7. 使用废液缸收集有机废液。

【任务支持】

水中无机阴离子（F^-、Cl^-、NO_2^-、Br^-、NO_3^-、PO_4^{3-}、SO_3^{2-}、SO_4^{2-}）测定指导（参考标准 HJ 84—2016）

1. 实验目的

（1）掌握离子色谱基本操作步骤。

（2）了解离子色谱分离检测原理。

（3）掌握水中无机阴离子检测的预处理、检测和数据分析方法。

（4）掌握离子色谱检测的质量控制方法。

环境保护标准
HJ 84—2016

2. 实验原理

水质样品中的阴离子经阴离子色谱柱交换分离，抑制型电导检测器检测，会根据保留时间定性，峰高或峰面积定量。

该方法适用于地表水、地下水、工业废水和生活污水中 8 种可溶性无机阴离子（F^-、Cl^-、NO_2^-、Br^-、NO_3^-、PO_4^{3-}、SO_3^{2-}、SO_4^{2-}）的测定。

当进样量为 25μL 时，该方法 8 种阴离子的检出限如表 11-10 所示。

表 11-10　8 种阴离子的检出限

离子	F^-	Cl^-	NO_2^-	Br^-	NO_3^-	PO_4^{3-}	SO_3^{2-}	SO_4^{2-}
检出限	0.006	0.007	0.016	0.016	0.016	0.051	0.046	0.018
测定下限	0.024	0.028	0.064	0.064	0.064	0.204	0.184	0.072

3. 干扰和消除

(1) 样品中的某些疏水性化合物可能会影响色谱分离效果及色谱柱的使用寿命，可采用RP柱或 C_{18} 柱处理，消除或减小其影响。

(2) 样品中的重金属和过渡金属会影响色谱柱的使用寿命，可采用H柱或Na柱处理，减小其影响。

(3) 对保留时间相近的2种阴离子，当其浓度相差较大而影响低浓度离子的测定时，可通过稀释、调节流速、改变碳酸钠和碳酸氢钠浓度比例，或选用氢氧根淋洗等方式消除和减少干扰。

(4) 当选用碳酸钠和碳酸氢钠淋洗液，水负峰干扰 F^- 测定时，可在样品与标准溶液中分别加入适量相同浓度和等体积的淋洗液，以减少水负峰对 F^- 的干扰。

4. 试剂和材料

除非另有说明，分析时均使用符合国家标准的分析纯试剂。实验用水为电阻率≥18MΩ·cm(25℃)，并经过0.45μm微孔滤膜过滤的去离子水。

(1) 标准贮备液　八种离子标准贮备液的配制和保存方法如表11-11所示。

表11-11　标准贮备液的配制和保存方法

序号	标准贮备液名称	浓度/(mg/L)	试剂	试剂要求	称取量/g	定容体积/mL(水)	保存要求
1	氟离子标准贮备液	1000	氟化钠(NaF)	优级纯,恒重①	2.2100	1000	转移至聚乙烯瓶中,于4℃以下冷藏、避光和密封,可保存6个月
2	氯离子标准贮备液	1000	氯化钠(NaCl)	优级纯,恒重	1.6485	1000	
3	溴离子标准贮备液	1000	溴化钾(KBr)	优级纯,恒重	1.4875	1000	
4	亚硝酸根标准贮备液	1000	亚硝酸钠($NaNO_2$)	优级纯,平衡②	1.4997	1000	
5	硝酸根标准贮备液	1000	硝酸钾(KNO_3)	优级纯,恒重	1.6304	1000	
6	磷酸根标准贮备液	1000	磷酸二氢钾(KH_2PO_4)	优级纯,恒重	1.4316	1000	
7	亚硫酸根标准贮备液	1000	亚硫酸钠(Na_2SO_3)	优级纯,平衡	1.5750	1000	
8	硫酸根标准贮备液	1000	无水硫酸钠(Na_2SO_4)	优级纯,恒重	1.4792	1000	

① 恒重条件为：105℃±5℃，干燥恒重后置于干燥器中保存。

② 平衡条件为置于干燥器中平衡24h。

(2) 混合标准使用液　分别移取10.0mL氟离子标准贮备液、200.0mL氯离子标准贮备液、10.0mL溴离子标准贮备液、10.0mL亚硝酸根标准贮备液、100.0mL硝酸根标准贮备液、50.0mL磷酸根标准贮备液、50.0mL亚硫酸根标准贮备液、200.0mL硫酸根标准贮备液于1000mL容量瓶中，用水稀释定容至标线，混匀。配制成含有10mg/L的 F^-、200mg/L的 Cl^-、10mg/L的 Br^-、10mg/L的 NO_2^-、100mg/L的 NO_3^-、50mg/L的 PO_4^{3-}、50mg/L的 SO_3^{2-} 和200mg/L的 SO_4^{2-} 的混合标准使用液。

(3) 淋洗液　淋洗液应根据仪器型号及色谱柱使用条件进行配制。下面给出参考。

① 碳酸盐淋洗液Ⅰ　$c(Na_2CO_3)=6.0mmol/L$，$c(NaHCO_3)=5.0mmol/L$。

准确称取于105℃±5℃干燥恒重的1.2720g碳酸钠和0.8400g碳酸氢钠，分别溶于适量水中，混合，定容至2000mL。

② 碳酸盐淋洗液Ⅱ　$c(Na_2CO_3)=3.2mmol/L$，$c(NaHCO_3)=1.0mmol/L$。

准确称取0.6784g碳酸钠和0.1680g碳酸氢钠，分别溶于适量水中，混合，定容至2000mL。

③ 氢氧根淋洗液(由仪器自动在线生成或手工配制)

a. 氢氧化钾淋洗液　由淋洗液自动电解发生器在线生成。

b. 氢氧化钠淋洗液　$c(NaOH)=100mmol/L$。

称取 100.0g 氢氧化钠，加入 100mL 水，搅拌至完全溶解，于聚乙烯瓶中静置 24h，制得氢氧化钠贮备液，于 4℃以下冷藏、避光和密封，可保存 3 个月。

移取 5.20mL 上述氢氧化钠贮备液于 1000mL 容量瓶中，用水稀释定容，混匀后立即转移至淋洗液瓶中。可加氮气保护，以减缓碱性淋洗液吸收空气中的 CO_2 而失效。

(4) 固定液　甲醛：取纯度为 40%的甲醛（CH_2O）配制成 0.1%甲醛溶液。

5. 仪器和设备

(1) 离子色谱仪　由离子色谱仪、操作软件及所需附件组成的分析系统。

① 色谱柱　阴离子分析柱（聚二乙烯基苯-乙基乙烯苯-聚乙烯醇为基质，具有烷基季铵或烷醇季铵官能团、亲水性、高容量色谱柱）和阴离子保护柱。一次进样可测定该方法规定的 8 种阴离子，峰的分离度不低于 1.5。

② 阴离子抑制器。

③ 电导检测器。

(2) 抽滤装置　配有孔径≤0.45μm 的醋酸纤维滤膜或聚乙烯滤膜。

(3) 一次性水洗微孔滤膜针筒式过滤器　滤膜孔径为 0.45μm。

(4) 注射器　1～10mL 规格的注射器。

(5) 预处理柱　聚苯乙烯-二乙烯基苯为基质的 RP 柱或硅胶为基质键合 C_{18} 柱（去除疏水性化合物）；H 型强酸性阳离子交换柱或 Na 型强酸性阳离子交换柱（去除重金属和过渡金属离子）等类型。

6. 样品

(1) 样品的采集和保存　按照 HJ 494、HJ/T 91 和 HJ/T 164 的相关规定进行样品的采集。若测定 SO_3^{2-}，样品采集后，须立即加入 0.1%的甲醛进行固定；其余阴离子的测定不需加固定剂。采集的样品应尽快分析。若不能及时测定，应经抽气过滤装置过滤，于 4℃以下冷藏、避光保存。不同待测离子的保存时间和容器材质要求见表 11-12。

表 11-12　水样的保存条件和要求

离子名称	盛放容器的材质	保存时间/d
F^-	聚乙烯瓶	14
Cl^-	硬质玻璃瓶或聚乙烯瓶	30
NO_2^-	硬质玻璃瓶或聚乙烯瓶	2
Br^-	硬质玻璃瓶或聚乙烯瓶	2
NO_3^-	硬质玻璃瓶或聚乙烯瓶	7
PO_4^{3-}	硬质玻璃瓶或聚乙烯瓶	2
SO_3^{2-}	硬质玻璃瓶或聚乙烯瓶	7
SO_4^{2-}	硬质玻璃瓶或聚乙烯瓶	30

(2) 试样的制备　对于不含疏水性化合物、重金属或过渡金属离子等干扰物质的清洁水样，经抽滤后可直接进样；也可用带有水洗微孔滤膜针筒式过滤器过滤后进样。对含有干扰物质的复杂水样，须用相应的预处理柱进行有效处理后再进样。

(3) 空白试样的制备　以实验用水代替样品，按照与制备试样相同的步骤制备实验室空白试样。

7. 分析步骤

（1）离子色谱分析参考条件　根据仪器使用说明书优化测量条件或参数，可按照实际样品的基体及组成优化淋洗液浓度，以下给出离子色谱分析条件，供参考。

① 参考条件1　阴离子分析柱：碳酸盐淋洗液Ⅰ，流速为1.0mL/min，抑制型电导检测器，连续自循环再生抑制器；或者碳酸盐淋洗液Ⅱ，流速为0.7mL/min，抑制型电导检测器，连续自循环再生抑制器，CO_2 抑制器。进样量为25μL。

② 参考条件2　阴离子分析柱：氢氧根淋洗液，流速为1.2mL/min，梯度淋洗条件见表11-13，抑制型电导检测器，连续自循环再生抑制器。进样量为25μL。

表 11-13　氢氧根淋洗液梯度程序分析条件

时间/min	A(H_2O)	B(100mmol/L NaOH 溶液)
0	90%	10%
25	40%	60%
25.1	90%	10%
30	90%	10%

（2）标准曲线的绘制　分别准确移取0.00mL、1.00mL、2.00mL、5.00mL、10.0mL、20.0mL混合标准使用液置于一组100mL容量瓶中，用水稀释定容至标线，混匀。配制成6个不同浓度的混合标准系列溶液，标准系列溶液质量浓度见表11-14。可根据被测样品的浓度确定合适的标准系列溶液的浓度范围。按其浓度由低到高的顺序依次注入离子色谱仪，记录峰面积，以各离子质量浓度为横坐标，峰面积或峰高为纵坐标，绘制标准曲线。

表 11-14　阴离子标准系列溶液的质量浓度

离子	标准系列溶液的质量浓度/(mg/L)					
	样品0	样品1	样品2	样品3	样品4	样品5
F^-	0.00	0.10	0.20	0.50	1.00	2.00
Cl^-	0.00	2.00	4.00	10.0	20.0	40.0
NO_2^-	0.00	0.10	0.20	0.50	1.00	2.00
Br^-	0.00	0.10	0.20	0.50	1.00	2.00
NO_3^-	0.00	1.00	2.00	5.00	10.0	20.0
PO_4^{3-}	0.00	0.50	1.00	2.50	5.00	10.0
SO_3^{2-}	0.00	0.50	1.00	2.50	5.00	10.0
SO_4^{2-}	0.00	2.00	4.00	10.0	20.0	40.0

（3）试样的测定　按照与绘制标准曲线相同的色谱条件将试样注入离子色谱仪，测定阴离子浓度，以保留时间定性，仪器响应值定量。

若测定结果超出标准曲线范围，应将样品用实验用水稀释处理后重新测定；也可预先稀释50～100倍后试进样，再根据所得结果选择适当的稀释倍数重新进样分析，同时记录样品稀释倍数（f）。

（4）空白试验　按照与试样的测定相同的色谱条件和步骤，将空白试样注入离子色谱仪测定阴离子浓度，以保留时间定性，仪器响应值定量。

8. 结果计算与表示

（1）结果计算　样品中无机阴离子的质量浓度（ρ），按照式(11-1）计算：

$$\rho=\frac{h-h_0-a}{b}\times f \tag{11-1}$$

式中 ρ——样品中阴离子的质量浓度，mg/L；

h——试样中阴离子的峰面积（或峰高）；

h_0——实验室空白试验中阴离子的峰面积（或峰高）；

a——回归方程的截距；

b——回归方程的斜率；

f——样品的稀释倍数。

（2）结果表示　当样品含量小于 1mg/L 时，结果保留至小数点后三位；当样品含量大于或等于 1mg/L 时，结果保留三位有效数字。

9. 精密度和准确度

（1）精密度　7 家实验室对含 F^-、Cl^-、NO_2^-、Br^-、NO_3^-、PO_4^{3-}、SO_3^{2-}、SO_4^{2-} 不同浓度水平的统一样品进行了测试，实验室内相对标准偏差范围在 0.1%～5.7%之间；实验室间相对标准偏差范围在 1.4%～5.8%之间。

（2）准确度　7 家实验室对不同类型的水样统一基质加标样品进行了测定，加标回收率范围在 81.7%～118.3%之间。

10. 质量保证和质量控制

（1）空白试验　每批次（≤20 个）样品应至少做 2 个实验室空白试验，空白试验结果应低于方法检出限。否则应查明原因，重新分析直至合格之后才能测试样品。

（2）相关性检验　标准曲线的相关系数应不小于 0.995，否则应重新绘制标准曲线。

（3）连续校准　每批次（≤20 个）样品，应分析一个标准曲线中间点浓度的标准溶液，其测定结果与标准曲线该浓度之间的相对误差应不大于 10%，否则，应重新绘制标准曲线。

（4）精密度控制　每批次（≤20 个）样品，应至少测定 10%的平行双样，样品数量少于 10 个时，应至少测定一个平行双样。平行双样测定结果的相对偏差应不大于 10%。

（5）准确度控制　每批次（≤20 个）样品，应至少做 1 个加标回收率测定，实际样品的加标回收率应控制在 80%～120%之间。

11. 废物处理

实验中产生的废液应集中收集，妥善保管，委托有资质的单位处理。

12. 注意事项

（1）由于 SO_3^{2-} 在环境中极易被氧化成 SO_4^{2-}，为防止其被氧化，可在配制 SO_3^{2-} 贮备液时加入 0.1%甲醛进行固定。校准系列溶液可采用 7+1 方式配制，即配制成 7 种阴离子混合标准系列溶液和 SO_3^{2-} 单独标准系列溶液。

（2）分析废水样品时，所用的预处理柱应能有效去除样品基质中的疏水性化合物、重金属和过渡金属离子，同时对测定的阴离子不产生吸附。

子任务一　定性分析

【任务要求】

使用离子色谱仪对自来水中的四种阴离子（Cl^-、F^-、SO_4^{2-}、NO_3^-）进行定性分析。

【任务实施】

定性分析实验报告

一、实验目的

1. 熟练掌握离子色谱仪的开关机步骤。
2. 掌握离子色谱的定性方法。

二、实验所需仪器

1. 离子色谱：CIC-D120（电导检测器）。
2. 电脑及工作站。
3. 定量环：20μL 定量环。
4. 针筒过滤器（0.22μm 水相滤膜）。

三、操作条件

色谱柱：阴离子柱；淋洗液：____；

流速：1.0mL/min；柱温：30℃。

四、实验要求

对待测样品中所含组分进行判断，要求待测样品和标准样品保留时间相差不超过0.01min。

五、实验步骤

（1）开机、准备（含工作站操作）：

（2）参数设置（工作站设置）：

（3）进样：

（4）检测：

六、数据记录与处理

请将实验数据及时记录在表11-15中。

表11-15　实验数据记录表

样品类型	标准样品			
	峰1	峰2	峰3	
保留时间				
样品类型	水样			
	峰1	峰2	峰3	
保留时间				
定性结论				

七、贴图、图谱分析区

贴图区

子任务二　定量分析

【任务要求】

使用离子色谱仪对样品中的四种阴离子（Cl^-、F^-、SO_4^{2-}、NO_3^-）进行定量分析。

【任务实施】

离子色谱法测定自来水中的Cl^-、F^-、SO_4^{2-}、NO_3^-含量——外标法定量

一、实验目的

进行自来水中Cl^-、F^-、SO_4^{2-}、NO_3^-含量的测定。

二、实验所需仪器

1. 仪器

离子色谱型号：　　　　　　　　色谱柱种类：

检测器类型：　　　　　　　　　定量环规格：

2. 试剂

请将实验所需试剂及配制要求等进行整理，完成表 11-16。

表 11-16　试剂清单

序号	名称	配制体积	配制方法(含试剂用量)	保存要求	使用要求	其他
1						
2						
3						

3. 器皿及其他

请将实验所需器皿及材料填入表 11-17。

表 11-17　器皿清单

名称	规格	数量	名称	规格	数量

三、分析操作条件

色谱柱：阴离子柱；淋洗液：________________________________；

流速：1.0mL/min；柱温：30℃。

四、实验步骤

实验步骤如图 11-7 所示。

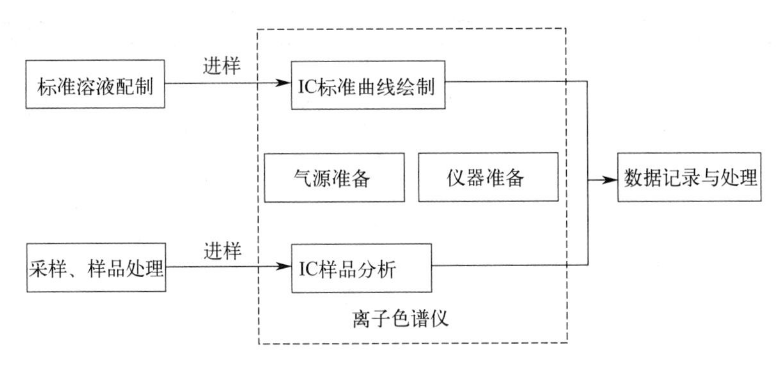

图 11-7　实验流程框图

其中样品处理具体步骤为：

五、数据记录与处理

请将实验数据及时记录在表 11-18 中。

表 11-18　实验数据记录表

样品	空白	平行样品 1	平行样品 2	盲样
峰 1 面积				
保留时间				
峰 2 面积				
保留时间				
峰 3 面积				
保留时间				
峰 4 面积				
保留时间				

六、贴图、图谱分析区

平行样品 1 贴图区

平行样品 2 贴图区

【任务评价】

请完成任务评价（见表 11-19）。

表 11-19　离子色谱操作评分表

项目	评分要点	自评	互评	教师评
仪器准备（10分）	了解仪器组成：离子色谱仪由______、______、______、______、______组成			
	离子色谱仪开机前应检查______			
	淋洗液在使用前应先______			
标样配制（20分）	基准物质的称量必须使用______称量			
	标样的配制必须使用______定容，操作符合规范操作要求			
	明确误操作对结果的影响，比如配制混合标准溶液时使用未经计量校准的移液管或吸量管会导致溶液浓度______			
标样和样品分析（30分）	标样进样顺序应为从______浓度到______浓度			
	样品的前处理方法为______			
	进样前后注射器应先______，再排除______			
	走基线，当______认为可以开始进样			
	进样：包括标准溶液、空白和待测样品。进样时要求操作稳当、连贯、迅速。进样量需要大于______，由______精确控制输入量			
关机（10分）	关机要求为______ 关机方法参数为______			
数据（20分）	打开工作站进行数据查看和记录			
	绘制标准曲线			
	计算样品浓度			
	生成分析报告			
	做好使用登记			
文明操作（10分）	实验过程台面、地面脏乱，一次性扣3分			
	实验结束未先清洗仪器或未归位，扣2分			
	仪器损坏，一次性扣5分			

笔记

任务六　数据处理与分析

【任务要求】

根据测定得到的数据，计算样品和盲样中阴离子含量，并通过盲样测定误差判断分析水平。

【学习目标】

1. 正确进行样品（盲样）中阴离子含量的计算。
2. 使用工作站进行谱图分析。
3. 计算盲样测定含量与真实含量之间的误差，并了解误差产生的原因。

【任务支持】

HW-2000离子色谱工作站谱图处理方法

1. 阴离子谱图处理方法

（1）禁止判峰、峰分离

在 谱图参数 菜单中点击 满屏时间（分）、满屏量程（mV）分别 满屏 （此操作防止所测的物质的峰超出显示范围漏处理，在峰比较小时要放大峰到合适量程使显示更明显），处理后如图11-8所示。

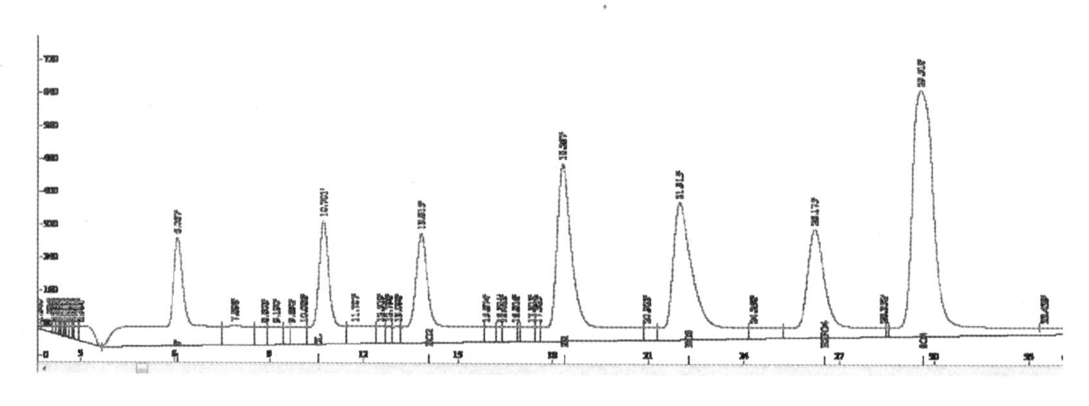

图11-8　满屏模式谱图

点至 谱图处理 菜单中，满屏时间设置为1，在谱图的最左端单击鼠标左键，选择“禁止判峰”命令，之后在第一个离子峰起点前基线平滑处单击鼠标左键，选择“峰分离”，处理后如图11-9所示。

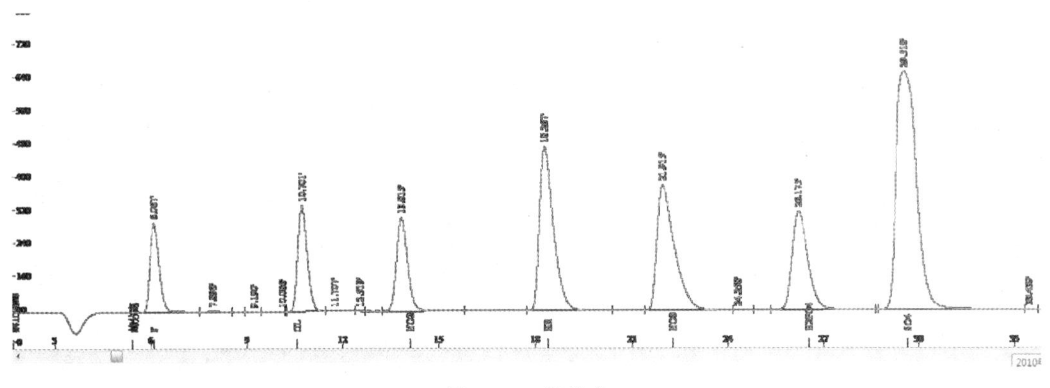

图 11-9 峰分离

调节谱图参数中“最小峰面积”（默认值为 10000，可在 1000、10000、20000 这几个数值变化，起始峰宽水平 20），然后点击黄色“再处理”按钮即可消除峰面积低于设定值的杂峰。处理后如图 11-10 所示。

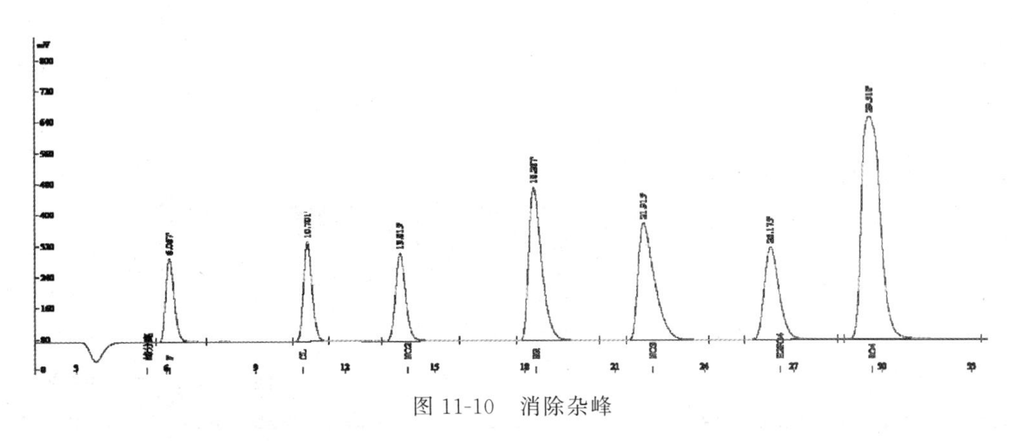

图 11-10 消除杂峰

如果仍然有杂峰，需要选择“对已检出的峰进行手工取消或恢复”，进行手动去除杂峰，去完后再点回。

（2）点击工作站定量组分窗口把各组分按照出峰顺序的先后输入到组分名称下（参考色谱柱分析报告），在定量组分窗口下将所配制的各组分的浓度（单位可以是 mg/L、μg/L、μg/mL，或者%浓度）输入到浓度下，注意测定样品不需要填浓度，如图 11-11 所示。

	套峰时间	组分名称	校正因子	浓度	内标	峰组起点	峰组终点	分组累计
1		F		1.5				
2		Cl		2.5				
3		NO_2		5				
4		Br		10				
5		NO_3		10				
6		H_2PO_4		15				

自动填全部峰定性时间

从定量结果取校正因子

清 表

图 11-11 组分信息输入

（3）取保留时间，点击自动填全部峰定性时间，点击“是”，得到的结果如图 11-12

所示。

	套峰时间	组分名称	校正因子	浓度	内标	峰组起点	峰组终点	分组累计
1	6.100	F		1.5				
2	10.575	Cl		2.5				
3	14.100	NO_2		5				
4	18.375	Br		10				
5	22.250	NO_3		10				
6	26.525	H_2PO_4		15				

自动填全部峰定性时间　从定量结果取校正因子　清　表

图 11-12　自动填入峰定性时间

（4）单击[定量方法]，选择[计算校正因子（标准样品）]，点击[定量结果]，接着点击[定量计算]后点击[定量组分]，选择[从定量结果取校正因子]，然后点击“保存”存盘。

2. 绘制工作曲线

（1）配制一系列不同浓度的标准样品，如 A1～A5（至少四个点），其浓度视情况而定，将各浓度的标样谱图采集完之后，按照谱图处理方处理完谱图之后，依次将所作标准样品谱图打开。

（2）当前表存档　点击[定量结果]可以查看谱图相关数据，见图 11-13。

谱图参数 | 谱图处理 | 定量组分 | 定量方法 | 定量结果 | 分析报告

	保留时间	组分名称	校正因子	浓度	峰面积	峰高	半高峰宽	峰标志
1	1.295	F	6.2728e-00	0.25	3985459	559161	6.694	R
2	2.024	Cl	6.17845e-0	0.25	4046322	580838	6.542	LR
3	2.516	NO_2	2.50553e-0	0.5	1995582	274688	6.823	RM
4	3.846	Br	1.61672e-0	0.25	1546338	141446	10.267	
5	4.452	NO_3	5.65945e-0	0.5	8834784	448697	18.491	
6	6.581	H_2PO_4	1.09495e-0	0.5	4566415	282777	15.165	RM

当前表存档　清除已存档　取平均档　减平均档　合并结果表

图 11-13　定量结果

点击[清除已存档]命令，即可。但若出现图 11-14 所示窗口，应点击清档中的“全选”命令，然后点击“清除”命令，清档之后，点击“当前表存档”，这样我们所作的谱图就存入了标准数据中，依次将所作标准样品“定量结果”，点击“当前表存档”（注意：只有第一组数据存档时才用到“清除已存档”命令，其余标样“当前表存档”时不需要“清除”命令，各个文档存档的时候最好从高到低或从低到高，防止漏存等误操作）。

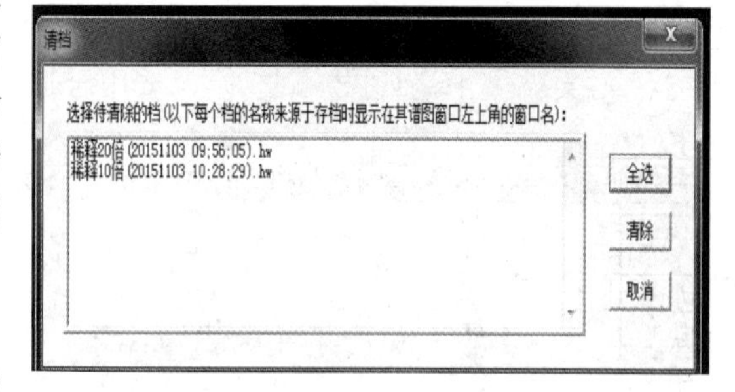

图 11-14　清档弹窗

3. 查看工作曲线

点击[定量方法]，设置阶次为 1，组分为 1，点击[用档计算]命令就可以得到标准曲线了，提示窗口点击[确定]命令（点击不同的组分编号，可以选择显示不同组分的标准曲线），如图 11-15 所示。

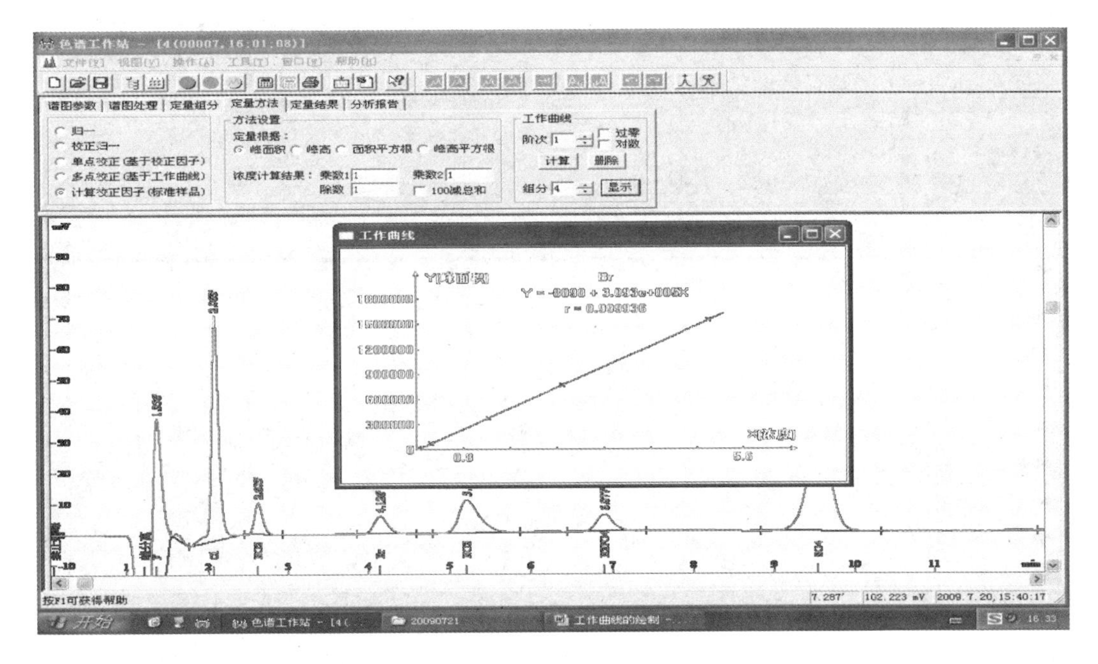

图 11-15　生成标准曲线

4. 标准曲线存入模版

点击文件，再点击存为模板（导出表格），出现文件保存窗口，修改文件名，点击保存，即可为以后用作准备（以后用同样的条件测定样品时可引进模板省略谱图处理等步骤）。

5. 未知样品计算——多点校正（基于工作曲线）

多点校正是基于工作曲线对未知样品中未知离子进行定性定量分析的方法。若用多点校正法测未知样需按以下步骤操作：

(1) 首先估计一下未知样品中可能含有的离子，然后根据可能含有的离子绘制标准曲线。

(2) 采集未知样品谱图（未知样品根据实际情况进行处理），并对未知样品谱图进行处理；所测定未知样品（李哥庄水样）谱图如图 11-16 所示。

(3) 多点校正计算未知样品的浓度

点击文件选择引进模板选项，选用合适的模板，然后适当调整峰的起点和终点，点击定量方法窗口选择多点校正（基于工作曲线）和方法设置中的定量根据，根据实际情况而定（一般为峰面积），如果未知样浓度稀释或富集过需要换算到原始浓度，可以选择浓度计算结果中的乘数 1 为 10，乘数 2 为 1，除数为 1 进行操作，如图 11-17 所示。

然后点击工具栏中的计算命令即可得到未知样的离子浓度，点击定量结果窗口就可以显示未知样品的信息结果，如图 11-18 所示。

附：点击色谱工作站中菜单栏的工具按钮，选择报表生成器，然后在报表生成器中打开同一浓度的一系列文件，可以查看峰面积、出峰时间和浓度等的相对标准偏差（RSD）。

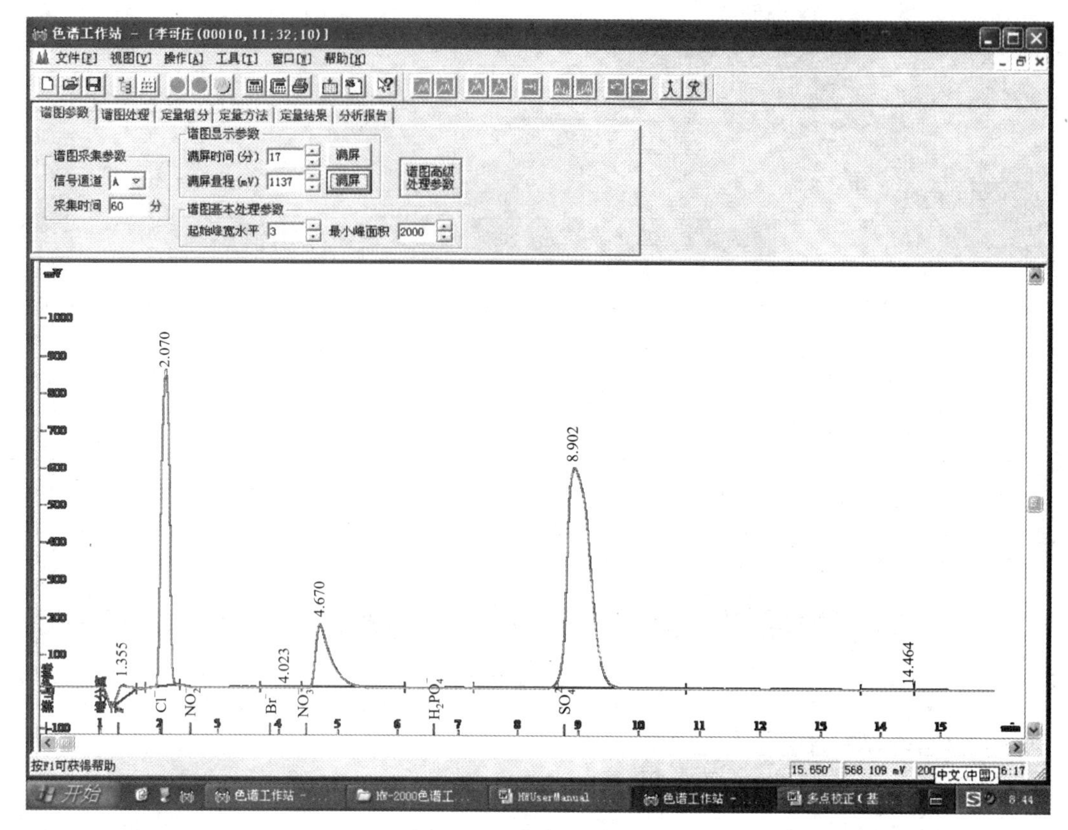

图 11-16　未知样品谱图

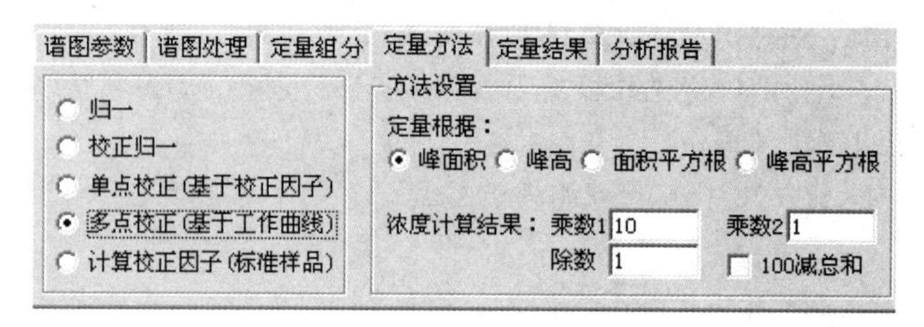

图 11-17　定量方法设置

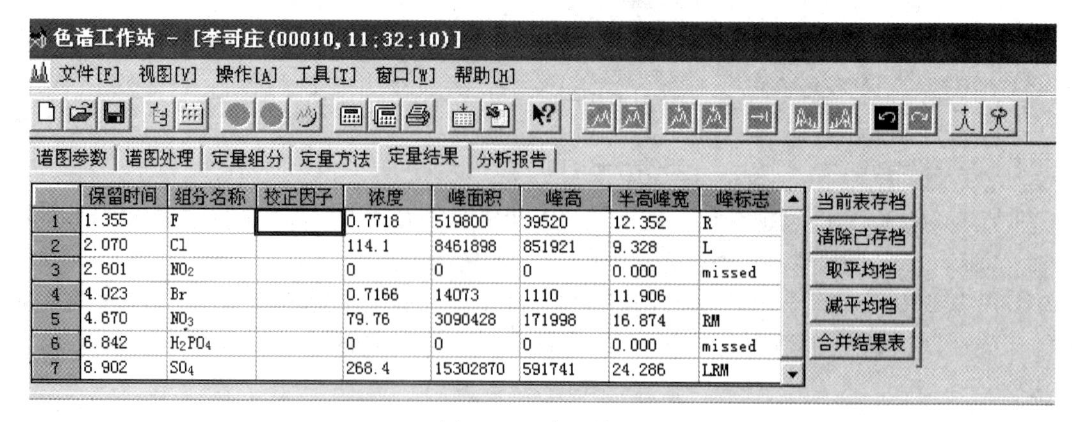
色谱工作站 - [李哥庄(00010,11:32:10)]

文件[F]　视图[V]　操作[A]　工具[T]　窗口[W]　帮助[H]

谱图参数 | 谱图处理 | 定量组分 | 定量方法 | 定量结果 | 分析报告

	保留时间	组分名称	校正因子	浓度	峰面积	峰高	半高峰宽	峰标志
1	1.355	F		0.7718	519800	39520	12.352	R
2	2.070	Cl		114.1	8461898	851921	9.328	L
3	2.601	NO_2		0	0	0	0.000	missed
4	4.023	Br		0.7166	14073	1110	11.906	
5	4.670	NO_3		79.76	3090428	171998	16.874	RM
6	6.842	H_2PO_4		0	0	0	0.000	missed
7	8.902	SO_4		268.4	15302870	591741	24.286	LRM

当前表存档　清除已存档　取平均档　减平均档　合并结果表

图 11-18　定量结果

【任务实施】

1. 完成水样和盲样中四种阴离子含量的计算，完成表 11-20。

表 11-20　实验数据分析表

样品号	空白	平行样品 1	平行样品 2	样品浓度	盲样	盲样中各物质浓度
峰 1 面积						
保留时间						
峰 2 面积						
保留时间						
峰 3 面积						
保留时间						
峰 4 面积						
保留时间						

盲样测定误差：Cl^- ________、F^- ________、NO_3^- ________、SO_4^{2-} ________。

2. 根据盲样测定误差了解实验过程中可能引入误差的因素，完成表 11-21。

表 11-21　实验误差分析表

序号	环节	因素	影响(偏大/偏小)

可将工作站生成的报告贴在此页。

任务七 “三废”收集与处理

【任务要求】

按要求收集和处理本项目实验过程中产生的“三废”，并规范填写投放表。

【学习目标】

1. 了解环境实验室常见的“三废”，及其对环境的影响和危害。
2. 掌握实验室常见“三废”的收集、处理方法。

【任务实施】

完成洗涤操作废液、固废的分类收集与处理，并填写废液、固废投放表（表11-22）。

登记表编号

表 11-22 实验室危险废物投放登记表

实验室： 责任人： 容器编号： 入库日期：

<table>
<tr><td>有机废液</td><td>□含卤素有机废液
□其他有机废液</td><td colspan="2">体积/L</td><td colspan="2"></td></tr>
<tr><td rowspan="3">无机废液</td><td>□含汞废液
□含重金属废液(不含汞)</td><td colspan="2">入库 pH 值
(液态废物收集容器)</td><td colspan="2"></td></tr>
<tr><td>□废酸</td><td colspan="2">入库核验签字</td><td colspan="2"></td></tr>
<tr><td>□废碱
□其他无机废液</td><td colspan="4">危害特性</td></tr>
<tr><td>固态废物</td><td>□废固态化学试剂
□废弃包装物、容器
□其他固态废物</td><td>□
毒
性</td><td>□
易
燃
性</td><td>□
腐
蚀
性</td><td>□
反
应
性</td></tr>
</table>

序号	投放日期	主要有害成分	投放人

注：1. 登记表编号应与容器编号对应，如有多张登记表时，应以容器标号为主字段编号。

2. “pH 值”指液态废物收集容器中废液入库贮存时的最终 pH 值，入库时需有关责任人核验签字确认。

3. “类别”只能选择一种，主要有害成分应按生态环境部《中国现有化学物质名录》中的化学物质中文名称或中文别名填写，可以是简称，禁止使用俗称、符号、化学式代替。

4. 暂存危险废物最大暂存量不宜超过存储设施装满的3/4，暂存时间最长不应超过30天，必须进行贮存。

任务八　设备维护与排故

【任务要求】

阅读离子色谱仪维护手册和故障清单，完成设备仪器的维护，并填写维护记录。

【学习目标】

1. 掌握离子色谱仪的维护方法。
2. 对实验过程中常见的问题和故障进行分析、排除。

【任务支持】

一、离子色谱仪的日常维护内容

1. 随时检查

（1）检查仪器流路是否漏液。

（2）检查系统压力是否正常。

（3）及时补充淋洗液。

（4）及时清空废液瓶。

2. 每周检查

（1）检查仪器管路是否折叠、弯曲或污染。对已变形管路及时更换，以免影响流路稳定性。若管路较短，及时重置、调换管路。

（2）检查淋洗液过滤头是否需要清洗或更换。已污染过滤头的过滤作用将大大减弱，尤其是做长期实验时，应及时检查是否污染。当过滤头较新时，过滤头为纯白色，当变色时请及时清洗或更换。

（3）仪器至少一周开机一次，使用超纯水冲洗 10～20min。对泵头进行后冲洗操作。

（4）特别需要注意的是当使用水溶液作为淋洗液时，极易产生细菌从而影响实验，应及时清洗或更换已污染的过滤头。

3. 定期检查

（1）定期更换参比电极（三个月左右）。

（2）定期更换自动进样器进样针及管路。

（3）定期对泵头进行后冲洗。

二、离子色谱仪的常见故障及排除

离子色谱仪的常见的问题及解决方法如表 11-23 所示。

表 11-23　离子色谱仪的常见问题及排除

序号	故障现象	原因	措施
1	泵压力波动	1. 输液泵单向阀堵塞	更换单向阀或将单向阀放入 1∶1 的纯水/硝酸溶液或无水乙醇中超声清洗
		2. 六通进样阀堵塞	按液流的方向依次排查，发现故障点并排除
		3. 色谱柱滤膜堵塞	将色谱柱取下并拧下柱头，小心取出其中的滤膜，放入 1∶1 的纯水/硝酸溶液中浸泡，超声波清洗 30min 后，用超纯水冲洗后装上；或将色谱柱反接后冲洗；注意色谱柱不接入流路
2	频繁超压	1. 输液泵的最高限压设置过低	在色谱柱工作流量下，将最高限压调至高于目前工作压力 5MPa
		2. 流路堵塞	根据逐级排除法找出堵塞点，更换流路组件
		3. 保护柱压力升高	更换保护柱进口处的筛板
3	基线噪声大	1. 仪器平衡时间短	通淋洗液至仪器稳定
		2. 流路 ①输液泵中有气泡 ②超纯水过滤头堵塞，在吸力作用下产生负压进而产生气泡 ③主机流路中有气泡 ④色谱柱中有气泡 ⑤参比电极使用时间过久/使用结束后没有浸泡在饱和氯化钾溶液内 ⑥工作电极使用时间过久 ⑦安培池进气泡	 ①将排气阀打开抽气泡 ②更换过滤头或将过滤头放入 1∶1 的纯水/硝酸溶液或无水乙醇内超声清洗 5min ③将色谱柱取下，通水将气泡排除 ④用脱气后的淋洗液以低流速冲洗色谱柱，将气泡排除 ⑤活化或更换参比电极 ⑥清洗、抛光或更换工作电极 ⑦手指堵住出口管路几秒，并持续几次
		3. 仪器 ①接地不佳 ②电压不稳，或有干扰	 ①注意接地 ②使用稳压器
4	基线漂移大	1. 仪器预热时间不够	延长预热时间
		2. 仪器存在渗漏	找到渗漏处进行检查、更换耗材或维修
		3. 电压不稳或静电干扰	加稳压器或将仪器接地
5	背景值过高	1. 抑制器未工作或施加电流过小	检查抑制器电流是否打开或增大抑制器电流
		2. 淋洗液浓度过高	降低淋洗液浓度
		3. 安培池施加电位及积分时间不合适	更换电位及积分时间
6	响应值低	1. 样品浓度过低	更换大定量环或浓缩样品
		2. 安培工作电极表面不光滑	抛光清洁工作电极
		3. 自动进样器设置错误	设置的自动进样器吸样体积应稍大于定量环体积
		4. 自动进样器故障	观察自动进样器吸液量是否正常，若不正常，请联系维修人员进行维修
7	抑制器电流不正常	电缆接触不良	更换电源线或更换恒流源
8	不出峰	1. 电导池安装不正确	重新安装电导池
		2. 电导池损坏	更换电导池
		3. 泵没有输出溶液	检查压力读数，确认泵是否工作
		4. 淋洗液发生器没有工作	查看淋洗液发生器电缆是否连接或更换淋洗液发生器
		5. 安培池没有工作	查看安培池进出口的连接电缆是否接入
		6. 电磁进样阀未切阀	重启仪器
		7. 自动进样器未进样	重启自动进样器
9	峰拖尾	1. 样品流路死体积较大	减小死体积
		2. 样品浓度过高，导致色谱柱过载	降低样品浓度或更换高承载能力的色谱柱

续表

序号	故障现象	原因	措施
10	分离度差	1. 淋洗液 ①淋洗液浓度不合适 ②淋洗液流速过大	①选择合适的淋洗液浓度 ②选择合适的流速
		2. 样品浓度过高	稀释样品
		3. 色谱柱被污染	再生色谱柱或更换色谱柱
11	重复性差	1. 进样 ①进样量不恒定 ②进样浓度选择不合适	①超过定量环体积10倍进样，保证完全进样 ②选择合适的进样浓度
		2. 干扰 ①试剂不纯净 ②超纯水有杂质	①更换试剂 ②更换超纯水
		3. 流路 ①管路泄漏 ②流路堵塞	①找到泄漏处，拧紧或更换泄漏部件 ②找到被堵器件，维修或者更换
		4. 环境温度变化	进行实验时应尽量保持环境恒温/使用柱温箱
		5. 淋洗液浓度发生变化	不使用淋洗液发生器时，应对NaOH淋洗液添加保护装置
		6. 色谱柱柱效下降	更换新色谱柱
		7. 抑制器漏液	更换新抑制器
12	线性不好	1. 溶液被污染	重新配制溶液
		2. 超纯水不纯	更换超纯水
		3. 线性溶液被污染，特别是低浓度的样品	重新配制溶液
		4. 样品浓度过高或过低，超出仪器线性范围	选择合适的浓度范围
13	输液泵产生气泡	1. 流路中吸附气体	通水的情况下打开输液泵排气阀，开启平流泵，同时不断振动滤头，将气体排除干净
		2. 室内温度过高，导致超纯水脱气不干净	采用在线脱气装置
		3. 输液泵过滤头堵塞	可将滤头取下放入1∶1的纯水/硝酸溶液或无水乙醇中超声清洗
14	仪器控制异常	1. 设备类型查询失败	确认仪器是否正常开启
		2. 反控无法控制仪器	重启仪器或反控软件

【任务实施】

请对离子色谱仪进行维护和保养，并填写表11-24。

表11-24　离子色谱仪维护、保养记录表

仪器型号：________________　　仪器编号：________________

类别	项目	检查	措施/备注
管路	管路接口处无漏液痕迹	□是　□否	
	六通阀完好，档位为“inject”	□是　□否	
	进样口完好，有堵头	□是　□否	
外观	设备外表无残留溶液或污渍	□是　□否	
	流动相瓶数量为2个，线路连接正常	□是　□否	
内部	色谱柱完好，接口牢固	□是　□否	
	内部无杂物	□是　□否	
环境	外部湿度、温度适宜	□是　□否	湿度：　　温度：
检查	显示屏正常显示	□是　□否	
	工作站连接正常	□是　□否	
	温控控制正常	□是　□否	
	压力仪表正常	□是　□否	
	基线平稳	□是　□否	
	信号正常	□是　□否	

续表

类别	项目	检查	措施/备注
校验	内检：检查样测试	□是　□否	
	外检：定期进行计量	□是　□否	

详细维护、保养记录：

维护人：________　　维护日期：________

【项目评价汇总】

请完成项目评价（见表 11-25）。

表 11-25　项目评价汇总表

认识离子色谱仪	溶液配制	检出限测定	标准曲线	定性分析	定量分析	数据处理与分析	“三废”收集与处理	设备维护与排故
10%	10%	10%	10%	10%	20%	10%	10%	10%
总分：								

【项目反思】

请就本项目完成过程中的困难部分或对数据影响较大的步骤进行总结和反思。

笔记

项目十二
原子吸收法测定自来水中的铁

【项目介绍】

原子吸收光谱法（atomic adsorption spectrometry，简称 AAS）是基于被测元素基态原子在蒸气状态对其原子共振辐射的吸收进行元素定量分析的方法。该方法广泛应用于水质、土壤等环境样品的重金属等无机元素含量的检测，该方法准确度高、选择性好、分析速度快、检出限低，适用于微量和痕量检测，应用十分广泛。本项目以自来水中铁元素的测定为载体，学习原子吸收分析方法和原理。

【学习目标】

1. 掌握原子吸收的基本原理。
2. 掌握火焰原子吸收分光光度计的结构及功能。
3. 掌握火焰原子吸收分光光度计的基本操作。
4. 正确、规范进行火焰原子吸收分光光度计检出限的测定。
5. 正确、规范使用火焰原子吸收分光光度计进行铁含量的分析。
6. 及时记录数据并进行数据分析。
7. 正确收集和处理“三废”，并在实验过程中减少“三废”产生。
8. 进行火焰原子吸收分光光度计的日常维护与简单故障的判断。

任务一　认识原子吸收法和火焰原子吸收分光光度计

【任务要求】

理解原子吸收法的基本原理，绘制火焰原子吸收分光光度计的结构简图，标明每个部位的名称及功能，并根据分离原理画出光路及样品经过的路线。

【学习目标】

1. 掌握原子吸收法分离的原理及类型。
2. 正确使用原子吸收法专业用语。
3. 掌握火焰原子吸收分光光度计的结构和功能。

【任务支持】

一、原子吸收光谱法的基本原理

1. 原子吸收光谱的产生

原子吸收光谱法是基于被测元素基态原子在蒸气状态对其原子共振辐射的吸收进行元素定量分析的方法。

众所周知，任何元素的原子都是由原子核和绕核运动的电子组成的，原子核外的电子按其能量的高低分层分布而形成不同的能级，因此，一个原子核可以具有多种能级状态。能量最低的能级状态称为基态（$E_0=0$），其余能级称为激发态，而能量最低的激发态则称为第一激发态。正常情况下，原子处于基态，核外电子在各自能量最低的轨道上运动。如果将一定外界能量如光能提供给该基态原子，当外界光能量 E 恰好等于该基态原子中基态和某一较高能级之间的能级差 ΔE 时，该原子将吸收这一特征波长的光，外层电子由基态跃迁到相应的激发态，而产生原子吸收光谱。电子跃迁到较高能级以后处于激发态，但激发态电子是不稳定的，大约经过 10^{-8} 秒以后，激发态电子将返回基态或其他较低能级，并将电子跃迁时所吸收的能量以光的形式释放出去，这个过程称为原子发射光谱。可见原子吸收光谱过程吸收辐射能量，而原子发射光谱过程则释放辐射能量。核外电子从基态跃迁至第一激发态所吸收的谱线称为共振吸收线，简称共振线。电子从第一激发态返回基态时所发射的谱线称为第一共振发射线。由于基态与第一激发态之间的能级差最小，电子跃迁概率最大，故共振吸收线最易产生。对多数元素来讲，它是所有吸收线中最灵敏的，在原子吸收光谱分析中通常以共振线为测定线。

2. 原子吸收光谱的测量

在实际工作中，对于原子吸收值的测量，是以一定光强的单色光 I_0 通过原子蒸气，然后测出被吸收后的光强 I，此吸收过程符合**朗伯-比耳定律**，即

$$I=I_0 e^{-k_\nu NL} \tag{12-1}$$

式中，I_0 是入射辐射强度；I 是透过原子吸收层后的辐射强度；L 是原子吸收层厚度；N 是物质的浓度；k_ν 是对频率为 ν 的辐射吸收系数。

在实验条件一定时，对于特定的元素测定，吸光度和样品浓度之间的关系为：

$$A=Kc \tag{12-2}$$

式中，K 是与实验条件有关的参数。上式表明，吸光度与试样中被测元素含量成正比。这就是原子吸收光谱分析的实用关系式。因为 K 是与实验条件有关的参数，因此，必须使用标准曲线法进行原子吸收光谱定量分析。

二、火焰原子吸收分光光度计的结构

火焰原子吸收光谱仪又称原子吸收分光光度计。火焰原子吸收光谱仪由光源、原子化

器、单色器和检测器等四部分组成，如图 12-1 所示。

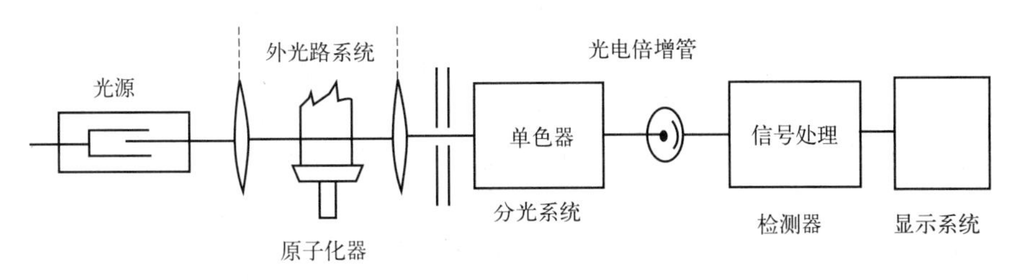

图 12-1　火焰原子吸收光谱仪结构

1. 光源

光源是原子吸收光谱仪的重要组成部分，它的性能指标直接影响分析的检出限、精密度及稳定性等性能。光源的作用是发射被测元素的特征共振辐射。对光源的基本要求：发射的共振辐射的半宽度要明显小于吸收线的半宽度；辐射的强度要大；辐射光强要稳定，使用寿命要长等。空心阴极灯是符合上述要求的理想光源，应用最广。

空心阴极灯是由玻璃管制成的封闭着低压气体的放电管，如图 12-2 所示，主要是由一个阳极和一个空心阴极组成。阴极为空心圆柱形，由待测元素的高纯金属或合金直接制成，贵重金属以其箔衬在阴极内壁。阳极为钨棒，上面装有钛丝或钽片作为吸气剂。灯的光窗材料根据所发射的共振线波长而定，在可见波段用硬质玻璃，在紫外波段用石英玻璃。制作时先抽成真空，然后再充入压强约为 267～1333Pa 的少量氖或氩等惰性气体，其作用是载带电流、使阴极产生溅射及激发原子发射特征的锐线光谱。

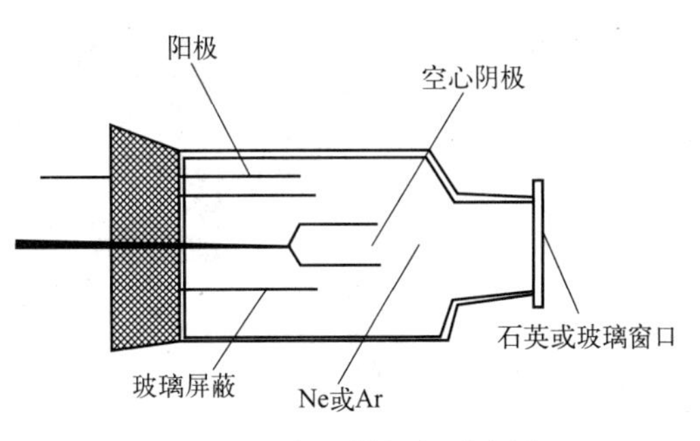

图 12-2　空心阴极灯示意图

由于受宇宙射线等外界电离源的作用，空心阴极灯中总是存在极少量的带电粒子。当极间加上 300～500V 电压后，管内气体中存在极少量阳离子向阴极运动，并轰击阴极表面，使阴极表面的电子获得外加能量而逸出。逸出的电子在电场作用下，向阳极作加速运动，在运动过程中与充气原子发生非弹性碰撞，产生能量交换，使惰性气体原子电离产生二次电子和正离子。在电场作用下，这些质量较重、速度较快的正离子向阴极运动并轰击阴极表面，不但使阴极表面的电子被击出，而且还使阴极表面的原子获得能量从晶格能的束缚中逸出而进入空间，这种现象称为阴极的“溅射”。“溅射”出来的阴极元素的原子，在阴极区再与电子、惰性气体原子、离子等相互碰撞而获得能量被激发发射出阴极物质的线光谱。

空极阴极灯发射的光谱，主要是阴极元素的光谱。若阴极物质只含一种元素，则制成的是单元素灯；若阴极物质含多种元素，则可制成多元素灯。多元素灯的发光强度一般都较单元素灯弱。

空极阴极灯的发光强度与工作电流有关。使用灯电流过小，放电不稳定；灯电流过大，溅射作用增强，原子蒸气密度增大，谱线变宽，甚至引起自吸，导致测定灵敏度降低，灯寿命缩短。因此在实际工作中应选择合适的工作电流。

空极阴极灯是性能优良的锐线光源。由于元素可以在空极阴极中多次溅射和被激发，气态原子平均停留时间较长，激发效率较高，因而发射的谱线强度较大；由于采用的工作电流一般只有几毫安或几十毫安，灯内温度较低，因此热变宽很小；由于灯内充气压力很低，激发原子与不同气体原子碰撞而引起的压力变宽可忽略不计；由于阴极附近的蒸气相金属原子密度较小，同种原子碰撞而引起的共振变宽也很小；此外，由于蒸气相原子密度低、温度低，自吸变宽几乎不存在。因此，使用空极阴极灯可以得到强度大、谱线很窄的待测元素的特征共振线。

2. 原子化器

原子化器的功能是提供能量，使试样干燥、蒸发和原子化。入射光束在这里被基态原子吸收，因此也可把它视为“吸收池”。对原子化器的基本要求：必须具有足够高的原子化效率；必须具有良好的稳定性和重现形；操作简单及低的干扰水平等。其结构如图 12-3 所示。

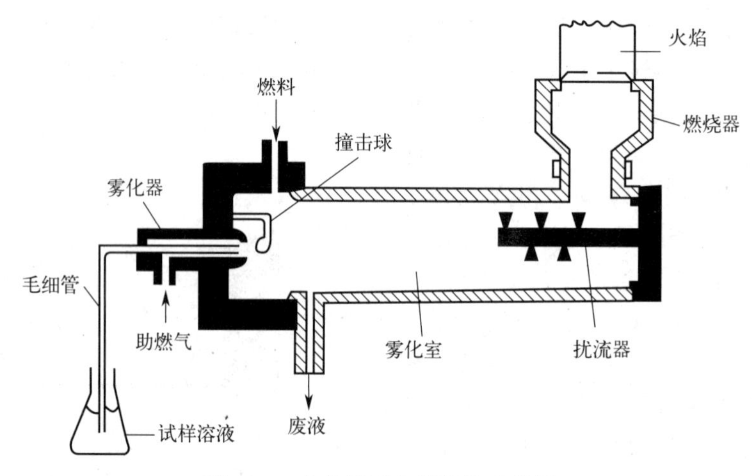

图 12-3　火焰原子化器结构示意图

火焰原子化法中，常用的是预混合型原子化器，它是由雾化器、雾化室和燃烧器三部分组成。用火焰使试样原子化是目前广泛应用的一种方式。它是将液体试样经雾化器形成雾粒，这些雾粒在雾化室中与气体（燃气与助燃气）均匀混合，除去大液滴后，再进入燃烧器形成火焰。此时，试液在火焰中产生原子蒸气。

（1）**雾化器**　原子吸收法中所采用的雾化器是一种气压式、将试样转化成气溶胶的装置。典型的雾化器如图 12-4 所示。

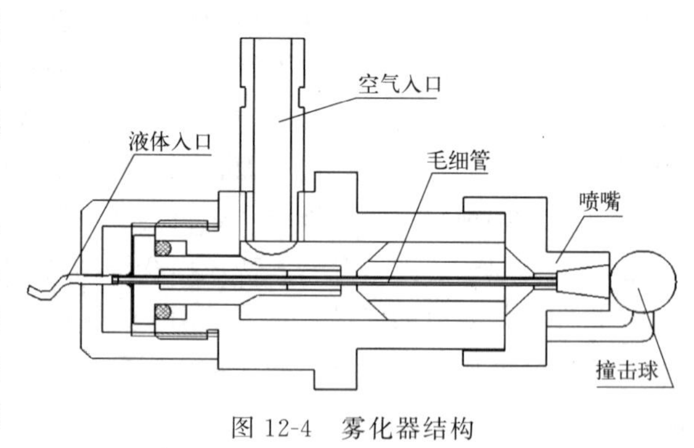

图 12-4　雾化器结构

当气体从雾化器喷嘴高速喷出时，由于伯努利（Bernoumlli）效应的作用，在喷嘴附近产生负压，使样品溶液被抽吸，经由吸液毛细管流出，并被高速的气流破碎成为气溶胶。气溶胶的直径在微米数量级。直径越小，越容易蒸发，在火焰中就能产生更多的基态自由原子。雾化器的雾化效率对分析结果有着重要影响。在原子吸收分析中，对试样溶液雾化的基本要求是：喷雾量可调，雾化效率高且稳定；气溶胶粒度细，分布范围窄。一个质量优良的雾化器，产生的直径在 5～10μm 范围的气溶胶应占大多数。调节毛细管的位置即可改变负压强度，从而影响吸入速度。装在喷雾头末端的撞击球的作用就是使气溶胶粒度进一步细化，以有利于原子化。

雾化器是火焰原子化器中的重要部件。它的作用是将试液变成细雾。雾粒越细、越多，在火焰中生成的基态自由原子就越多。目前，应用最广的是气动同心型雾化器。雾化器喷出的雾滴碰到玻璃球上，可产生进一步细化作用。生成的雾滴粒度和试液的吸入率，影响测定的精密度和化学干扰的大小。目前，雾化器多采用不锈钢、聚四氟乙烯或玻璃等制成。

（2）**雾化室** 雾化室的作用主要是去除大雾滴，并使燃气和助燃气充分混合，以便在燃烧时得到稳定的火焰。其中的扰流器可使雾滴变细，同时可以阻挡大的雾滴进入火焰。一般的喷雾装置的雾化效率为5%～15%。

（3）**燃烧器** 试液的细雾滴进入燃烧器，在火焰中经过干燥、熔化、蒸发和离解等过程后，产生大量的基态自由原子及少量的激发态原子、离子和分子。通常要求燃烧器的原子化程度高、火焰稳定、吸收光程长、噪声小等。燃烧器有单缝和三缝两种。燃烧器的缝长和缝宽，应根据所用燃料确定。目前，单缝燃烧器应用最广。

燃烧器多为不锈钢制造。燃烧器的高度应能上下调节，以便选取适宜的火焰部位测量。为了改变吸收光程，扩大测量浓度范围，燃烧器可旋转一定角度。

（4）**火焰的基本特性**

① **燃烧速度** 燃烧速度是指由着火点向可燃烧混合气其他点传播的速度。它影响火焰的安全操作和燃烧的稳定性。要使火焰稳定，可燃混合气体的供应速度应大于燃烧速度。但供气速度过大，会使火焰离开燃烧器，变得不稳定，甚至吹灭火焰；供气速度过小，将会引起回火。

② **火焰的结构** 正常火焰由预热区、第一反应区、中间薄层区和第二反应区组成，界限清楚、稳定（如图12-5所示）。

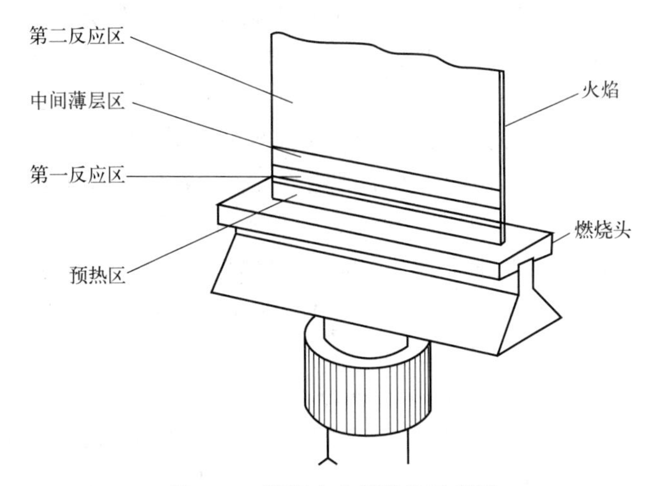

图12-5 预混合火焰结构示意图

预热区，亦称干燥区，燃烧不完全，温度不高，试液在这里被干燥，呈固态颗粒。

第一反应区，亦称蒸发区，是一条清晰的蓝色光带，燃烧不充分，半分解产物多，温度未达到最高点。干燥的试样固体微粒在这里被熔化、蒸发或升华。通常较少用这一区域作为吸收区进行分析工作。但对于易原子化、干扰较小的碱金属，可在该区进行分析。

中间薄层区，亦称原子化区，燃烧完全，温度高，被蒸发的化合物在这里被原子化，是原子吸收分析的主要应用区。

第二反应区，亦称电离区，燃气在该区反应充分，中间温度很高，部分原子被电离，往外层温度逐渐下降，被解离的基态原子又重新形成化合物，因此这一区域不能用于实际原子吸收分析工作。

③ **火焰的燃气和助燃气比例** 在原子吸收分析中，通常采用乙炔、煤气、丙烷、氢气作为燃气，以空气、氧化亚氮、氧气作为助燃气。同一类型的火焰，燃气、助燃气比例不同，火焰性质也不同。

按火焰燃气和助燃气比例的不同，可将火焰分为三类：化学计量火焰、富燃火焰和贫燃火焰。

a. 化学计量火焰 是指燃气与助燃气之比与化学反应计量关系相近，又称其为中性火焰。此火焰温度高、稳定、干扰小、背景低。

b. 富燃火焰 是指燃气与助燃气之比大于化学计量关系的火焰，又称还原性火焰。火焰呈黄色，层次模糊，温度稍低，火焰的还原性较强，适于易形成难离解氧化物元素的测定。

c. 贫燃火焰 又称氧化性火焰，即助燃气与燃气之比大于化学计量关系的火焰，氧化性较强，火焰呈蓝色，温度较低，适于易离解、易电离元素的原子化，如碱金属等。

选择适宜的火焰条件是一项重要的工作，可根据试样的具体情况，通过实验或查阅有关的文献确定。一般地，选择火焰的温度应使待测元素恰能分解成基态自由原子为宜。若温度过高，会增加原子电离或激发，而使基态自由原子减少，导致分析灵敏度降低。

选择火焰时，还应考虑火焰本身对光的吸收。烃类火焰在短波区有较大的吸收，而氢火焰的透射性能则好得多。对于分析线位于短波区的元素的测定，在选择火焰时应考虑火焰透射性能的影响。

④ **常用火焰** 按照火焰的反应特性，一般将火焰分为还原性火焰（富燃火焰）、中性火焰（化学计量火焰）和氧化性火焰（贫燃火焰）。根据燃气成分不同，又可将火焰分为两大类：碳氢火焰和氢气火焰。以下是火焰分析中几种常用的燃气-助燃气：

a. 乙炔-空气火焰 这是原子吸收测定中最常用的火焰，该火焰燃烧稳定，重现性好，噪声低，温度高，对大多数元素有足够高的灵敏度。但它在短波紫外区有较大的吸收。

空气-乙炔火焰温度较高，半分解产物 C、CO、CH 等在火焰中构成还原气氛，因此有较强的原子化能力。其富燃火焰的半分解产物很丰富，能在火焰中抢夺氧化物中的氧，使被测金属原子化。因此，对易形成稳定氧化物的元素如 Cr、Ca、Ba、Mo 的测定等较为有利。以二价金属氧化物 MO 为例：

$$2MO+C \longrightarrow 2M+CO_2$$

$$5MO+2CH \longrightarrow 5M+2CO_2+H_2O$$

其贫燃火焰适用于熔点高但不易氧化的金属测定，如 Au、Ag、Pt、Ph、Ga、In、Ni、Co 及碱金属元素，但稳定性较差。

其化学计量火焰适宜于大多数元素的测定。

b. 氢气-空气火焰 这是一种低温无色火焰，当用自来水或 100～500μg/mL 的钠标准溶液喷入时，才能看到此火焰，用这个办法可检查火焰是否点着及火焰的燃烧状态。

氢气-空气火焰是氧化性火焰，燃烧速度较乙炔-空气火焰高，温度较低（约为 2045℃）。由于这种火焰比乙炔-空气火焰的温度低，能使元素的电离作用显著降低，适宜于碱金属的测定。该火焰对 Sn 的测定有特效，用 Sn 224.6nm 共振吸收线，灵敏度比乙炔-空气火焰高 5 倍。这种火焰稳定，背景发射较弱，透射性能好，有利于提高信噪比。火焰在短波紫外区气体吸收很小，加大氢气流量，吸收显著减少，对于一些分析线在短波区的元素如 As、Se、Pb、Zn、Cd 等非常有利。氢气-空气火焰的缺点是温度不够高，原子化效率有限，化学干扰大。此外，富燃条件下没有显著的还原气氛，不利于易形成难解离氧化物元素的分析。

点燃氢气-空气火焰时，可调节气体流量到指定值，然后让两种气体混合约半分钟再点火，点燃和熄灭火焰时，常伴随细小的爆裂声。声音过响，可能是氢气流量偏小，可调大。氢气流量过小容易发生回火。

若将氩气作为雾化气，则可形成同样透明且干扰更小的氩气-氢气火焰（氩气-氢气火焰约为 1577℃）。

c. 乙炔-一氧化二氮　此火焰的优点是火焰温度高，但燃烧速度并不快，适用于难原子化元素的测定，用它可测定 70 多种元素。此火焰也叫笑气-乙炔火焰。

由于温度较高，这种火焰能促使离解能大的化合物的解离，同时其富燃火焰中除了 C、CO、CH 等半分解产物之外，还有 CN、NH 等成分，它们具有强烈的还原性，能更有效地抢夺金属氧化物中的氧，从而使许多高温难解离的金属氧化物原子化，使 Al、Be、B、Si、Ti、V、W、Mo、Ba、稀土元素等的难熔性氧化物能有效地被测定。

这种火焰因温度较高，能排除许多化学干扰。但该火焰噪声大，背景强，电离度高。在某些波长区域，光辐射强，因此选择波长要谨慎。在试液中加大量的碱金属（1000～2000μg/mL），能减少电离干扰效应。

乙炔-一氧化二氮火焰由三个清晰的带组成。紧靠燃烧器的第一反应带呈深蓝色，第二反应带呈红羽毛状，又称红色羽毛区，充溢着 CN 和 NH 的强还原气氛，它能保护生成的金属原子，同时使金属氧化物在高温下反应，生成游离原子。

$$MO+NH \longrightarrow M+NO+H$$

$$MO+NH \longrightarrow M+N+OH$$

$$MO+CN \longrightarrow M+CO+N$$

操作时需要注意该反应带的高度，通常为 5～15mm，可通过改变乙炔流量来控制。随乙炔流量的减少，红羽毛高度降低，当低于 2mm 时，火焰断裂，易发生回火。第三反应带为扩散层，呈淡蓝色。

乙炔-一氧化二氮火焰不能直接点燃。使用不当，极易发生爆炸。火焰点燃和熄灭必须遵循乙炔-空气过渡原则，即首先点燃乙炔-空气火焰，待火焰建立后，徐徐加大乙炔流量，达到富燃状态后，将“转向阀”迅速从空气转到一氧化二氮（一氧化二氮的流量事先调节好）。熄灭时，将“转向阀”迅速从一氧化二氮转到空气（空压机不能关闭），建立乙炔-空气火焰后，降低乙炔流量，再熄灭火焰。

乙炔-一氧化二氮火焰应使用“专用燃烧器”，严禁用乙炔-空气燃烧器代替。其燃烧器缝隙容易产生积炭，可在燃烧时用刀片及时清除，以免影响火焰的稳定性。严重积炭堵塞缝隙时容易引起回火爆炸。在燃烧吸喷溶液时，绝对禁止调节喷雾器，以防回火。

3. 单色器

单色器是用于从激发光源的复合光中分离出被测元素的分析线的部件。早期的单色器采用棱镜分光，现代光谱仪大多采用平面或凹面光栅单色器。进入二十一世纪已有采用中阶梯光栅单色器的仪器推向市场，这种仪器分辨能力强、结构小巧，具有很强的发展潜力。

单色器是光学系统的最重要部件之一，其核心是色散元件。光栅色散率均匀，分辨率高，是良好的分光元件。尤其是复制光栅技术的发展，已能生产出价格低廉的优质复制光栅，所以近代商品原子吸收光谱仪几乎都采用光栅单色器。单色器由入射和出射狭缝、反射镜和色散元件组成。色散元件一般为光栅。单色器可将被测元素的共振吸收线与邻近谱线分开。作为单色器的重要指标，光谱带宽是由入射、出射狭缝的宽度及分光元件的色散率确定的，更小的光谱带宽可更有效地滤除杂散辐射。

例如：光谱带宽设置为 1nm 时，Ni 灯的 232.0nm（共振线）、231.6nm（非共振线）、231.0nm（共振线）三条线同时进入检测系统，将使测定灵敏度明显降低，如果减小光谱带宽为 0.2nm，只允许 Ni232.0nm 共振线进入检测系统，则分析灵敏度明显提高。

原子吸收常用的光谱带宽有 0.1nm、0.2nm、0.4nm、1.0nm 等几种。人们注意到，在一般状态下元素灯的共振辐射带宽小于 0.001nm，故狭缝宽度减半时，光通量也相应减半，而对于连续辐射，除光通量减半外，谱带宽度也要减半，因而在狭缝宽度减半时，能量衰减系数为 4。在有强烈的宽谱带发射光（例如，对钡元素进行分析时火焰或石墨管发射的炽热光）抵达光电倍增管时，狭缝宽度减小 1/2 可使杂散辐射减为原来的 1/4，而光谱能量减小 1/2。为进一步控制杂散辐射，有的仪器采用狭缝高度可变的设计，在测量一些特殊元素（如钡、钙等）或使用石墨炉时可选用。值得提及的是，这种设计并不是通过减小光谱带宽来降低宽带辐射的杂散光，而是从光学成像角度考虑的。火焰或石墨管发射的炽热光面积较大，在狭缝处能量均匀，而元素灯的共振辐射在狭缝中心能量最强，故而降低狭缝高度，可降低杂散辐射的比例。

4. 检测器

原子吸收光谱法中检测器通常使用**光电倍增管**。光电倍增管是一种多极的真空光电管，内部有电子倍增机构，内增益极高，是目前灵敏度最高、响应速度最快的一种光电检测器，广泛应用于各种光谱仪器上。

常用光电倍增管有两种结构，分别为端窗式与侧窗式，其工作原理相同。端窗式从倍增管的顶部接收光，侧窗式从侧面接收光，目前光谱仪器中应用较广泛的是侧窗式。

光电倍增管的工作电源应有较高的稳定性。如工作电压过高、照射的光过强或光照时间过长，都会引起疲劳效应。

5. 类型

按光束分为单光束与双光束型原子吸收分光光度计。

按调制方法分为直流与交流型原子吸收分光光度计。

按波道分为单道、双道和多道型原子吸收分光光度计。

三、火焰原子吸收分析技术

火焰原子化技术

供给能量将样品中被测元素转变为基态原子的过程叫作**原子化**。根据提供能量的方式，原子化可分为加热原子化和非热原子化两大类。加热原子化有火焰原子化和电热原子化（也称无焰原子化，其代表为石墨炉原子化）；非热原子化有化学原子化（冷原子测汞）和阴极溅射原子化。过去和现在都以加热原子化法应用最广。

火焰原子化是最早且现在仍然广泛使用的原子化方法。原子化过程包括样品溶液的吸喷雾化、脱溶剂、熔融、蒸发、解离或还原等，是影响测定灵敏度的关键因素。

（1）吸喷雾化　试液的吸喷雾化效果受雾化器结构、溶液性质及吸喷条件等因素影响。雾化器是火焰原子吸收光谱仪器的关键部件之一。仪器的灵敏度在很大程度上取决于雾化器的工作状态。因此，雾化器要达到如下的基本要求：

① 雾化产生的雾珠和气溶胶粒度要细。

② 雾化效率要高。

③ 喷雾要稳定。

目前的商用仪器采用带文丘里节流嘴的同心气动雾化器。雾化效率和雾珠、气溶胶直径大小取决于毛细管喷口和节流嘴端面的相对位置和同心度，同心度越好，雾化效率越高。毛细管口以伸进节流嘴端面少许更有利于试液雾化。同心度和最佳相对位置可通过精细加工和细心调试而获得。实验结果表明，试液的表面张力对吸喷速率的影响甚微，而黏度的影响较大。此外，毛细管长度和测量液面的相对高度对吸喷速率也有一定影响。因此，制备试液时应选用黏度较小的溶液介质，而在测量时应保持液面高度一致和使用同一长度的吸液毛细管。特别应当指出的是，火焰中原子的密度仅在一定范围内随吸喷速率的提高而增加。过分提高吸喷速率可能降低雾化效率和火焰温度而不利于原子化。在相同条件下，有机溶剂的吸喷量较水溶液大，雾珠和气溶胶直径也较小，有利于脱溶剂。因为大多数有机溶剂的表面张力和黏度比水小。通过实验也可测出吸喷量和雾化率。在仪器已经调好并点火燃烧的情况下吸喷一定量（A）的水溶液，收集其废液量 B，记下吸喷时间 t。则单位时间的吸喷量 $Q=A/t$，雾化率 $f=(A-B)/A$。根据工作经验，一般 $Q=3\sim7\text{mL/min}$ 比较合适，f 在 10% 以上为好，此时的灵敏度比较高，说明吸喷雾化系统调节到了比较好的状态。目前国内仪器厂家多采用吴庭照教授研制的出厂时已调节好的一体化的玻璃喷嘴，使用者不需要调节，装上去即可。

分析者应予注意的是，由于人体温度与室温有差别，在喷雾时分析者不要用手长时间接触盛试样的容器和毛细管，否则，影响测定精度和灵敏度，给准确度也带来不良影响。

（2）脱溶剂　雾珠和气溶胶脱掉本身溶剂的过程主要决定于雾珠和气溶胶的大小，溶液的性质及环境温度。雾珠在雾化室和燃烧器内的传输过程中已部分脱溶剂，当到达火焰时，雾珠完全脱溶剂变成干燥气溶胶。在室温下，雾珠和气溶胶脱溶剂受蒸气的扩散过程控制。在火焰中，雾珠和气溶胶脱溶剂速率主要受火焰气体和气溶胶间的热传导所控制。由于有机溶剂的饱和蒸气压较水为大，故对缩短脱溶剂时间也较有利。可燃性溶剂的加入，可提高火焰的温度和缩短脱溶剂的时间。影响脱溶剂的主要因素是雾珠和气溶胶粒径。气溶胶大小对灵敏度影响很大。因此，要求雾化器产生的雾珠和气溶胶的粒径尽量细，粗雾珠在进入火焰前应予除去。

（3）熔融与蒸发　雾珠经脱溶剂干燥后留下的干气溶胶，有的可能直接升华为分子蒸气，多数是经过熔融再由液体蒸发为分子蒸气。

干气溶胶粒子熔融的快慢，取决于火焰温度、粒子大小及被测物晶体性质。干燥粒子半径越大，火焰温度越低，则熔融时间越长。至于晶体的性质，通常是被测物电价位高，键能较大，则所形成的干气溶胶粒子的熔点越高。干气溶胶粒子熔融后即开始蒸发，蒸发速度直接取决于熔态粒子的粒径、火焰温度，也与熔态粒子表面的蒸气压、粒子密度、蒸气向周围扩散的速度有关。

蒸发速度对自由原子的形成有明显的影响。蒸发一个熔态粒子所需的热量与粒子半径的平方成正比。粒子越小，越利于蒸发。直径小于 10μm 的粒子，在到达分析区时已能全部蒸发并转变为自由原子；当粒子半径过大时，则只能部分蒸发而不能形成自由原子。粒子半径越小，蒸发时间越短，对原子吸收灵敏度越有利。

由于脱溶剂、熔融、蒸发均受雾珠或气溶胶粒子半径高次方的影响，所以，雾珠颗粒的微小变化，就能明显影响原子吸收分析灵敏度。因此，改进雾化器性能和改善被测液的物理化学性质，对提高分析的灵敏度是至关重要的。

(4) 原子化　解离与还原是原子化的主要途径。在高温作用下，分子化合物的键断裂，解离出被测元素的自由原子。分子的键能越小越易解离。解离能小于 3.5eV 的分子，容易被解离，解离能大于 5eV 的分子，解离就比较困难。由于原子化与键能有关，所以应该考虑将试样制备成何种溶液进行分析对灵敏度有利，又由于配位键具有较低的热稳定性，所以选用适当的有机络合剂可获得较高的灵敏度。对于易形成氧化物的元素，应选择合适的燃助比，通常选用微富燃火焰或富燃火焰，降低氧分压，以提高解离度。

原子化的效果以原子化效率表示。在火焰内测得的中性原子数与吸喷分析物的总原子数之比称为原子化效率。因自由原子在分析区内的分布是不均匀的，所谓原子化效率只对测量点来说才是有意义的。正因为如此，文献中报道的原子化效率在数值上有时差别很大。影响原子化效率的因素很多，主要有雾化器性能、溶液性质、火焰特性、化学干扰、电离效应以及吸喷速率等。原子化效率直接决定了测定的灵敏度、精密度和准确度。

(5) 电离　就解离过程而言，火焰温度越高越有利。但过高的温度则会引起电离增加，而不利于原子吸收分析。元素在火焰中的电离度与火焰温度和元素的电离电位有密切关系，火焰温度越高，元素的电离电位越小，则电离度越大，参与原子吸收的基态原子数越少，导致吸光度降低，且使工作曲线随浓度增加而向纵坐标轴弯曲，即产生电离干扰。电离干扰主要发生在电离电位较低的碱金属和碱土金属。火焰中元素电离有三种方式：碰撞电离、电荷转移电离和化学电离。加入消电离剂、改变火焰燃助比都可抑制和消除电离干扰，如测碱金属 Li、K、Na、Rb、Cs 时采用微富燃火焰可消除或减轻这些元素的电离。

【任务实施】

请对照设备绘制火焰原子吸收分光光度计的结构图，标注其组成部分及功能，并用**红色笔**标注**样品经过的路径**，用**蓝色笔**标注**光路**。

任务二 火焰原子吸收分光光度计的参数设置与检出限测定

【任务要求】

能正确进行火焰原子吸收分光光度计的开关机操作和参数设置，能采用外标法测定水中的铁。

【学习目标】

1. 正确、安全进行乙炔气瓶的开关操作。
2. 掌握火焰原子吸收分光光度计的基本开关机操作。
3. 使用工作站正确进行火焰原子吸收分光光度计的参数设置。
4. 正确、规范进行火焰原子吸收分光光度计的检出限测定。
5. 及时、规范填写数据。
6. 正确计算检出限。

【任务支持】

一、普析 TAS-990 火焰型原子吸收分光光度计的操作步骤

1. 开机顺序

① 打开通风设备；②打开稳压电源；③打开计算机电源，进入 Windows 桌面系统；④打开普析 TAS-990 火焰型原子吸收主机电源；⑤双击普析 TAS-990 程序图标“AAwin”，选择“联机”，单击“确定”，进入仪器自检画面，等待仪器各项自检“确定”后进行测量操作。

2. 测量操作步骤

（1）选择元素灯及寻峰

① 选择“工作灯（W）”和“预热灯（R）”后单击“下一步”。

② 设置元素测量参数，可以直接单击“下一步”。

③ 进入“设置波长”步骤，单击寻峰，等待仪器寻找工作灯最大能量谱线的波长。寻峰完成后，单击“关闭”。

④ 单击“下一步”，进入完成设置画面，单击“完成”。

（2）设置测量样品和标准样品

① 单击“样品”，进入“样品设置向导”，主要选择“浓度单位”。

② 单击“下一步”，进入标准样品画面，根据所配制的标准样品设置标准样品的数目及浓度。

③ 单击“下一步”，进入辅助参数选项，可以直接单击“下一步”，单击“完成”，

结束样品设置。

④ 单击“参数”，进入“测量参数”界面。主要选择“信号处理”，如下所示：计算方式选择“连续”，积分时间选择“1s”，滤波系数选择“1s”（不稳定可以加大此值），然后点击“确定”。

（3）点火步骤

① 选择“仪器”“燃烧器参数”，输入燃气流量为1500以上（流量太小火不易点着），检查燃烧逢的位置是否在光斑的正下方。

② 检查废液管内是否有水。

③ 打开空压机，观察空压机压力是否达到0.25MPa。

④ 打开乙炔，调节分表压力为0.05MPa；用发泡剂检查各个连接处是否漏气。

⑤ 单击“点火”按键，观察火焰是否点燃；如果第一次没有点燃，请等5～10秒再重新点火。

⑥ 火焰点燃后，把进样吸管放入蒸馏水中，单击“能量”，选择“能量自动平衡”调整能量到100%。然后点“关闭”。

（4）测量步骤

① 标准样品测量　把进样吸管放入空白溶液，单击“校零”键，调整吸光度为零；单击“测量”键，进入测量画面（在屏幕右上角），依次吸入标准样品（必须根据浓度从低到高进行测量）。注意：在测量中一定要注意观察测量信号曲线，直到曲线平稳后再按测量键“开始”，自动读数3次完成后再把进样吸管放入蒸馏水中，冲洗几秒钟后再读下一个样品。做完标准样品后，把进样吸管放入蒸馏水中，单击“终止”按键。把鼠标指向标准曲线图框内，单击右键，选择“详细信息”，查看相关系数 R 是否合格，如果合格，进入样品测量。

② 样品测量　把进样吸管放入空白溶液，单击“校零”键，调整吸光度为零；单击“测量”键，进入测量画面（屏幕右上角），吸入样品，单击“开始”键测量，自动读数3次完成一个样品测量。注意事项同标准样品测量方法。

③ 测量完成　如果需要打印，单击“打印”，根据提示选择需要打印的结果；如果需要保存结果，单击“保存”，根据提示输入文件名称，单击“保存（S）”按钮。以后可以单击“打开”调出此文件。

（5）结束测量

① 如果需要测量其他元素，单击“元素灯”，操作同上（测量操作步骤）。

② 如果完成测量，一定要先关闭乙炔，等到计算机提示“火焰异常熄灭，请检查乙炔流量”再关闭空压机，按下放水阀，排除空压机内水分。

3. 关机顺序

（1）退出AAwin程序：单击右上角“关闭”按钮（×），如程序提示“数据未保存，是否保存”，根据需要选择，一般打印数据后可以选择“否”，程序出现提示信息后单击“确定”退出程序。

（2）关闭主机电源，罩上原子吸收仪器罩。

（3）关闭计算机电源，稳压器电源。15分钟后再关闭抽风设备，关闭实验室总电源，完成测量工作。

二、气瓶储存与安全管理规定

气瓶属于特种设备，根据《气瓶搬运、装卸、储存和使用安全规定》（GB/T 34525—2017），乙炔气瓶的储存与使用安全应符合以下要求。

1. 气瓶储存

（1）气瓶检查

① 气瓶应由具有“特种设备制造许可证”的单位生产。

② 进口气瓶应经特种设备安全监督管理部门认可。

③ 入库的气体应与气瓶制造钢印标志中充装气体名称或化学分子式相一致。

④ 根据 GB/T 16804 规定制作的警示标签上印有的瓶装气体的名称及化学分子式应与气瓶钢印标志一致。

⑤ 应认真仔细检查瓶阀出气口的螺纹与所装气体所规定的螺纹型式应相符，以防错装接头，各零件应灵活好用。

⑥ 气瓶外表面的颜色标志应符合 GB/T 7144 的规定，且清晰易认。

⑦ 气瓶外表面应无裂纹、严重腐蚀、明显变形及其他严重外部损伤缺陷。

⑧ 气瓶应在规定的检验有效使用期内。

⑨ 气瓶的安全附件应齐全，应在规定的检验有效期内并符合安全要求。

⑩ 氧气或其他强氧化性气体的气瓶，其瓶体、瓶阀不应沾染油脂或其他可燃物。

⑪ 经检查不符合要求的气瓶应与合格气瓶隔离存放，并作出明显标记，以防止相互混淆。

（2）气瓶入库储存

① 气瓶的储存应有专人负责管理。

② 入库的空瓶、实瓶和不合格瓶应分别存放，并有明显区域和标志。

③ 不同性质的气瓶，其配装应按 JT/T 617 规定的要求执行。

④ 气瓶入库后，应将气瓶加以固定，防止气瓶倾倒。

⑤ 对于限期储存的气体按 GB/T 26571 规范要求存放并标明存放期限。

⑥ 气瓶在存放期间，应定时测试库内的温度和湿度，并做记录。库房最高允许温度和湿度视瓶装气体性质而定，必要时可设温控报警装置。

⑦ 气瓶在库房内应摆放整齐，数量、号位的标志要明显。要留有可供气瓶短距离搬运的通道。

⑧ 有毒、可燃气体的库房和氧气及惰性气体的库房，应设置相应气体的危险性浓度检测报警装置。

⑨ 发现气瓶漏气，首先应根据气体性质做好相应的人体保护，在保证安全的前提下，关紧瓶阀，如果瓶阀失控或漏气不在瓶阀上，应采取应急处理措施。

⑩ 应定期对库房内外的用电设备、安全防护设施进行检查。

⑪ 应建立并执行气瓶出入库制度，并做到瓶库账目清楚，数量准确，按时盘点，账物相符，做到先入先出。

⑫ 气瓶出入库时，库房管理员应认真填写气瓶出入库登记表，内容包括：气体名称、气瓶编号、出入库日期、使用单位、作业人等。

2. 气瓶安全使用要点

（1）气瓶的使用单位和操作人员在使用气瓶时应做到：

① 合理使用，正确操作，应按气瓶检查环节的要求进行检查，符合要求后再进行使用。

② 使用单位应做到专瓶专用，不应擅自更改气体的钢印和颜色标记。

③ 气瓶使用时，应立放，并应有防止倾倒的措施。

④ 近距离移动气瓶，可采用徒手倾斜滚动的方式移动，远距离移动时，可用轻便小车运送，不应抛滚、滑、翻。气瓶在工地使用时，应将其放在专用车辆上或将其固定使用。

⑤ 使用氧气或其他强氧化性气体的气瓶，其瓶体、瓶阀不应沾染油脂或其他可燃物。使用人员的工作服、手套和装卸工具、机具上不应沾有油脂。

⑥ 在安装减压阀或汇流排时，应检查卡箍或连接螺帽的螺纹完好。用于连接气瓶的减压器、接头、导管和压力表，应涂以标记，用在专一类气瓶上。

⑦ 开启或关闭瓶阀时，应用手或专用扳手，不应使用锤子、管钳、长柄螺纹扳手。

⑧ 开启或关闭瓶阀的转动速度应缓慢。

⑨ 发现瓶阀漏气，或打开无气体，或存在其他缺陷时，应将瓶阀关闭，并做好标识，返回气瓶充装单位处理。

⑩ 瓶内气体不应用尽，应留有余压。

⑪ 在可能造成回流的使用场合，使用设备上应配置防止倒灌的装置。

⑫ 不应将气瓶内的气体向其他气瓶倒装；不应自行处理瓶内的余气。

⑬ 气瓶使用场地应设有空瓶区、满瓶区，并有明显标识。

⑭ 不应敲击、碰撞气瓶。

⑮ 不应在气瓶上进行电焊引弧。

⑯ 不应用气瓶作支架或其他不适宜的用途。

（2）气瓶操作人员应保证气瓶在正常环境温度下使用，防止气瓶意外受热：

① 不应将气瓶靠近热源。安放气瓶的地点周围 10m 范围内，不应进行有明火或可能产生火花的作业（高空作业时，此距离为在地面的垂直投影距离）。

② 气瓶在夏季使用时，应防止气瓶在烈日下暴晒。

③ 瓶阀冻结时，应把气瓶移到较温暖的地方，用温水或温度不超过 40℃ 的热源解冻。

三、乙炔气瓶的基本操作规程

乙炔为易燃易爆气体，乙炔气瓶操作不当极易引起爆炸事故，因此进行涉及乙炔气体的操作时都应该时刻保持谨慎。为了保障操作安全，需要在乙炔气瓶柜附近安装乙炔泄漏报警器，及时发现泄漏等安全事故隐患。

1. 乙炔气瓶的及阀门结构

乙炔气瓶中存放的是高压乙炔，而使用时需要的是低压乙炔，需要进行降压处理，同时为了进行流量控制、安全防护，所以在乙炔气瓶和管路之间依次安装有气瓶阀门、减压阀、防回火装置，如图 12-6 所示。

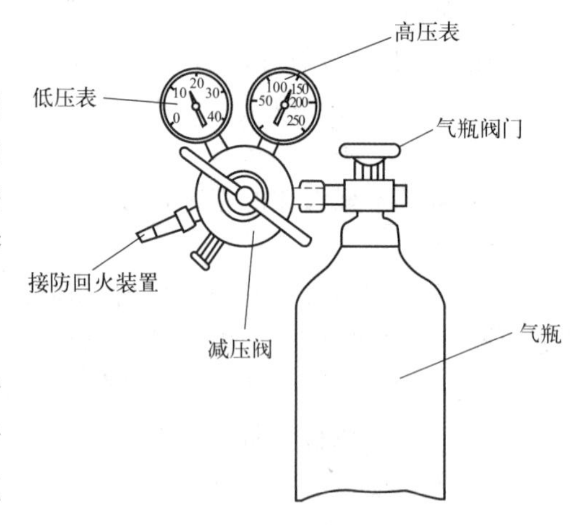

图 12-6　乙炔气瓶及其阀门结构

（1）气瓶阀门　气瓶阀门用于控制气瓶，拧开气瓶阀门则高压表显示气瓶内压力。

（2）减压阀　减压阀用于将气瓶内的高压气体降压为可以使用的低压气体，其实际结构如图 12-7 所示，其上方装有两个压力表，左边为低压表，显示的是减压后气体的压力，右边为高压表，显示的是气瓶中的气体压力。减压阀旋松为关闭，拧紧为开启。

（3）防回火装置　乙炔易燃易爆，为了防止回火，必须在管路和气瓶之间加装防回火装置，如图 12-7 所示。

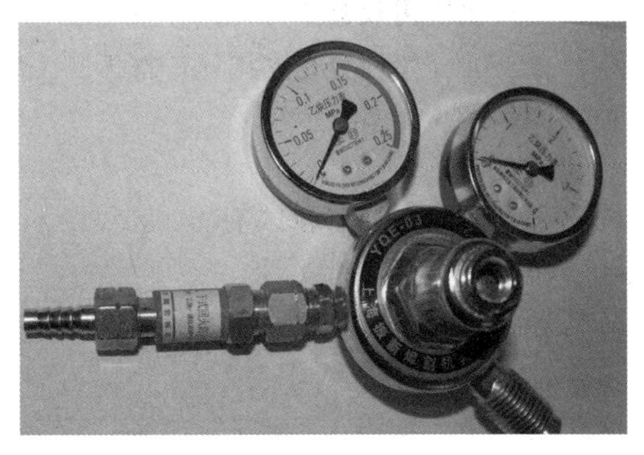

图 12-7　减压阀及防回火装置

2. 乙炔气瓶的开启

（1）乙炔气瓶开启前首先按气瓶安全使用规程进行检查。

（2）将减压阀拧松，确保其位于关闭状态。

（3）缓慢开启气瓶阀门，观察高压表读数，为了防止乙炔气瓶内的丙酮流出，总阀不能完全打开，可打开 1～2 圈。

（4）拧紧减压阀，在减压阀由松到紧之后应缓慢旋转把手，将低压表调至指定压力。需要注意的是一旦减压阀开启过度，压力显示过大，就无法通过调节松紧判断压力了，所以应小幅度旋转旋钮之后等待压力表指针稳定，再进行调节。减压阀应将压力（低压表）调节至 0.05MPa，严谨大于 0.1MPa，因为乙炔气体在高压状态下极不稳定。当压力在 0.1MPa 以上时，即使没有氧和空气混入，一旦碰上火花、加热、冲击、摩擦等诱因便有产生爆发性自我分解成为氢和碳的危险。

（5）乙炔气瓶开启之后，设备端就可以准备进行点火操作了。

3. 乙炔气瓶的关闭

（1）需要关闭乙炔气时应首先关闭气瓶气阀，此时减压阀上的低压表会逐渐归零，表示管路中已经没有剩余的乙炔气了。

（2）管路中无剩余乙炔气之后，才能关闭设备，这样做的目的是避免管路中有残留乙炔气。

（3）拧松减压阀，使其处于关闭状态。

4. 注意事项

乙炔气瓶含有丙酮等溶剂，为了防止这些溶剂流出，气瓶压力若下降到 0.5MPa，应更换乙炔气瓶。

普析 TAS-990 火焰原子吸收分光光度计操作步骤

【任务实施】

正确进行火焰原子吸收分光光度计的开关机，能正确开启和关闭气瓶、进行参数设置，完成检出限测定。

火焰原子吸收分光光度计检出限测定实验报告

一、实验目的

1. 熟悉火焰原子吸收分光光度计的组成。
2. 了解火焰原子吸收分光光度计的基本工作原理。
3. 熟练掌握火焰原子吸收分光光度计工作站软件的操作方法。

4. 熟练掌握参数设置方法。

5. 熟练掌握检出限测定方法。

二、实验所需仪器

1. 火焰原子吸收分光光度计：普析 TAS-990。

2. 电脑及工作站。

3. 乙炔气。

三、实验所需器皿和试剂

1. 器皿及材料

请将实验所需器皿及材料填入表 12-1。

表 12-1　器皿清单

序号	名称	规格	序号	名称	规格

2. 试剂

去离子水、铁标准溶液（1000mg/L）。

四、实验步骤

（1）开启设备

① 选择光源并安装：

② 开机及自检：

③ 选择元素灯及寻峰：

④ 设置信号处理参数：

（2）开启气源：

（3）点火：

（4）调节火焰：

五、火焰原子吸收分光光度法测定自来水中的铁检出限测定

1. 稀释法数据记录（$n<20$）

请将实验数据记录在表 12-2 中。

表 12-2　实验数据记录表

标准溶液浓度______

稀释倍数									
峰高									
噪声值									
3 倍噪声值									
10 倍噪声值									

2. 稀释法数据计算过程

以 3 倍噪声值作为检测定性下限，火焰原子吸收法水中铁含量测定检出限为：______

以 10 倍噪声值作为检测定量下限，火焰原子吸收法水中铁含量测定检出限为：______

计算过程：

六、进样训练

使用合适的稀释倍数，重复进样（标准样品）三次以上，考查结果再现性。

进样器需要冲洗管路，分别使用去离子水和待测样品冲洗三遍。

实验要求：三次进样吸光度的 RSD≤5%，实验数据及时填入表 12-3。

表 12-3　实验数据记录表

样品	平行样品 1	平行样品 2	平行样品 3	平行样品 4	
样品浓度					
吸光度					
平均值					
RSD					

计算过程：

笔记

任务三　标准曲线绘制

【任务要求】

制备铁标准系列溶液，使用火焰原子吸收分光光度计分析其含量、绘制标准曲线，并进行标准曲线的校验。

【学习目标】

1. 理解标准曲线法（外标法）定量的原理。
2. 正确、规范配制标准系列样品。
3. 正确、规范进样。
4. 正确、规范使用火焰原子吸收分光光度计分析标准样品。
5. 根据标准样品浓度和标样系列峰面积严谨、细致地绘制标准曲线。
6. 对标准曲线进行校验，判断其是否符合质量控制要求。

【任务支持】

一、铁标准溶液的配制

1. 铁标准贮备液

使用直接购买的符合标准的贴标准贮备液（1000mg/L）或准确称取 1.0000g 纯金属铁，用 60mL 盐酸［(1+1)HCl 溶液］溶解，使用去离子水定容至 1000mL。

2. 铁标准工作液

移取铁标准贮备液 50.00mL，定容至 1000mL，此时溶液中铁浓度为 50.0mg/L。

3. 标准系列溶液配制及标准曲线绘制

在最佳吸光度范围内设置不少于 5 个浓度，移取标准工作液使用（1+99）盐酸进行稀释，配制标准系列溶液。使用（1+99）盐酸调零仪器后，测定标准系列溶液吸光度，绘制标准曲线。

二、标准溶液的保存

避免损失是标准溶液和试样制备过程中的重要问题。浓度很低（≤1μg/mL）的溶液，使用时间最好不要超过 1～2 天。损失的程度和速度与标准溶液的浓度、贮存溶液的酸度以及容器的质量有关。为了避免损失一般用硝酸将样品酸化到 pH=2，保存在聚乙烯容器中。

作为贮备溶液，应该是浓度较大（例如 1mg/mL 以上）的溶液。无机贮备溶液或试样溶液放在聚乙烯容器里，维持必要的酸度，保存在清洁、低温、阴暗的地方。有机溶液在贮存过程中，除保存在清洁、低温、阴暗的地方外，还应该避免与塑料、胶木瓶盖等直接接触。

【任务实施】

1. 制备标准系列溶液，使用火焰原子吸收分光光度计进行测定，完成表 12-4。

表 12-4　校准曲线绘制原始记录表

曲线名称：__________ 曲线编号：__________ 标准溶液来源和编号：__________

标准试剂：__________ 标准贮备液浓度：__________ 标准使用液浓度：__________

适用项目：__________ 仪器型号：__________ 仪器编号：__________

方法依据：__________ 比色皿：__________ 绘制时间：__________

编号	标准溶液加入体积/mL	标准物质加入量/μg	仪器响应值（A）	空白响应值（A_0）	仪器响应值-空白响应值（$A-A_0$）	备注
回归方程：			$a=$____	$b=$____	$r=$____	

火焰原子吸收分光光度计分析参数：

标准试剂称量数据记录于表 12-5。

表 12-5　标准试剂称量记录表

样品名称	称量前质量	称量后质量	试样质量	误差

2. 根据测定结果绘制标准曲线。

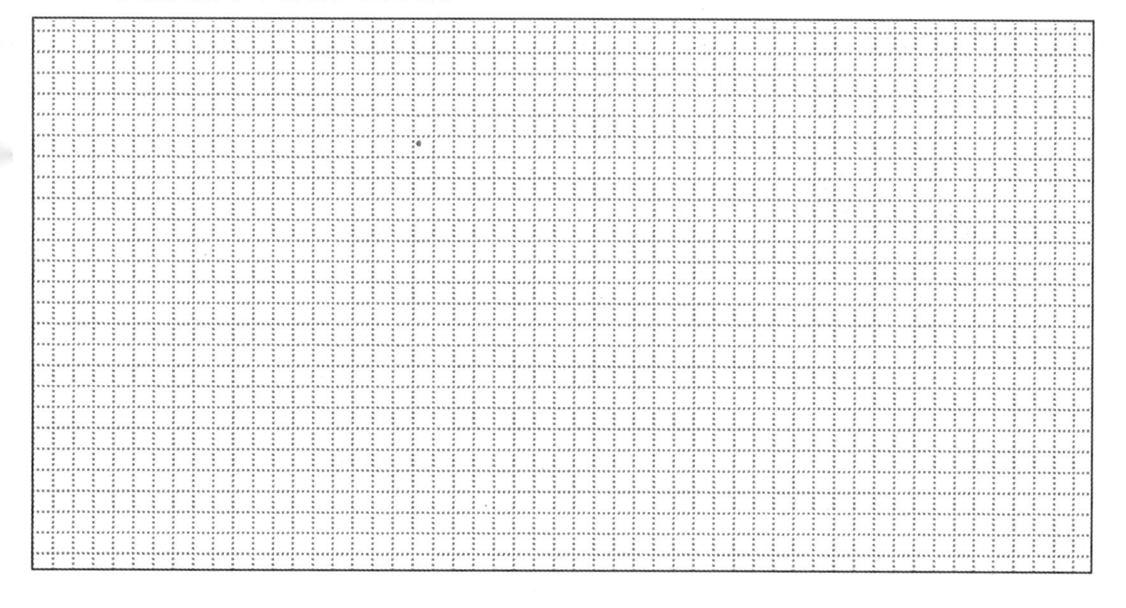

贴图区域：

3. 对标准曲线进行校验，并填写表12-6。

表 12-6 标准曲线校验表

$n=$______，$f=$__________，$t_{0.05}(f)=t_{0.05}($____$)=$____________

组号	截距 a_i	斜率 b_i	$\bar{a}$	$\bar{b}$	$(a_i-\bar{a})^2$		
1							
2							
3							
4							
5							
6							
7							
8							
9							
10							
Σ							
截距检验标准偏差 σ			截距检验 t $t=\dfrac{\vert a-0\vert}{S}\times\sqrt{n}$ $=$				
斜率检验标准偏差 σ			斜率检验 t				
控制样1 配制浓度： 测定值： 误差： 校验日期：			控制样2 配制浓度： 测定值： 误差： 校验日期：				

任务四　自来水中铁含量的测定

【任务要求】

使用火焰原子吸收分光光度计对自来水中的铁元素进行分析。

【学习目标】

1. 理解定性分析的原理。
2. 掌握定性分析的方法。
3. 理解定量分析的方法。
4. 掌握外标法定量分析方法。
5. 熟练掌握火焰原子吸收分光光度计的基本操作。
6. 理解测定质量控制的原理和方法——加标回收率。

【任务支持】

一、自来水中铁元素的测定实验指导

参考标准：《水质 铁、锰的测定 火焰原子吸收分光光度法》(GB 11911—1989)

1. 主题内容与适用范围

(1) 主题内容　该标准规定了用火焰原子吸收法直接测定水和废水中的铁、锰，操作简便、快速而准确。

(2) 适用范围　该标准适用于地面水、地下水及工业废水中铁、锰的测定。铁、锰的检出限分别是 0.003mg/L 和 0.001mg/L，校准曲线的浓度范围分别为 0.1～5mg/L 和 0.05～3mg/L。

2. 原理

将样品或消解处理过的样品直接吸入火焰中，铁、锰的化合物易于原子化，可分别于 248.3nm 和 279.5nm 处测定铁、锰基态原子对其空心阴极灯特征辐射的吸收。在一定条件下，根据吸光度与待测样品中金属离子浓度成正比对金属离子进行定量。

3. 试剂

该标准所用试剂除另有说明外，均使用符合国家标准或专业标准的分析纯试剂和去离子水或同等纯度的水。

(1) (1＋1) 硝酸溶液。

(2) (1＋99) 硝酸溶液。

(3) (1＋99) 盐酸溶液。

(4) (1＋1) 盐酸溶液。

（5）氯化钙溶液（10g/L）　将无水氯化钙（$CaCl_2$）2.7750g溶于水并稀释至100mL。

（6）铁标准贮备液　称取光谱纯金属铁1.0000g，用60mL(1+1) 盐酸溶解，用去离子水准确稀释至1000mL。

（7）锰标准贮备液　称取1.0000g光谱纯金属锰，准确到0.0001g（称前用稀硫酸洗去表面氧化物，再用去离子水洗去酸，烘干，在干燥器中冷却后，尽快称取），用10mL(1+1）硝酸溶解。当锰完全溶解后，用（1+99）盐酸溶液定容至1000mL。

（8）铁、锰混合标准操作液　分别移取铁标准贮备液50.00mL、锰标准贮备液25.00mL于1000mL容量瓶中，用（1+99）盐酸溶液定容至标线，摇匀。此溶液中铁、锰的浓度分别为50.0mg/L和25.0mg/L。

思考1： 该任务仅测自来水中的铁元素，是否需要配置混合标准溶液？

4. 仪器

（1）原子吸收分光光度计。

（2）铁、锰空心阴极灯。

（3）乙炔钢瓶或乙炔发生器。

（4）空气压缩机，应备有除水、除油、除尘装置。

（5）仪器工作条件：不同型号仪器的最佳测试条件不同，可参照仪器说明书自行选择。

（6）一般实验室器皿：所用玻璃及塑料器皿在用前用（1+1）硝酸溶液浸泡24h以上，然后用水清洗干净。

5. 样品

（1）采样前，所用聚乙烯瓶先用洗涤剂洗净，再用（1+1）硝酸溶液浸泡24h以上，然后用水冲洗干净。

（2）若仅测可过滤态铁、锰，样品采集后应尽快通过0.45μm滤膜过滤，并立即加浓硝酸酸化滤液，使pH值为1～2。

（3）测定铁、锰总量时，采集样品后立即加浓硝酸酸化。

6. 步骤

（1）试料　测定铁、锰总量时，样品通常需要消解，混匀后分取适量实验室样品于烧杯中。每100mL水样加5mL浓硝酸，置于电热板上在近沸状态下将样品蒸至近干，冷却后再加入浓硝酸重复上述步骤一次。必要时再加入浓硝酸或高氯酸，直至消解完全，应蒸近干，加（1+99）盐酸溶解残渣，若有沉淀，用定量滤纸滤入50mL容量瓶中，加10g/L氯化钙溶液1mL，以（1+99）盐酸定容至标线。

思考 2: 该任务样品为自来水，根据样品性质判断样品是否需要进行消解和算化？

（2）空白实验　用水代替试料做空白实验。采用相同的步骤，且与采样和测定中所用的试剂用量相同。在测定样品的同时进行空白实验。

（3）干扰

① 影响铁、锰原子吸收法准确度的主要干扰是化学干扰，当硅的浓度大于 20mg/L 时，对铁的测定产生负干扰；当硅的浓度大于 50mg/L 时，对锰的测定出现负干扰，这些干扰的程度随着硅的浓度增加而增加。如试样中存在 200mg/L 氯化钙时，上述干扰可以消除。一般来说，铁、锰的火焰原子吸收法的基体干扰不严重，由分子吸收或光散射造成的背景吸收也可忽略，但遇到高矿化度水样，有背景吸收时，应采用背景校正措施，或将水样适当稀释后再测定。

② 铁、锰的光谱线较为复杂，为克服光谱干扰，应选择小的光谱通带。

（4）校准曲线的绘制　分别取铁、锰混合标准工作液于 50mL 容量瓶中，用（1＋99）盐酸稀释至标线，摇匀。至少应配制 5 个标准溶液，且待测元素的浓度应落在这一标准系列范围内。根据仪器说明书选择最佳参数，用（1＋99）盐酸调零后，在选定的条件下测定其相应的吸光度，绘制校准曲线。在测定过程中，要定期检查校准曲线。

（5）测定　在测量标准系列溶液的同时，测量样品溶液及空白溶液的吸光度。由样品吸光度减去空白吸光度，从校准曲线上求得样品溶液中的铁、锰的含量。测量可过滤态铁、锰时，用过滤后制备的样品直接喷入进行测量。测量铁、锰总量时使用相应处理后的样品。

7. 结果的表示

实验室样品中的铁、锰浓度 c(mg/L)，按式(12-3) 计算。

$$c = m/V \tag{12-3}$$

式中　m——试样中铁、锰含量，μg；

　　V——分取水样的体积，mL。

8. 精密度和准确度

13 个实验室测定含铁 2.00mg/L、含锰 1.00mg/L 的统一样品，其重复性相对标准偏差分别为 1.00％和 0.62％；再现性相对标准偏差分别为 1.36％和 1.63％。铁的加标回收率为 93.3％～102.5％，锰的加标回收率为 94.9％～105.9％。

二、加标回收率的测定与计算

加标回收率在一定程度上能够反映测定结果的准确度，但有局限性。这是因为样品中某些干扰因素对测定结果具有恒定的偏差，并在样品测定中得到反映。另外，样品中待测物在价态或形态上的差异、加标量的多少和样品中原有浓度的大小等，均影响加标回收结果。因此，当加标回收率令人满意时，不能肯定测定准确度无问题，但当其超出其所要求的范围时，则可肯定测定准确度有问题。

1. 测定率

根据分析方法、测定仪器、样品情况和操作水平等，在一批试样中随机抽取10%～20%的试样进行加标回收测定，当同批试样较少时，应适当加大测定率，每批同类型试样中，加标试样不应少于2个。

回收率按式(12-4) 计算。

$$P=\frac{u_a-u_b}{m}\times100\% \tag{12-4}$$

式中，P 为回收率，%；u_a 为加标样测定值；u_b 为原试样测定值；m 为加入标准物的质量。

2. 控制方法

分析人员在分取样品的同时，另取一份并加入适量的标样，亦可由质控人员对抽取的试样加入自备的质控标样，形成密码加标样（包括编号和加标量），交分析人员测定，最后报出测定结果，由质控人员对号计算后，按下列要求检查是否合格。

(1) 有准确度控制图的分析项目，将测定结果标在图中进行判断。

(2) 无控制图的均匀性较好的样品，其测定结果不得超出检测分析方法中规定的加标回收率范围。

(3) 未列入回收率范围的，以95%～105%为目标值计算出95%的置信区间，作为正常允许范围。

回收率目标值95%置信区间按式(12-5) 和式(12-6) 计算。

$$P_{下限}=95\%-\frac{t_{0.05(f)}\cdot S_p}{d}\times100\% \tag{12-5}$$

$$P_{上限}=105\%+\frac{t_{0.05(f)}\cdot S_p}{d}\times100\% \tag{12-6}$$

式中，$t_{0.05(f)}$ 为概率为0.05、自由度 f 的单侧临界 t 值；S_p 为 n 个加标量的标准偏差；d 为加标量（单位与计算 S_p 相同）。

【任务实施】

火焰原子吸收法测定自来水中铁元素的含量

一、实验目的

进行自来水中铁元素含量的测定。

二、实验所需仪器

1. 仪器

火焰原子吸收分光光度计型号：

空心阴极灯：

气源：　　　　　　　　　　空气压缩机型号：

2. 试剂

将所需试剂及要求填入表12-7中。

表 12-7 试剂清单

序号	名称	配制体积	配制方法(含试剂用量)	保存要求	使用要求	其他
1						
2						
3						
4						
5						
6						
7						

3. 器皿及材料

将所需器皿填入表 12-8 中。

表 12-8 器皿清单

名称	规格	数量	名称	规格	数量

三、分析操作条件

工作波长：______；光谱带宽：______；燃气流量：______；燃烧器高度：______。元素灯电流______________；氘灯电流______________。

四、实验步骤

实验流程如图 12-8 所示。

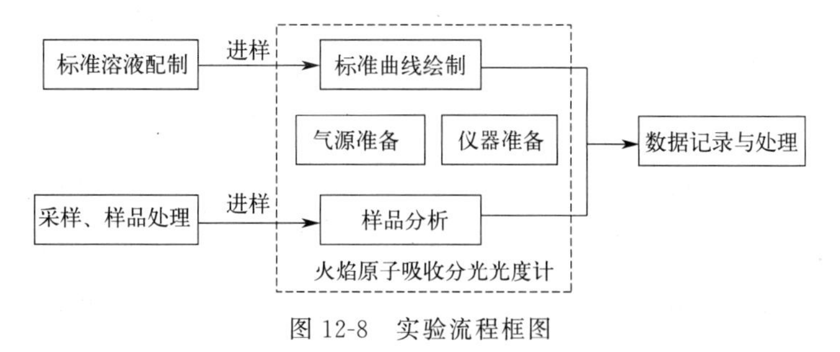

图 12-8 实验流程框图

五、实验数据

将样品的测定数据填入表 12-9 中。

表 12-9 实验数据记录表

样品号	空白	平行样品 1	平行样品 2	加标回收样
分取样品体积				
样品稀释倍数				
测定吸光度				
扣空白吸光度				

六、贴图、图谱分析区

平行样品 1 贴图区

平行样品 2 贴图区

【任务评价】

请完成任务评价（见表 12-10）。

表 12-10　火焰原子吸收操作评分表

项目	评分要点	自评	互评	教师评
仪器准备（10 分）	了解仪器组成：火焰原子吸收分光光度计由________、________、________、________、________组成			
	火焰原子吸收分光光度计开机前应检查________________			
	乙炔气瓶开启前应先________________ 空气压缩机开启前应先________________			
标样配制（10 分）	基准物质的称量必须使用__________称量			
	标样的配制必须使用________定容，操作符合规范操作要求			
	明确误操作对结果的影响，比如配制混标时使用未经计量校准的移液管或吸量管会导致溶液浓度________			

续表

项目	评分要点	自评	互评	教师评
开机与点火（20分）	仪器开启顺序正确并进行自检			
	正确选择工作灯、进行寻峰和波长选择			
	乙炔气瓶各阀门开启顺序为：确认减压阀处于关闭位置（旋____），开启____阀，再缓慢开启____阀，等到低压表压力位____MPa时，可以进行点火			
	点火后根据火焰情况对火焰高度、位置进行调节，使其位于光路中心			
标样和样品分析（20分）	标样进样顺序应为从______浓度到______浓度			
	样品的前处理方法________________________			
	进样前后进样管应先____________，以排除____________			
	走基线，当________________认为可以开始进样			
	进样：包括标准溶液、空白和待测样品。进样时要求操作稳当、连贯、迅速。进样量需要大于________，由________精确控制输入量			
关机（10分）	关机要求为________________________			
	乙炔气关闭方法为：________________________			
数据与质控（20分）	打开工作站进行数据查看和记录			
	绘制标准曲线			
	计算样品浓度			
	生成分析报告			
	做好使用登记			
文明操作（10分）	实验过程台面、地面脏乱，一次性扣3分			
	实验结束未先清洗仪器或未归位，扣2分			
	仪器损坏，一次性扣5分			

笔记

任务五　数据处理与分析

【任务要求】

根据测定得到的数据，计算样品和加标样中铁元素的含量，并通过加标回收率判断仪器准确度和分析操作水平。

【学习目标】

1. 正确进行样品（加标样）中铁元素含量的计算。
2. 使用工作站进行谱图分析。
3. 计算加标回收率，并了解误差产生的原因。

【任务实施】

1. 样品及加标样中铁元素含量的计算，填写表12-11。

表12-11　实验数据分析表

标准曲线：＿＿＿＿＿＿＿＿＿＿＿＿，相关系数 r＝＿＿＿＿＿，绘制日期：＿＿＿＿＿

样品号	空白	平行样品1	平行样品2	加标回收样
分取样品体积				
样品稀释倍数				
测定吸光度				
扣空白吸光度				
铁元素含量/μg				
浓度				
—	—	RSD=		回收率：

计算过程：

2. 反思实验过程中可能引入误差的因素，填写表12-12。

表12-12　实验误差分析表

序号	环节	因素	影响(偏大/偏小)

任务六　“三废”收集与处理

【任务要求】

按要求收集和处理本项目实验过程中产生的“三废”，并规范填写投放表。

【学习目标】

1. 了解环境实验室常见的“三废”，及其对环境的影响和危害。
2. 掌握实验室常见“三废”的收集、处理方法。

【任务实施】

完成洗涤操作废液、固废的分类收集与处理，并填写废液、固废投放表（表 12-13）。

登记表编号

表 12-13　实验室危险废物投放登记表

实验室：　　　　责任人：　　　　容器编号：　　　　入库日期：

<table>
<tr><td>有机废液</td><td colspan="2">□含卤素有机废液
□其他有机废液</td><td colspan="2">体积/L</td><td colspan="2"></td></tr>
<tr><td rowspan="3">无机废液</td><td colspan="2" rowspan="3">□含汞废液
□含重金属废液(不含汞)
□废酸
□废碱
□其他无机废液</td><td colspan="2">入库 pH 值
(液态废物收集容器)</td><td colspan="2"></td></tr>
<tr><td colspan="2">入库核验签字</td><td colspan="2"></td></tr>
<tr><td colspan="4">危害特性</td></tr>
<tr><td>固态废物</td><td colspan="2">□废固态化学试剂
□废弃包装物、容器
□其他固态废物</td><td>□
毒
性</td><td>□
易
燃
性</td><td>□
腐
蚀
性</td><td>□
反
应
性</td></tr>
<tr><td>序号</td><td>投放日期</td><td colspan="3">主要有害成分</td><td colspan="2">投放人</td></tr>
<tr><td></td><td></td><td colspan="3"></td><td colspan="2"></td></tr>
<tr><td></td><td></td><td colspan="3"></td><td colspan="2"></td></tr>
<tr><td></td><td></td><td colspan="3"></td><td colspan="2"></td></tr>
<tr><td></td><td></td><td colspan="3"></td><td colspan="2"></td></tr>
</table>

注：1. 登记表编号应与容器编号对应，如有多张登记表时，应以容器标号为主字段编号。

2. “pH 值”指液态废物收集容器中废液入库贮存时的最终 pH 值，入库时需有关责任人核验签字确认。

3. “类别”只能选择一种，主要有害成分应按生态环境部《中国现有化学物质名录》中的化学物质中文名称或中文别名填写，可以是简称，禁止使用俗称、符号、化学式代替。

4. 暂存危险废物最大暂存量不宜超过存储设施装满的 3/4，暂存时间最长不应超过 30 天，必须进行贮存。

任务七　设备维护与排故

【任务要求】

阅读火焰原子吸收分光光度计维护手册和故障清单，完成设备仪器的维护，并填写维护记录。

【学习目标】

1. 掌握火焰原子吸收分光光度计的维护方法。
2. 对实验过程中常见的问题和故障进行分析、排除。

【任务支持】

普析 TAS-990 原子吸收分光光度计维修指南

1. 部分故障的判断和维修

由于该仪器属于技术含量比较高的设备，禁止用户采用拆卸等方式进行维修。但部分由使用不当等引起的简单故障可通过观察和外部测试自己解决。

碰到无法解决的故障，请与经销商或生产厂家的售后服务等部门联系和咨询。

2. 常见问题及解答

(1) 仪器不通电

故障现象：电源开关无显示。

检查步骤：

① 检查电源线插头是否脱落、松动。

② 供电设备，比如电源插座是否通电，插座是否接触良好。

③ 供电电源是否符合要求。

④ 检查仪器背面的 3A 保险管是否熔断。

⑤ 电源线是否本身损坏，若损坏，可以通过更换线来解决。

(2) 初始化中的波长电机不通过

故障现象：初始化时，波长电机后出现“✕”错误。

检查步骤：

① 检查光路中的元素灯是否已经正常安装和点亮。

② 光路中是否有物体挡光。

③ 主机与计算机系统通信突然中断，重新启动后是否正常。

(3) 元素灯点不亮或者元素灯工作异常

故障检查解决办法：

① 检查点灯电源连线是否脱焊。

② 检查灯电源连线插座是否松脱。

③ 检查相关元素灯是否损坏。

(4) 寻峰时能量过低，高压超上限

故障检查解决办法：

① 元素灯未点亮。

② 元素灯光斑未入射进光路，元素灯未停留在最佳位置。

③ 选择的寻峰波长是否是元素的特征谱线波长。

④ 检查光路中是否有物品挡光。

⑤ 元素灯老化严重导致能量过低。

⑥ 元素灯参数中的“波长”选择错误。

⑦ 重新开机进入测试。

（5）点火，熄火异常

故障检查解决办法：

故障现象 A：点击“点火”功能按钮后点火器无高压放电打火。

检查步骤：

① 检查空压机是否打开，且出口压力是否大于 0.2MPa。

② 是否有强紫外线光照射在火焰探头上；火焰状态检测器回路工作是否正常。

③ 燃烧头是否安装到位。

④ 废液液位检测装置是否装满液体。

⑤ 紧急灭火开关是否显示。

⑥ 乙炔泄漏是否报警。

故障现象 B：点击“点火”功能按钮后点火器有高压放电打火，但燃烧器火焰不能点燃。

检查步骤：

① 辅助点火处是否有火焰喷出，如果有，基本可以判断为无乙炔进入仪器管路。检查乙炔钢瓶是否打开且压力是否合适，乙炔管是否过长，判断乙炔气是否已进入仪器，可通过多次点火来检查。

② 是否有强光照射在火焰探头上。

③ 检查燃烧器位置是否合适。

④ 检查燃气流量是否大于 1500mL/min，打开“燃烧器设置”确认。

⑤ 检查辅助火焰喷射距离是否合适。

⑥ 检查空压机出口压力是否太大，导致混合比小不容易点燃。

（6）选择氘灯扣背景时背景能量低或者没有

故障检查解决办法：

① 检查氘灯是否启辉。

② 检查仪器的波长是否在 320nm 以下。

③ 检查氘灯半透半反镜是否旋转到合适角度，使氘灯光斑与元素灯光斑重合，用一张白纸挡在光路上观察，用调试菜单下氘灯电机单步正反转来调整使两束光斑重合，如果高低不重合，需打开仪器左罩调整氘灯的定位螺钉使两束光斑重合。

（7）测试基线不稳定及噪声大

故障检查解决办法：

① 仪器的能量是否很低，高压及灯电流是否很高。

② AC 220V 电源电压是否波动较大。

③ 元素灯是否不稳定，更换一只试一试。

④ 仪器的直流工作电源噪声是否变动很大或已经不稳压。

⑤ 仪器周围是否有强烈的震动。
⑥ 实验室周围是否在使用耗电较大的设备，对电网影响是否很大。
⑦ 检查仪器电路是否有故障。
（8）测试时吸光度低或者没有
故障检查解决办法：
① 检查光路是否正好通过燃烧缝中心。
② 检查火焰高度是否合适。
③ 检查火焰的助燃比是否合适。
④ 波长位置是否是元素的特征谱线波长。
⑤ 能量值是否合适或很低或已经饱和。
⑥ 吸液管是否通畅，吸喷量是否够，更换雾化器，检查雾化效率。
⑦ 雾化器是否正常。
⑧ 溶液中样品含量是否过低。
⑨ 火焰的燃烧是否稳定。
（9）测试时火焰不稳定
故障检查解决办法：
① 空压机出口压力是否稳定。
② 乙炔流量是否稳定。
③ 乙炔钢瓶的压力是否已经很低。
④ 燃烧缝上是否有结晶物堵塞。
⑤ 废液管中废液流动是否不畅或堵塞。
⑥ 废液管中的水封是否没有。
⑦ 排风设备的排风量是否过大。
⑨ 仪器周围是否有风。
（10）氘灯扣背景测试时扣除倍数低或者不够
故障检查解决办法：
主要检查元素灯和氘灯的两路光是否重合一致。
（11）测试时改变高压而能量不变
故障检查解决办法：
① 检查仪器能量是否已经处于饱和状态。
② 检查计算机与主机是否处于脱机状态。
（12）计算机操作功能主机不执行
故障检查解决办法：
① 检查计算机与主机是否已经处于脱机状态。
② 主机是否正在执行其他操作且没有结束。
③ 检查通信电缆是否松动。
④ 检查计算机是否死机。
（13）测试时仪器的能量很低或者没有
故障检查解决办法：
① 检查光路中是否有物品挡光。
② 检查高压电源工作状态是否正确。

③ 检查计算机是否死机或通信中断而脱机。

(14) 波长不准确，偏差超过±0.3nm

故障检查解决办法：

① 使用软件系统的“波长校正功能”对波长进行校正。有关波长校正的内容说明见波长校正。

② 如果使用波长校正后，偏差仍超过±0.3nm，请立即与供应商联系，进行维修。

【任务实施】

请填写原子吸收分光光度计的维护、保养记录（见表12-14）。

表12-14 原子吸收分光光度计维护、保养记录表

仪器型号：__________ 仪器编号：__________

类别	项目	检查	措施/备注
管路	气路接口处无漏气(肥皂水测试)	□是 □否	
	气瓶各阀门关闭，仪器气路关闭	□是 □否	
	进样口外观良好，无硬化	□是 □否	
外观	设备外表无残留溶液或污渍	□是 □否	
	有防尘罩	□是 □否	
内部	光源存放完好	□是 □否	
	内部无杂物	□是 □否	
环境	外部湿度、温度适宜	□是 □否	湿度： 温度：
开机检查	设备自检正常	□是 □否	
	工作站连接正常	□是 □否	
	寻峰正确	□是 □否	
	压力仪表正常	□是 □否	
	能正常点火	□是 □否	
	基线平稳	□是 □否	
	信号正常	□是 □否	
校验	内检：检查样测试	□是 □否	
	外检：定期进行计量	□是 □否	

详细维护、保养记录：

维护人：__________ 维护日期：__________

【项目评价汇总】

请完成项目评价（见表12-15）。

表12-15 项目评价汇总表

认识原子吸收分光光度计	溶液配制	检出限测定	标准曲线	定量分析	数据处理与分析	“三废”收集与处理	设备维护与排故
10%	10%	10%	10%	20%	20%	10%	10%
总分：							

【项目反思】

请就本项目完成过程中的困难部分或对数据影响较大的步骤进行总结和反思。

附　　录

附录 1　知识点索引

1. 化学实验室消防和安全防护用具的使用说明
2. 应急疏散演习
3. 环境实验室常用玻璃器皿一览表
4. 实验室用水
5. 洗涤液的配制与使用方法
6. 常用玻璃器皿的洗涤
7. 常用玻璃器皿的干燥
8. 误差的分类及产生原因
9. 误差的表示
10. 有效数字及其运算规则
11. 实验室“三废”的来源及收集、处理方法
12. 电子分析天平基本操作
13. 电子分析天平的校准
14. 直接称量法和增量法称量
15. 减量法称量
16. 可疑值取舍与置信区间计算
17. 电子分析天平的维护与常见故障
18. 化学试剂纯度
19. 溶液浓度的表示及其配制
20. 防割伤、烫伤及应急处置措施
21. 溶液配制操作步骤
22. 稀释倍数的计算
23. 稀释样品的浓度计算
24. 移液操作步骤
25. 移液器的使用和维护
26. 滴定分析基本知识
27. 防酸碱溶液腐蚀及应急处置措施
28. 滴定管操作规范
29. 过滤基本知识
30. 常压过滤
31. 减压过滤
32. 加压过滤
33. 离心分析
34. 防液体飞溅及应急处置措施
35. 萃取基本知识
36. 灭火器的选择
37. 萃取方法
38. 浓缩基本操作
39. 旋转蒸发仪的结构与使用
40. 固相萃取
41. 萃取效率的计算
42. 温度校正基本原理及方法
43. 体积校正基本原理及方法
44. 光学分析基本知识
45. 可见光分光光度计结构与操作规程
46. 紫外-可见光分光光度计的结构及使用
47. 检出限的意义与测定方法
48. 吸收曲线绘制的目的与方法
49. 标准曲线法（外标法）定量原理及回归方程的计算
50. 标准曲线校验
51. 可见光分光光度法水质浊度标准曲线的绘制
52. 可见光分光光度法水质浊度方法
53. 可见光分光光度计维护与常见故障
54. 分光光度计的校验
55. 紫外-可见光分光光度计维护与常见故障
56. 色谱法基本原理与气相色谱仪结构
57. 毛细管柱气相色谱法
58. 气相色谱分离重要参数
59. 检出限测定
60. 气相色谱仪基本开、关机操作
61. 气相色谱定性方法
62. 气相色谱定量方法
63. 气相色谱仪的日常维护
64. 气相色谱仪常见故障排除
65. 气相色谱分离条件优化
66. 液相色谱法基本原理
67. 液相色谱法分离模式
68. 化学键合相色谱法
69. 高效液相色谱（HPLC）组成
70. 液相色谱流动相的选择
71. 液相色谱流动相缓冲盐的配制
72. 饮料中苯甲酸钠测定标准溶液的配制及样品前处理

73. 高效液相色谱仪基本操作步骤
74. 雪碧中苯甲酸钠含量的测定实验指导
75. 高效液相色谱仪日常维护及常见故障排除
76. 离子色谱法与离子色谱仪
77. 离子色谱淋洗液配制及样品前处理
78. 离子色谱基本操作
79. Cl^-、F^-、SO_4^{2-}、NO_3^- 混合标准系列溶液的配制
80. 水质无机阴离子测定指导
81. HW-2000 离子色谱工作站谱图处理方法
82. 离子色谱的日常维护内容
83. 离子色谱仪常见故障及排除
84. 原子吸收光谱法基本原理
85. 火焰原子吸收分光光度计结构
86. 火焰原子吸收分析技术
87. 普析 TAS-990 火焰型原子吸收操作步骤
88. 气瓶储存与安全管理规定
89. 乙炔气瓶基本操作规程
90. 铁标准溶液的配制与保存
91. 自来水中铁元素的测定实验指导
92. 加标回收率的测定与计算
93. 普析 TAS-990 原子吸收分光光度计维修指南

附录 2　参考答案

参考答案

参考文献

[1] 符明淳，王霞．分析化学．2版．北京：化学工业出版社，2015.

[2] 谢炜平．环境监测实训指导．北京：中国环境科学出版社，2008.

[3] 王英健，杨永红．环境监测．3版．北京：化学工业出版社，2015.

[4] 李倦生，王怀宇．环境监测实训．北京：高等教育出版社，2008.

[5] 于晓萍．仪器分析．北京：化学工业出版社，2013.

[6] 方惠群，史坚，倪君蒂．仪器分析原理．南京：南京大学出版社，1994.

[7] 郭英凯．仪器分析．北京：化学工业出版社，2015.

[8] 罗舒君．环境监测技术实验教程——基础篇．南京：江苏凤凰教育出版社，2018.

[9] 李彩霞．环境监测技术实验教程——项目篇．南京：江苏凤凰教育出版社，2018.

[10] 国家环境保护总局水和废水监测分析方法委员会．水和废水监测分析方法．4版．北京：中国环境科学出版社，2002.